国家社科基金
GUOJIA SHEKE JIJIN HOUQI ZIZHU XIANGMU
后期资助项目

设计有度：
理智、反思、教育与设计伦理

U0248926

王志强　著

南京大学出版社

国家社科基金后期资助项目
出版说明

后期资助项目是国家社科基金设立的一类重要项目，旨在鼓励广大社科研究者潜心治学，支持基础研究多出优秀成果。它是经过严格评审，从接近完成的科研成果中遴选立项的。为扩大后期资助项目的影响，更好地推动学术发展，促进成果转化，全国哲学社会科学工作办公室按照"统一设计、统一标识、统一版式、形成系列"的总体要求，组织出版国家社科基金后期资助项目成果。

全国哲学社会科学工作办公室

序 一

造物、设计伴随着人类的文化发展和文明前行,文化关乎文明、文明涉及文化,一字之差,性质立判。

"设计"是"人类的文明发展史"的见证!"设计"是一部揭示人类在不断调整经济、技术、商业、财富、分配与伦理、道德、价值观的关系,以探索人类社会可持续生存的演进过程的历史。"设计"反映人类在不同时间、不同空间,将地域、地理、气候的区别,天灾人祸、战争瘟疫,迁徙交流、科学发现、技术发明、文化艺术、民风民俗等现象,置于同一维度上的创造性选择——设计!"设计"能引导我们系统地处于某一事物或现象的"语境"——"时代、环境、条件"等"外因",从而能整体地、系统地、比较地分析、发现事物发展的规律和趋势,而不至于只是孤立地从表面"现象"认识这个"复杂的世界"。

设计表征文化的肌肤、彰显文明的真谛,归根结底,就在于对复杂的世界"度"的把握。不论是手工艺的传统设计还是机器大生产以来的现代设计,文化、文明对设计的制约性是显而易见的。好的设计必须适应文化上的先决条件,在文明可承受的"度"之内理智、反思而自由发挥,与大多数人"和谐",与大自然"和谐",秉承可持续发展之理念,创造一种健康合理的生存方式。道法自然的"法"即是"适度"的理念,要使人类生活有节制,更合理、更健康。人类超前的思考成功了,即说明顺应了自然;若失败了,那就是忤逆了自然。毋庸置疑,人类文明是超自然的,有很多是违背自然规律的,已被破坏的自然规律所产生的效应对人类就是灾难。人类在近几十年过上了一种极其肤浅的、所谓"富裕""快乐"的"消费生活"。这种生活最大的害处是让人丧失了文明可承受的"度"之理智,成了及时行乐的"行尸走肉"。众所周知,我们今天所消耗的能源是祖先留下来的，是从子孙那里借来的。譬如最近几十年，人类对化石能源的消耗速度比自然中化石能源形成的速度大约快 100 万倍，但这些地球数 10 亿年积累起来的化石燃料还能支撑多久？石油 50 年，天然气 65 年，煤炭 200 年，即使是用于核电的铀矿也不超过 100 年。人类文明进程必然使人类越来越复杂！复杂到足以终结人类自身，那么拯救人类的诺亚方舟在哪里？

当下，设计所涵括的"围度"越来越广、"程度"越来越深，对"适度"的界定也越来越迫切，设计艺术从功利迈向伦理的境界之路，全在于对"度"的把握与追求。一个"度"字，尽显对现代乃至未来设计的约束与羁绊，亦为设计之马配置了一具无形的伦理鞍绳。数智化时代，巨大计算力和生产力，助推设计发展，人类终极理想或者设计伦理的最高境界一定是均衡、和谐、美好。虚拟现实、人工智能、量子技术、物联网，元宇宙等，"度"作为一种有效的制约手段见证理智，唤起反思，实施教育，在设计的发展中协调人类需求、发展与生存环境条件限制的关系，在适可而止、因势利导之间彰显其存在意义与价值。设计之度该如何理解和把握成为设计伦理思考研究的重要课题。

柳冠中

清华大学首批文科资深教授

2024 年 3 月 27 日

序　二

原本属于美学研究领域的设计问题，在《设计有度》作者王志强教授的笔下，转而成为兼具人类学（Anthropology）与后人类（Post-Human）时代的伦理学议题，而这正触及当前人类从事设计活动不得不面对和思考的迫切问题。

设计在 21 世纪人类世时代的最大的疑虑在于，如果世界正按照我们人类的设计行动前行，那么以人为中心的设计带给世界的，究竟是幸福还是灾难？可叹！21 世纪的人类已深深体会，人在享有设计产品的同时，也不得不承受人造物带给地球的负担，包括巨量的垃圾、空气污染、全球暖化等威胁地球生存的危机。令人不得不反思，西方近代美学所畅言的艺术设计，或设计的艺术的美感经验，其中所隐含的种种伦理美学的问题——什么是设计？设计艺术与道德伦理的关系？设计师从事设计的社会伦理与道德责任？如何解析设计法度不同层面的意含与价值？简言之，当代设计艺术不只是西方近代狭义美学的问题，更涉及人的行动与他人、他物，甚至整体自然世界间的重重伦理关系的理论与实践的问题。

设计艺术与伦理道德之间壁垒分明的对立，原是西方近代学门分科划界的后果。西方近代思想从知识论的角度，区分审美判断与道德判断，并认为二者分属不同研究领域。但在中国古典美学文化传统中，艺术创作与道德行动从来都是彼此息息相关的，甚至认为艺术是君子修身与成德教化之道。例如，《礼记·乐记篇》中有所谓"德成而上，艺成而下"之言。晚唐张彦远《历代名画记》论及画之源流则曰："夫画者，成教化、助人伦、穷神变、测幽微，与六籍同功，四时并运，发于天然，非由述作。"面对这种视艺术为修道、成德之途的美学思想，西方汉学家称之为伦理美学(Ethico‐Aesthetics)。就像 Stephen J. Goldberg 论及中国美学概念所解释:"中国文人的创作活动是一种伦理美学的实践,在此实践中,文人得以在某一历史脉络中,按所形塑的社会互动的和谐关系来评价自我呈现的行动意义。"然而,这种西方人类学中心主义的伦理学观点,并未能真正理解中国艺术创作的伦理价值,以至于在艺术史中,艺术伦理反而被化约,成为从经济效益的观点来评价中国文人艺术作品商业价值的依据。其实,随着 20 世纪末后现代跨文化、跨界域思想的兴起,先进科技的发展与广泛运用,以及 21 世纪后人类与万物共生思维的推动,艺术作为开放概念,已然从遗世独立的孤绝走入生活世界的各个层面。艺术设计与伦理,不仅是艺术家或设计师个人道德品格的问题,或设计与创作在法律意义下的公平正义的问题,而且涉及整体世界,人与万有、人与自然的存亡、福祉。因此,艺术设计,不止于艺术家或设计师个人主观感受的表达,进一步,是透过艺术作品或设计产品,揭露出艺术家或设计师对他人、他物的慷慨关切之情,以及与天地世界相往来的气度。正如孔子所言:"视其所以,观其所由,察其所安,人焉廋哉? 人焉廋哉?"(《论语·为政篇》)。用现代的话来说,观察作品的所以、所由、所安之处,艺术家或设计师的气度便一览无遗,无所遁匿。王志强以《设计有度》作为探讨设计伦理的书名,自有其深意。

结识王志强教授是在 2017 年。当时王志强接受加拿大多伦多大学东亚学系和加拿大皇家博物馆(ROM)的邀请,以访问学者的身份出任艺术、设计与伦理研究教授一职。在 2017~2018 年与王教授合作研究的经验中,从他的授课、演讲和研讨会的论文发表,甚至在他分别在多伦多大学以及多伦多画廊举行的书法作品展和山水画作展览中,我见识到,王志强不仅是博学广闻的学者,更是功力深厚的书法家、文人山水画家,而且是心怀大众、才思敏捷的设计师。因此当我读到这本《设计有度》时,毫不惊讶于这本书对设计伦理议题研究的通透与完整。全书分为八章,约略可区分为四个主要的部分。首先简介设计伦理研究的含义,铺陈设计伦理在历史中的研究与发展。其次探讨设计服务的对象,反思设计行动涉及的人与社会、人与自然的关系。进而反思并批判当代设计行动的理论与实践。最后指出设计伦理教育的重要性以及未来的展望。

　　行文之间，可以读到王志强教授在设计伦理领域多年研究的丰富学养、作为书法家和文人画家的艺术素养，以及关怀他人、关怀社会、关怀自然的宅心仁厚的中国儒者精神。因此在论及设计服务对象时，他没有从商业利益的角度讨论设计的问题，反而把重点放在为弱势群体、贫困群体、甚至为女性设计的衡量与法度。对社会，他关心的是共享的设计精神。对自然，他关心的是绿色、生态、可续性的设计理念，正是21世纪所寻求的人与大地共生、共在的生活方式与行动。此外，作为传统文人艺术的创作者，王志强反思设计师在大众文化以及信息时代中的创客（The Maker）角色和道德责任。

　　尽管人类的艺术设计活动行之有年，但有关设计伦理研究专著仍不多见。在今天急需针对设计伦理行动反思的年代，王志强教授这本《设计有度》的出版，尤属珍贵。特别是关于一般归类为美学的创作，作者却从伦理的角度，讨论设计行动需对他人、他物以关怀。诸此种种，显示出本书作者王志强，作为艺术家、书法家、文人画家、学者和设计师，其心中的"大度"。这本书对设计伦理的研究与论述，涵盖传统艺术设计的伦理的美学论题、契合当代非人类中心主义与后人类关切的设计伦理的议题。适合专家研究的参考，也适合对设计伦理的议题有兴趣的一般读者的阅读，更是一本好的教科书。特此推荐。

刘千美

刘千美

多伦多大学东亚学系名誉教授

2024 夏序于加拿大多伦多大学

Johanna Liu

Professor Emerita,

Department of East Asian Studies

Universityof Toronto，CANADA

目　录

现代设计渗透到大众的日常生活之中,在生活方式和消费观念等诸多方面对大众产生巨大影响;现代设计还涉及社会的方方面面,成为现代文化的肌肤和重要的表现形式之一;现代设计更是从国家战略高度对当今的经济、政治建设,物质、精神文明的可持续发展发生重大作用。

人类在应用现代科技、享用设计产品、消耗自然资源时必须接受相应的伦理约束,才能有利于人类文明的进步。现代文明的重要表征之一是伦理约束下的设计文化。

第一章　设计伦理研究导论

设计作为协调人与人、人与社会、人与环境的重要手段,其在演变、发展过程中与社会文化、意识、道德之间构建起了紧密的价值体系和伦理关系。不同时代、环境、地区对设计的理解、认知深度不尽相同,相关的伦理评判、道德要求对设计的解读方式也大相径庭,相应的设计在传统与现代呈现出截然不同的道德价值和伦理评判标准。

一、设计伦理的提出与发展

设计伦理的提出与发展是艺术、设计理论研究的重要组成部分,对这一课题的研究,我们必须从设计史的研究基础出发,从设计史的研究领域梳理出设计伦理研究的源头。就设计史研究的基础而言,德国建筑家、理论家哥特弗里德·森珀(Gottfried Semper)在1860～1863年期间,在其专著《工艺美术与建筑风格》中探讨装饰与功能的关系时,提出风格的定型和变化受地域、习俗、时代等因素决定,肯定环境的重要作用。曾任英国美术史协会主席的尼古拉斯·佩夫斯纳(Nikolaus Pevsner)在1933年出版了《现代运动的先锋》,谈到设计趣味和观念对公众的影响;1968年《现代建筑设计的源泉》和《关于美术、建筑与设计的研究》两部专著的出版,进一步表明不仅仅要将设计史作为专项研究,还要把这项研究建立在艺术、美术、科技、社会等文化史的基础之上,并且提出:设计本身是审美行为、经济行为和社会行为的综合、整体体现,认为以上研究必须基于艺术审美、经济效用以及社会道德伦理因素的考量。

20世纪60年代末,被国内学者和业界熟知的美国堪萨斯大学教授、设计理论家维克多·巴巴纳克(Victor Papanek)在其出版的著作《为真实的世界设计》(*Design for the Real World*)一书中旗帜鲜明地陈述了现实世界中设计的三个主要问题:[1]"(1)设计应该为广大人民服务,而不是为少数富裕国家服务,设计尤其应该为第三世界的人民服务;(2)设计不但为健康人服务,同时还必须考虑为残疾人服务;(3)设计应该认真地考虑地球的有限资源使用问题,设计应该为保护我们居住的地球的有限资源服务。"[2]无论从学术概念还是设计实践层面,维克多·巴巴纳克是较早直接提出设计伦理这一问题的西方学者,他提倡设计有必要对社会和生态负责,反对生产华丽而不安全、不好用的产品,拒绝本质上无用的设计。作为一个设计领域的伦理学家,他发现现代设计已经变成一种强有力的工具,人们依仗这一强大的工具改造着世界也改变着自身的生活方式。他从人类本身的发展考虑,着手关注社会和生态的设计目标和设计方式,认为设计如果仅仅停留在技术层面或仅仅考虑外观风格的话,那么就会失去人类本质需要这个根本目的。维克多·巴巴纳克提到的前两个方面的问题——设计服务对象的问题,即设计的向度问题,这是设计伦理必须确定的根本服务问题。设计目的是为大众服务,设计服务对象具有普遍性原则,同时具有个性化、具体化趋势,既要服务大众,同时也要考虑历史文化、宗教信仰、风俗习惯、生活方式的不同,关注心理、生理、年龄等个性因素的差异。从这些问题上来看,毫无疑问巴巴纳克明确了设计伦理的观点和具体要求,指明了伦理性在现代设计中的积极作用。

此外,维克多·巴巴纳克在书中明确、肯定地将"设计"定义为:"赋予有意义的次序所作的有意识和动机的努力。"有意义的次序有别于人为安排的杂乱无章,也有别于自然界中的非人为次序。巴巴纳克认为设计应该是通过某种视觉的方式表现出一个观念、一个思想、一个计划,其中涉及生态问题、社会伦理、资源的利用与保护、法律制度与文化习俗;设计应该是在多方面因素交叉影响下的有意识活动,其目的是为人类社会提供便利、舒适、经济的服务,构建和谐而有秩序的社会组织形式;他还认为"设计是我们有机智的一种努力",单纯的功能性满足并不是完善的设计,除了基本功能满足之外,人类还有心理功能、社会功能等多功能的需要。

1987年,联合国环境与发展世界委员会发表了"我们共同的未来"(Our Common Future)即布伦特兰报告,报告中提到设计的目的,必须重视自然一体、社会公平、配合经济等原理。1995年10月,世界室内设计会议在日本名古屋召开，日本著名室内设计师内田繁在此次会议上陈述了自己的新观点：新时代建立起来的唯物质主义观念将发生改变，逐渐从"物质"时代向"关系（心）"时代转变，即物与物之间相关联的关系转换，迈向柔性的、创造性的关系时代。未来的设计将更加重视隐性的、背后的、深层的关系，注重看不见的东西的再发现。如家庭关系的再认识、共同体的认同与构建、故事传说的叙事性表达，以及社会多样化和复杂关系的理解与重视。他还指出：尊重个性、协和自然、社会复兴、地域认识等关系是新时代的特征。艺术设计的发展将向构建至善"关系"而努力，这里所提到的"关系"是秩序化的和谐的"关系"，包括处理"设计物"与人的关系，人与"设计物"的关系，这几组关系紧密联系，而其间最为明显的关系就是设计的伦理性问题。内田繁前瞻性看到：信息化时代，"关系"与创造将是人类应对生命、自然问题的设计焦点和伦理依据。

20世纪中后期，国内有学者着手对设计伦理这一领域展开探索与研究，开始面向社会发出现代艺术设计必须关注伦理的呼声与诉求。庞薰琹、陈之佛、郑可、张道一等认识到工艺美术设计的伦理本质，即"为民生服务"这一主题。如庞薰琹认为："一切事业的方向都不能离开人民的需要，脱离人民需要的就不成为方向，工艺美术也不例外。"陈之佛指出："美术工艺是美术与工业两者本质的融合，是使人民生活的持续，同时又以人类生活的向上为目的。"主要成果为中央工艺美术学院史论教研室集体编撰的《中国工艺美术简史》，其伦理思想贯彻了新中国成立以来倡导的"实用、经济、美观"设计方针。

改革开放，经济发展，西方设计观念的引入，引发学界对设计关系与整个社会系统的重新思考。1985年田自秉著的《中国工艺美术史》出版，指出"一部工艺美术史，就是一部精神文化和物质文化的发展史……工艺美术是美学和生活的结合"。1989年张道一的《造物的艺术论》出版，基于传统的角度，建立了设计和传统造物的联系，使传统百工工艺研究上升到学术的层面。20世纪90年代以来，田自秉的《工艺美术概论》、李砚祖的《工艺美术概论》、杭间的《中国工艺美学思想史》等著述系统整理、研究了中国古代设计思想，逐渐搭建起转型时期工艺美术的理论框架，是一批供传统造物伦理研究借鉴、参考的理论专著。

二、设计伦理的研究现状

尽管设计伦理伴随着设计的产生与发展,其历史与设计史一样久远,但至今,国内外关于设计伦理的相关研究成果不多。自 2000 年来,学界和业界围绕设计伦理的内涵、伦理与道德、传统设计思想等问题,从当代设计的不同角度,对当下设计的伦理理解以及伦理在相关设计教育发展中的规范解读,作了相应的问题反思、理论论证和实验研究,其相关研究成果散见于各类书刊之中。

(一)新世纪以来国外学者的相关研究

2006 年欧洲设计艺术院校联盟在法国南特高等设计学院召开年会,会议以"设计道德规范和人文主义——产品、服务、环境和设计师的责任"为主题,探讨设计的责任、人文关系、设计师自律、设计的可持续发展等诸多设计伦理问题。如"伦理学和全球责任"一文,作者是国际艺术设计院校联盟前主席,赫尔辛基艺术与设计大学前校长 Yrjo Sotamaa,他从为人类服务、民主化创新、尊重全球文化多样性三个方面表明自己的观点:提出必须接受认可的国际条约和协议,共同尊重道德规范标准和行为准则,必须了解和熟悉不同文化并致力于国际的沟通和互动;为所有人设计,把人的需要放在首位,建立一个人人可以享有的无障碍社会对国家来说是必需的,对经济也是有益的,因为它在提高社会平等程度的同时,也会大大扩展、拓宽市场范围,增加创业机遇。

法国南特设计学院教学主任 Jocelyne Le Boeuf 的"伦理学:设计、伦理和人文主义"一文,从伦理的角度对设计展开诘问:设计师和设计理论家维克多说:"设计过程是希望达成预期结果的准备工作和实践行动。"而这个预期结果如何适用于不同领域内的道德目标和伦理准则呢? 在"获取幸福的生活方式"这样的伦理学定义与专业人士对道德的理解、追求以及承诺有何不同? 两者之间的本质又有何区别呢? 我们适用的是哪一种价值体系呢? 在探究工业化国家的污染问题、城市拥塞问题、人口老龄化问题等,还有保持全球经济增长率与保护地球现有自然资源这一悖论的矛盾问题,市场会因为设计变得更加道德吗? 在经济利益和设计伦理学两者之间存在着根本的矛盾吗？Jocelyne Le Boeuf 在文中认为：设计是为了解决人文立场与由机器主导的社会之间的对立，如何使世界变得"宜居"是人类追求的最终结果，但是设计项目的发展并不会使"宜居"成为必然。相信设计本身的善，依靠来自不同学科的专业人员的共同合作，应对由这个问题引起的一系列复杂的挑战，这一挑战正是新思想的思维过程，有必要倡导和鼓励，文章表现出强烈的人文主义色彩。

米兰理工大学可持续设计与创新研究中心 Ezio Manzini 在"设计、伦理学和可持续发展：转型期的指导原则和发展方针"一文中，从不能解决的承诺、可持续的幸福生活、能够实现的方案，社会创新过程等方面谈道：设计是一种创造性的活动，目标是建立物体、过程、服务和它们在整个生命周期中的多方面特质；衡量是否有利于可持续发展的解决方案，必须遵守可持续发展标准的首要原则是遵循基本原则、低能量和物质密度、高度再生的潜力。

意大利学者埃兹奥·曼兹尼（Ezio Manzini）在"花园中的对象——设计一个被照顾的世界"一文中提出：环境界限的发现不仅仅是指生物圈内自然的限制，同时还存在另外一种界限：人类处理激增的海量信息能力的界限。即我们的"符号环境"也是有限的，野蛮地将巨大数量的信息置入人类的日常生活中，将产生的污染是毫无控制力的，而这种"信息量污染"以困惑感、失落感和意义的扭曲为特征，并将导致普遍的信息垃圾。[3]P119-134全球经济影响下的资源危机，网络信息时代主导下的图像图形泛滥，现代艺术设计应持伦理标准与规范予以及时的批判和深刻的思考。

（二）新世纪以来国内学者的相关研究

新世纪之交，李砚祖、吕品田、诸葛铠、李立新、许平、赵江红等把设计伦理作为专业学术理论展开研究。标志为 2003～2004 年在《美术观察》上刊登的"设计伦理：从人机适合到人际和谐""设计为人民服务——关于中国当代设计价值取向讨论会"系列专题文章，引发学界对设计伦理问题的大讨论。如赵江红先生指出设计的生命底线是设计伦理；李砚祖先生从哲学高度，对设计艺术境界进行划分，提出设计自律的伦理要求；吕品田先生在其"必要的张力"中试图创建一种设计思想——人际和谐的现代设计伦理。李砚祖的"设计之仁——对设计伦理观的思考"、许平的"设计的伦理——设计艺术教育中的一个重大课题"、杭间的"设计的伦理学视野"、潘鲁生的"设计伦理的发展进程"等都涉及传统造物伦理的研究范畴。周琦的"近三十年来中国应用伦理问题研究现状述评——以设计伦理为中心"、马宏宇的"对设计伦理的再思考——不只是设计的问题"、庞建康"关于设计伦理学的一点认识"、李锋的"设计的伦理学思考"、祝帅的"设计伦理:理论与实践"、张晓东的"创意与道德——设计伦理研究"、吴秋风等的"设计伦理的功能及其实现途径"、李飞的"设计中的设计伦理"、高振平的"设计伦理与设计教育"、李飞的"设计伦理解读"、唐小刚的"设计伦理的阶段性和现实性"、徐舒的"设计伦理与现代设计美学的构建"等文章,从不同层面,对设计伦理的价值标准、原则意义、文化教育和实践考量等多个方面进行了深入的剖析与阐述。

2013 年,高兴的《设计伦理学研究》在合肥工业大学出版社出版,著述研究了设计伦理现状、设计与伦理关系、设计价值解析、设计伦理原则、设计伦理原则的细化等五个章节;2014 年,周博撰写的《现代设计伦理思想史》由北京大学出版社出版,研究涉及早期现代设计中的道德与消费话语问题、"二战"后设计伦理话语的觉醒问题、维克多·帕帕奈克与设计伦理问题、当代设计伦理问题的处境与探讨等四个部分。以上两部专著是目前国内明确以设计伦理定义的学术著作。与设计伦理研究有一定关系的著作有:翟墨主编的《人类设计思潮》(河北美术出版社,2007);清华大学美术学院主编的大型设计理论丛书《中国现代艺术与设计学术思想丛书》23 卷(山东美术出版社,2011);王琥、许平、杭间、尚刚、曹意强等担任总主编的《中国设计全集》20 卷(商务印书馆、海天出版社,2012);曹小鸥的《中国现代设计思想:生活、启蒙、变迁》(山东美术出版社,2018);靳塌强、潘家健的《关怀的设计——设计伦理思考与实践》(北京大学出版社,2018);黎德化的《生态设计学》(北京大学出版社,2012);沈晓阳的《关怀伦理研究》(人民出版社,2010);王玲玲的《发展伦理探究》(人民出版社,2010);李立新的《设计价值论》(中国建筑工业出版社,2011);王志强的《艺术设计——隐喻诉求与伦理彰显》(南京大学出版社,2013)等。还有一些设计学概论和工程学之类的著作,虽然没有明确用设计伦理这个词,但提到了生态设计、持续性设计等设计伦理思想,都对设计伦理的研究做了积极的学术贡献。基于中国丰富的传统造物伦理思想以及现代设计伦理研究的发展趋势,现有研究取得了有理论价值和应用意义的丰硕成果。

进入世纪之交、时代更替,作为对世界设计潮流的呼应,设计伦理问题逐渐引起了社会广泛的关注,已经受到国内外学界的高度重视。一系列以设计伦理为主题的会议召开体现了艺术设计业界和学界对设计伦理发展的深层次思考和关注。"2007 全国设计伦理教育论坛"以"高等院校艺术设计类专业的设计伦理教育问题"为研究主题,论坛围绕现代设计伦理的内涵、设计与职业道德、不同文化背景下的设计伦理以及当代艺术设计伦理教育教学四个议题切入,分别从当代设计的不同侧面深入讨论了城市、传播、消费、教育等问题,论坛成果对当下设计的伦理认知和设计教育发展中的伦理问题有极高的理论指导意义和实践应用价值。本次论坛由中国《装饰》杂志社、浙江工商大学艺术设计学院共同主办,靳埭强、包林、杭间等全国知名设计学者发表了自己的学术观点和研究成果,如中国艺术研究院研究员、《美术观察》主编吕品田作了"人际和谐:设计伦理追求的核心目标"的发言;清华大学美术学院杭间教授作了"设计与'人类动物园'"的发言;清华大学美术学院包林教授作了"设计伦理与设计评判"的发言;清华大学人文学院肖鹰教授作了"美学与伦理学的冲突"的发言。此次论坛发表了《杭州宣言——关于设计伦理反思的倡议》,倡导以未来的名义为设计负起责任,呼吁以设计的名义担负起设计伦理反思和社会价值重建的责任。要求设计者必须承担的最基本的义务和道德责任是:(1)关注消费者的本质需求;(2)控制、节省产品价值成本;(3)保护自然生态环境;(4)尊重人文环境;(5)引导消费者情趣、品味;(6)注重设计物与社会人的沟通与交流等方面。[4]P136-137 随后,2010 年 12 月 6 日,深圳《晶报》开设"设计批评"专栏,探索设计发展的方向和新思路;同年 12 月 18 日,"2010 设计批评力论坛"在北京举行;2011 年 6 月《装饰》杂志与兰州大学艺术学院举办"意识·态度·方法,设计批评何以成为可能?"国际学术研讨会。上述努力从一定意义上说,推动了对设计伦理的思考和设计批评的进一步发展。

三、设计伦理研究的价值

价值一词最早多见于经济学研究领域,自笛卡尔和康德等西方哲学大师的诠释和转用,已然成为当今人文学科中常见的词汇,表述研究主体的生存目的、意识和需要,成为与主体紧密相关的文化概念。"无论哪一种设计,总会有一个维度处于核心位置,让设计家为之耗尽心血,苦苦追求,这种维度左右这一设计的结构、功能、形式、趣味和精神,而这种关键的维度就是'价值'"。[5]P33 人的多样性生存欲求和复杂性社会需要,决定了设计伦理的价值是由多方面构成的有机体,这一有机体是人类长期实践活动中形成的动态的有机系统,即价值概念体系。这一体系涉及从结构上对集团、阶层等相适应的等级划分;关乎设计伦理的个体价值、社会价值;涵盖民族、地区、产品、市场、媒体、消费、道德、功利、审美等方方面面。存在着多种形式、层次的价值构建,即设计伦理价值存在多维性。

(一)理论价值

1.“造物至善”德性设计伦理观是设计文明的保证

设计文化不等同于设计文明,设计文化不能协调、应对人与自然、人与人、人与社会之间的多重需求关系,人类设计史上片面追求华丽、烦琐、奢侈之风的设计物品,以及商业性设计、用过即弃、有计划地废止、一次性设计等观念是设计文化的重要组成部分,这一部分文化给自然环境和社会环境带来了巨大危害,直接导致人与自然,人与整体社会,人与自然、环境难以协调一致。由设计文化而到设计文明必须借助伦理的约束,阐明、践行造物伦理是设计文明的保证,挖掘“施用用宜”“期以致用”“器以载道”“器体并用”“造物至善”“经世致用”等中国传统造物思想。“造物至善”是我国传统设计活动的重要伦理思想之一,其要义为:“备物致用,立功成器,以为天下利”。为应对失衡的人类社会现象和人类技术异化的严峻形势,需要我们从可持续发展和人类未来文明发展的角度出发,发起对设计伦理的深度反思和准确定位,超越作为设计伦理最初行为底线——“不伤害”这一基本原则,从设计伦理的理想目标“至善”这一高度,实施“造物至善”的现代设计活动,助推设计文明的发展。

2.“造物至善”德性设计伦理丰富人文内涵,彰显设计未来

设计是能够赋予人类物质和精神价值的文化类型之一,满足人类的物质属性,同时赋予人类心理机制以意义和价值,进而影响大众的文化观念和精神理念。人的情感需求和人性的本能需要,注定现代设计不能单调和冷漠,“幽默的情趣”“游戏的心态”成为现代设计关注的热点;设计艺术的多元化、个性化、人文化是吸引消费者和广大受众的有效手段,“绿色设计”“生态设计”“低碳设计”“模块设计”“和谐设计”等关于环保的可持续发展

成为"今日的""未来的"设计趋势和方向。文化的历时性和共时性在设计中以符号语言、文脉精神、隐喻形态的方式呈现出来,新旧融合、兼容并蓄的伦理观丰富了人文内涵。设计伦理一方面丰富着人文内涵,另一方面彰显着设计的未来,指明设计的发展方向。

(二) 应用价值

1. 设计伦理赋予设计活动责任

设计是人类文化自我认识、自我改造的成果和工具,是切入我们生活世界和文化世界的最直接形式。设计一方面使我们的生活便捷、舒适、高效,另一方面融入我们的日常生活中,构建社会—人—自然的和谐关系,使作为社会一分子的我们生活更加美好,这是设计伦理赋予设计活动的责任。反之,不负责任的设计不仅给我们的生活带来不便,还会给我们的社会带来灾难,不负责任的设计既是设计之殇,又是人类社会之殇。伦理是设计必须遵守的原则,也是一切设计目的、活动、产品、使用接受考量、批判的重要指标,缺乏伦理约束的设计必将导致道德的沦丧。设计伦理是对设计这一文化现象的约束、引导和评鉴,是关于设计本质和规律的自觉认知和理想诉求,其应用价值主要体现在检测、调节、规范设计全过程及协调、构建各因素之间的统一、有序的和谐关系。诠释设计伦理与人类日常社会行为的相互关系,提出、论证此类观点是本课题的应用价值。

2. 设计伦理是设计师的自律与他律

众所周知,在意识观念上设计伦理规范着社会需求的性质、价值取向、评价标准的制定,产品政策的出台,以及评判方式和规范。以适宜的深度和力度干预、解决社会文化现象中出现的各类问题,促使社会正常、健康地运转。设计伦理是设计发展的依靠和动力,也是借助设计发展满足社会大众需求的有力保障。伦理作为约束人与人、人与社会的规范体系,主要通过社会公知、大众舆论和个体素养起作用,而设计师是其中不可或缺的重要环节。设计师在为社会服务过程中,搭建起生产、消费之间的"桥梁",实施链接、引导、调节的多种社会功能,同时承担设计所引起的各种后果,即对社会、环境、人际交往负责。设计师既要具备专业素养和职业责任,恪守职业之道,又要承担社会责任,接受社会的监督、约束。可见,具备正确的道德伦理观和社会责任心是设计师的必备素质,即设计师的伦理自律和他律。

3.设计伦理教育与评判

当今社会,物质文明高度发达,人们创造了丰富的物质,同时基于对物的依赖构建起丰硕的物欲社会。可以说当今人类社会进入了一个全面"物化"时代,"物"与"欲望"是这个时代的驱动力,尤其在现代媒介、移动网络等技术的裹挟下,逐渐沦为自我"物化"的无意识状态,不自觉中,人们对自己所创造的物质已经到了空前的依赖程度。设计不仅为人类的生活世界提供物质性的样式、构造和秩序,还以具体的、物质化的方式影响大众的日常生活;不仅为人类创造实用功能的客观物质体系,还赋予人类感性的、具备文化精神的生活体验。人类所有设计活动和设计物的创造、使用,以及对设计的反思、批判和考量,都不同程度地映照着伦理的内涵,深受伦理的制约,伦理观念不但影响着设计的发展,也左右着每个人的日常社会行为。设计需要伦理来指导、规范和约束,社会的大众意识也通过设计伦理对设计产生影响和作用。(如图 1-1)

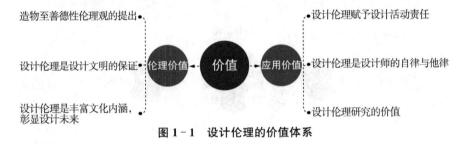

图 1-1　设计伦理的价值体系

四、设计伦理的研究对象与意义

人是社会性的,必须依托社会。当今,离开他人与社会任何人都很难生存,更不可能实现人生价值。人类的社会属性决定了设计的前提是为社会中的每一个人服务,设计必须接受社会规范,并依据正确、合适的规范开展相关活动。

(一)设计伦理的研究对象

依据规范伦理学的原理,结合应用伦理学的方法,可以从宏观和微观两个方面展开设计伦理的研究工作。伦理学的研究对象是社会现实中各种关系之间的人,设计伦理的研究对象是人与自然、人与社会之间的和谐关系,关注设计活动、设计行为、设计目的对自然、社会产生的作用进而对身处其中的人的影响。宏观上看,设计伦理的研究着眼于有利于自然、社会文明、人类和谐的秩序、标准的构建,以及有关制度、法则的建立。设计伦理研究的人与自然、人与社会以及人与人的关系有其自身的约束方式,不受法律条文的制约和行政手段的干预,而是借助对物的设计、使用,建立人与自然、人与社会以及人与人的和谐关系,即设计伦理是通过"物"的设计、制造、使用、感知呈现与表征出来的。微观上看,设计伦理关注设计的主体,即组织、经营、生产、开发、服务、使用等过程中的人,约束、要求生产者、设计师、消费者去做什么、如何做等具体而现实的问题。(如图1-2)

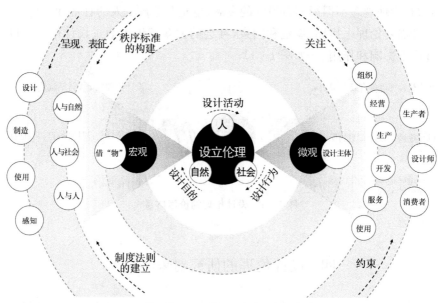

图1-2 设计伦理的研究对象

(二)趋于和谐并获得价值和文化的认同

由于社会观念、哲学思想、宗教习俗、文化素养等不同,对设计伦理的认识和理解存在着较大的差异。不同时代的设计伦理观念又和相应时代的文化导向紧密联系,直接影响着设计活动的创造和开展。从文化发展的历时性和共时性来看,设计伦理呈现出阶段性和多元性的特征,对设计现象形成多元的评判。所以站在不同的文化时代、文化语境、文化立场,不同的原则和观念所构成的伦理体系相差甚大。伦理作为人类生物性和社会性的存在方式,设计伴随着"制造工具的人"的产生而产生。毋庸置疑设计的最终目标是为人的设计、为满足人的多种需要而设计,但为什么人设计?满足怎样程度的需要? 全球一体化发展趋势,现代经济、文化跨入不同的国家和语言领域,企业等商业机构经营的范围和区域不断扩大,大至政治、经济、文化的交流与沟通,小至商业间的管理和合作,都必须在一定共识的基础上开展合作;此外,现代设计是社会生产的一部分,产品的开发、创新必须结合社会文化、习俗开展调研,分析成本构成、论证产品功能。如可口可乐、伊莱克斯等企业或跨国公司,兼顾不同文化,把审美观念、生活习俗等内容融入产品设计中,使用具有不同文化特征的语言、符号来构成具有个性又可以被认知的整体。

设计活动涉及设计思想、方法、技术等众多因素,其首要问题是设计思想,即如何设计,达到怎样的设计程度和高度,这一指导思想是设计的前提条件,也是绕不过去的伦理焦点。设计是物质和精神文化创造的重要形式,通过设计,满足了大众对物质的需求,生活情趣、视觉信息丰富了大众的精神生活。面对物质社会的丰裕、多种选择的可行性,设计提供了便捷、舒适、美好的生活方式,引导大众形成正确、合理的思想和观念,即实现人与自然,人与整体社会,人与自然、环境达到协调一致,自然环境和社会环境更为融洽。如果说设计是为了人的本质需要,满足人的物质和精神需求,那么设计伦理就是在此基础上协调好人与自然、人与人、人与社会的多种、多重关系的纽带和准绳,其本质是对自然—人—社会系统科学的认知和开发,使其趋于和谐并获得价值和文化的认同。

(三)有助于个体和社会"立法"的需要

在物质和精神、生理和心理诸方面,作为社会化个体的我们,对社会都有极大的依附和归属需要,诸如群体的依存,文化的认同,阶级的划分,个体在社会中力求摆脱困境的期盼以及对理想生活的憧憬,服从与管理,生存与享乐,理想与现实,个性与社会规范的矛盾、悖论,形成了设计伦理个体和社会"立法"的需要。设计伦理文化存在形式是社会性的,以设计者和使用者的个体行为表现出来,设计伦理作为一种社会性的约束机制,在实施中也依赖于个体遵守与履行。设计通过个体的使用、实施表现出社会精神和价值,实质反映的是社会群体的意愿,即设计表面上体现着个体的需要,但从根本上看可以追溯到整体社会和人类本质的诉求。人与人、人与社会、人与自然的协调指望设计自身是无法实现的,在社会发展中,伴随着需要与满足之间的矛盾和冲突,这种矛盾和冲突仅仅靠单纯的设计活动是无法根本解决的,需要借助伦理来诉诸社会需求,通过大众群体之间的交流、沟通和约束,达成社会意识的统一。换句话说,社会的需要一方面借助设计伦理,体现社会的总体规范和要求;另一方面借助设计伦理完善设计,满足大众的物质和精神需要。

社会需求需要借助伦理来表达,通过大众群体之间的交流、沟通和约束达成社会意识的统一,就是实现个体和自然、社会"立法"的过程。古希腊智者学派的代表人物普罗泰格拉说:"人是万物的尺度,是存在的事物存在的尺度,也是不存在的事物不存在的尺度。"[6]人类在为自然立法的同时也在为自身和社会立法,而设计就是人类为自然、为社会、为个人立法的重要手段、途径和活动之一,一切设计产品物质形态,都为个体和社会预设了使用方法和价值规范。使用方法、价值规范立足于伦理,即设计是否有利于社会、环境和人类和谐共存,何种设计产品有利于人类生活方式有序、健康地存在和发展,何种设计产品是合乎伦理规范的、是有价值的、符合道德标准的设计。可见,在意识观念上,设计伦理规范着社会需求的性质、价值取向,评价标准的制定,产品政策的出台,以及评判方式的开展。设计伦理以适宜的深度和力度干预、解决社会文化现象中出现的各类问题,促使社会正常、健康地运转。设计伦理是推动设计发展的依靠和动力,又是借助设计发展满足社会大众需求的有力保障。

(四)规避利己主义和功利主义下设计的异化

现代设计中的实用主义和功能至上观念来源于西方功利主义学说,该学说是英国著名伦理学家边沁和穆勒在 18 世纪末、19 世纪初创立的,其主体思想源头可追溯到古希腊居勒尼学派和崇尚快乐主义的伊壁鸠鲁学派。"快乐是幸福生活的开始和目的。因为我们认为幸福生活是我们天生的最高的善,我们的一切取舍都从快乐出发;我们的最终目的乃是得到快乐,是以感触为标准来判断一切的善。"[7]P103 把道德判断标准和人的苦乐感觉相联系,甚至认为快乐可以计算,依据快乐的强度、持续时间来确定是否幸福,从而以此来判断"善"和"恶",即如果带给个人最强大、最持久、最广泛的快乐就是最大的善,并且,当享有幸福的人数越多,就可以上升到社会的道德和价值层面。"自然把人类置于两个至上的主人——'苦'与'乐'——的统治之下。只有它们两个才能够指出我们应该做些什么,以及决定我们将要怎样做。在它们的宝座上紧紧系着的,一边是是非的标准,一边是因果的链环。凡是我们的所行、所言和所思,都受它们支配。"[7]P210-212可见边沁的功利主义最高道德原则是求得最大多数人的最大幸福。穆勒继承了边沁的功利主义,对个人主义和社会利益有较为细致的解释,他改变了边沁在量上的比较:"以为快乐只按数量估价,那就未免荒谬了",转而注重质的体现,将快乐的质置于量之上。他说:"这种品质的优胜,超出分量的方面那么多,所以相形之下,数量就成为微不足道的条件了……做一个不满足的人比做一个满足的猪好;做一个不满足的苏格拉底比做一个满足的傻子好……需要精神快乐的人是高尚的人,满足于肉体快乐的人是低贱的人。"[8]P8-20这种伦理观念导致对自然环境的泛功利主义和强烈的征服欲望,出现以人为中心的利己主义和功利主义价值观。

进入工业文明以来,主客二分观念,形成一种激进的人类中心主义伦理观,认为人的个体欲望通过追求,是可以得到满足的,甚至在面对自然、社会时,获得欲望的满足是唯一可以考量的价值。设计和经济紧密联系,获利进而获得欲望的满足这一实用主义是设计尤为重要的一面,当功利性成为设计的主要目的时,设计所具备的伦理诉求往往被忽视了。如工业文化的市场经济时代是围绕市场—生产—市场的交换组织起来的,工业社会生产系统不是为了满足消费需求而是追逐财富,人为地制造、刺激需求,使生产得以不断地运行。典型案例就是西方设计界执行的有计划地废止,设计师在形式和功能上不断改良、创新,鼓励、诱导消费者淘汰掉使用中功能完好的旧产品,推动企业经济生产的正常运行和经济利益的持续获取。当下,我们正处于现代工业文化和传统农业文化的道德、伦理冲突、博弈之中,传统的农业文化主导的生活模式提倡崇俭戒奢,是一种美德;而现代工业文化主张不断地消费才是对社会最大、最确实的贡献,甚至是一种善举。以人为中心的利己主义和功利主义伦理导致设计的异化,给人类、社会、自然环境带来了巨大的威胁和伤害,设计需要伦理来指导、规范和约束,社会的大众意识也需要通过设计伦理对设计产生影响和作用。缺乏伦理的约束的设计虽然诱导了消费、实现了经济效益,但给社会造成的负面影响是多方面的、影响深远的,最终必将导致道德的沦丧、文明的退步。

五、设计伦理研究的指导思想

人类在处理人与人、人与社会、人与自然相互关系时应该遵循相关规范和准则，以伦理制约、引导设计的良性发展，达到人、自然、资源、社会之间的整体平衡与协调发展的至善目的，即秉承"以人为本""可持续"发展等指导思想，构建自然世界和人类社会的具有人文关怀的和谐秩序。

（一）坚持"以人为本"的主旨思维

"以人为本"关乎物的使用方式，物的使用方式是"以人为本"思想的重要内涵。设计的目的和本质是为人的设计，为人类的设计，"以人为本"的指导思想是检验、评判设计优劣的最根本指标。设计受历史发展的约束和限定，与生活方式相适应，人类借助设计提高工作效率、改善生活水平，人类的心理需求、生活习惯、社会习俗、自然环境等围绕"人本"思想而被纳入设计活动之中。现代设计中，"以人为本"思想的向度是不变的，但阶段目标和执行程度是变化的，社会经济发展水平越高，人类对设计的期望也就越高。当下艺术设计由物质设计向非物质设计领域拓展，秩序、关系、服务等非物质因素融入大众生活之中，对大众生活影响日趋强大。尤其在伦理、道德层面上产生深刻影响，如现代设计除了满足实用功能需要，还须关注人的心理、精神、情感等多方面需要。大众不断提出新需要，期望设计能够塑造高尚人格精神、满足人全面发展的需要。

（二）基于"可持续发展"的长远视角

人类以自己特有的存在方式融入自然生态体系运行之中，在消耗自然资源的同时，制造出不见于自然的新物质，如陶瓷、青铜、塑料、化工用品等。人是自然的产物，陶瓷、青铜、塑料是人的产物，但这不等于说陶瓷、青铜、塑料是自然的产物。众所周知，自然界自生的产物是可以循环、消解的，但人造产物是不容易被自然界消解的。尽管自然界自身有自我控制、自我再生、自我调整的功能，吸收、代谢自身和人造的各类产物，但对污染物、异常物的稀释、净化能力是有限的。自然界本身的承受力以及各物种的忍耐力是有限的，极限一旦被突破，它们之间有序的物质转换失去平衡，自然界整体机能就会陷入危险的境地。

自然界是一个严整、精密、完善、有序的物质结构运行体系,在整个系统中,各环节遵守自然规律进行能量转换和物质循环,不生不灭、不增不减。作为人类文化行为的设计,在改善自身生存状况、生活条件的过程中与自然环境形成了不可分割的关系,设计必须使人的行为符合伦理规范和要求,维系、调和各种关系的平衡发展。设计的主旨是为人服务,在设计为人服务的每一个环节都必然会对环境产生影响,必须协调、保护人与自然环境的依存关系,设计不可以以牺牲环境为代价来实现为人服务的目的,即设计不能危害环境,不能使人类赖以生存的环境遭受破坏。站在保护环境资源的角度,注重设计产品的再回收、再利用、再生产、再循环的指导思想,减少用料、降低成本,力求以产品的逐级循环和交换使用开展设计活动,尽可能把对自然的伤害降到最低。

(三)立足于"人文关怀"的精神诉求

设计伦理的指导思想包括对自然环境的关注,如资源、气候等自然生态因素,也包括对社会人文环境的关注,如习俗、宗教等人文生态因素。所涉及的人文内涵极其丰富,并且随着时代的进步,其概念还在不断演绎、发展,但它本质上仍然是给予"人"尊重、关爱,体现"人"与社会、自然的和谐。人文关怀是人类的理想目标,它一直在高处引领着人类的发展。后工业化以来,大规模的市场群体逐渐被多中心的市场要素所分割,大众被习俗、信仰、文化、传统等切割细分为更多的族群。大众的情趣、爱好越来越多样,标准越来越狭隘,难以以单一的审美和功能加以考量,迫切需要设计师从人文关怀的角度关注艺术设计中相关伦理、道德等人类学范畴问题。

当代艺术设计中人文关怀从个体角度出发,力图实现从低层次到高层次的逐步升级,如满足个体从物质到情感、从生理到精神的不同层次需求,在满足生活实际需要的同时,还要实现对美的熏陶、对道德培育的伦理目的。人文关怀下的设计规范力图以积极、乐观的生活态度,构建一种合理、健康的生活方式。立足于人文关怀的设计是人文主义思想在设计中的重要文化主题,是设计伦理思想的重要内容,是实行伦理规范、教化的主要途径。设计必须理性、正确对待自然环境和人文生活环境,协调好环境与人类的持续、健康的发展关系,实现人与自然和谐共存的伦理要求。

六、设计伦理研究的相关学术概念

人类社会任何活动都存在着群体驱动机制——动机,由外部环境压力和群体内部的心理欲望结合构成的动力源泉。动机在推动、制定和规范人类活动的诸多方面发挥巨大的作用,或隐或显地对社会活动范围、目标、方向、评价等各个层面产生影响。设计的动机不仅仅要满足于功能、形式的需要,还必须把人类的美德纳入设计物之中,设计伦理就是实现、实施、验证这一美德动机的有效保证。

(一)"伦理"与"道德"的定义

"伦"即"关系",《大戴礼记·礼察》说:"礼者,禁于将然之前;而法者,禁于已然之后。""礼"(伦理)讲求内在的节制和个人主观的努力,"法"则有强制性并能给予有效的制裁。[9]"伦理"一词从字面上看,"伦"是指辈、群、类、序等含义,如孟子的"五伦""伦常"说,引申为人与人之间的不同身份;"理"则指的是条理、精微、道德之意。"伦理"一词最早见于《礼记·乐记》,"乐者,通伦理者也",有表示事物的条理和秩序之意。东西方最早的关于伦理学研究的著作分别是孔子的《论语》和亚里士多德的《尼可马伦理学》,二者皆以道德为伦理学的研究对象和探究客体。美国"韦氏大辞典"对伦理的解释为:"一门探究什么是好,什么是坏,以及探究道德责任义务的学科。"

道德一词含义较为宽泛,"道"指道路,引申为原则、规范、道理,如孔子说"朝闻道,夕死可矣",这里的"道"指的是修身、治国的道理。"德"与"得"意思相近,许慎在《说文解字》中论道:"德,外得于人,内得于己也",即"以善德施之他人,使众人得其益处,以善念存诸心中,使身心互得其益。"荀子在《劝学篇》中把"道德"一词联系起来,"故学至乎礼而止矣,夫是之谓道德之极,"荀子把道德和人们日常生活中所具有的品质、品德,以及人与人之间遵守的准则、规范联系起来,即把一定社会人的行为原则、规范转化为个人的品质修养。在西方文化体系中,"道德"一词源于古拉丁语 mores,指风俗和习惯,到罗马文中变为 moralis,意为道德风俗和道德个性。可见,无论东西方文化对道德一词的解释都关乎社会行为原则和个人的品性修养两个方面内容。

很多学者往往把道德和伦理等同起来,甚至互为替代,如道德现象称之为伦理现象;把道德行为称之为伦理行为;把道德批判称之为伦理批判,但也有学者把两者进行区分,如黑格尔认为:"道德"和"伦理"含义不尽相同,之间存在较大的差异,他在《法哲学原理》一书中说道:"无论法的东西和道德的东西都不能自为地实存,而必须以伦理的东西为其承担者和基础。"[10]P162可见,黑格尔把个体和道德关联起来,把国家、社会和伦理联系起来。从这一理论来看,伦理和道德区别在于道德是内显的,关乎个人的品质和修养,其执行的界限因人而异,而伦理是外显的,涉及社会、国家的文明尺度,是明确要普遍遵守的。准确地说,伦理是人与人、人与社会、人与自然发生关系时应该遵循的规范和准则,是系列的人类社会行为指导理念,是涉及法律与道德之间的哲学、社会学思考。道德和伦理都包括人的情感、意志、人生观、价值观等多方面因素,但两者进一步相比,道德多指对人的内在品行要求,和人的修养有关,而伦理多指作为社会人的个体必须遵守或履行的准则,和外在公共关系紧密联系,而且伦理作为约束人与人、人与社会的规范体系,主要通过社会公知、大众舆论和个体素养来发挥作用、彰显力度。(如图1-3)

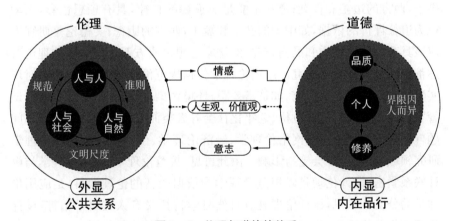

图1-3 伦理与道德的关系

(二)伦理学与设计伦理的关系

伦理学有其特定的研究对象,基于不同的世界观和相异的文化角度,古今中外,伦理学家对伦理学研究的对象有如下三种观点:一是着重研究"善"与"恶"的矛盾关系,把这一关系作为伦理学研究的问题与对象;二是探究达到人生幸福的途径，把"达到人生幸福"作为伦理学的根本研究问题和研究对象；三是聚焦于人类道德原则和规范关系的构建，把人类的道德原则和规范关系作为伦理学的研究对象。第一种观点表明了设计学科的研究本质问题，即设计的"善"与"恶"、"好"与"坏"、"正当"与"不正当"问题；第二种观点探究设计与人生之间关系，即设计最终的目的问题；第三种观点力图透过现象看本质，涉及人类设计行为和应用领域。以上三种观点都围限于道德的研究范畴之内，把单纯的"道德现象"作为伦理学的研究对象。所以，一般认为：伦理学的研究对象又被称为"道德现象"。

在人类文化发展的历史长河中，研究伦理学的学派众多、类型多样，如描述伦理学、分析伦理学、规范伦理学、应用伦理学。其中规范伦理学把研究触角指向现实生活，探究"善"与"恶"、"好"与"坏"、"正当"与"不正当"的标准和界限，对人的日常生活、社会实践进行指导和约束，如以孔孟为代表的儒家思想、伦理精神，以苏格拉底、柏拉图、亚里士多德、康德为代表的关乎人类生活的道德价值体系。规范伦理学又包含三大理论，即功利论、道义论、美德论。功利论指以实际功效或利益为道德考量指标的伦理学论，以效果为评价依据，立足于道德的他律，具有感性色彩，代表人物有东方的墨子，西方的边沁和穆勒；道义论立足于道德的自律，具有理想色彩，以动机为道德评价的依据，如中国的孔子和孟子，西方的康德；美德论是研究人应该具有的道德素质和品格，东方的儒家思想及西方亚里士多德的理论著述都有涉及美德论的研究。应用伦理学依据规范伦理学的原理，着眼对现实生活中诸多问题的探究，如贫富差距、环境污染、生态保护、人口过剩、试管婴儿、器官移植、资源危机、老年化社会等人类面临的不可回避的棘手问题，谋求以生态伦理学、网络伦理学、经济伦理学、生命伦理学拓展伦理学研究领域，力求对社会施与影响。由此可见，规范伦理学、应用伦理学与设计联系紧密，设计伦理是以规范伦理学为依据的新的伦理学科，是应用伦理学的分支。可见，设计伦理既有自然科学特征又有人文科学精神，设计伦理和规范伦理学、应用伦理学联系紧密，是一门综合性学科。

（三）现代设计与设计伦理

现代设计是相关思想创意、方案经由策划、制作等环节物化的过程，其结果应用于社会，即一种有目的、有计划、有意识的艺术创造活动。现代设计不能"仅局限在有助于产生物质美的这一艺术领域，它启发我们在人类生活条件、生产技术以及生活秩序、生活方式和内容等方方面面必须形成一定的规范。从某种意义上说,设计是一种人类生活的设计行为。"[11]人类设计艺术的发展是循序渐进、逐步成长的过程,在内部动因和外部因素的共同作用下,践行着由简单到复杂,由萌动到成熟逐步渐进、变化、完善的历史进程。内部动因是就艺术设计本身而言,诸如设计的观念、技能、技巧以及形式演化和风格体现等方面;外部因素是针对外部环境而言,包括社会组织结构、经济发展形态、生产生活方式、科技发展水平等,即以人类哲学、宗教、政治意识、审美诉求为内容的人类思想、观念,社会物质、形态决定的生活、生存方式。故当代设计应基于人类生存方式,从人类生活的本质需要出发,去探究大众生活中真正的、切实的需求,使有效的设计作品成为使用者日常生活中有力的帮手。

现代设计与特定社会、特定时期的物质生产、科技水平联系紧密,注定设计具备自然科学的客观属性或本质特征。然而,设计产生之初就与社会政治、文化、宗教、习俗、艺术风格、地域特征之间存在着密切的依存关系,是上述意识形态的直接表征,是文化的肌肤,是文化的外在呈现方式。设计的文化性、历史性使得设计本身具有意识形态色彩,是当然的物质文化行为,其发展必然受到社会伦理的规范与制约。设计解决的是人—人造物—社会与自然的关系,出发点或依据是现实生活中的具体体验和确实需求,诉诸或借助于人造物,在社会结构以及运行之中发挥教化、引导的作用,补充并完善社会文化诸形式,促进社会各环节的良性循环;社会的经济、政治、生产、道德、风俗等文化形式都影响着设计的理念更新、创作、审美标准的评定,甚至设计师个性、修养的形成。设计与社会是一个相互联系的共存体,不可分割,具有高度的整体性与契约性。

设计伦理是研究人与人、人与社会、人与自然关系的学科,关注设计行为、设计成果、设计师的伦理意义,辨别日常生活中的"美"与"善"、"善"与"用"的相互关系。孔子、荀子以及苏格拉底、柏拉图、亚里士多德都有"美善相乐"的思想观,即"美""善"结合、陶冶性灵、服务社会。从狭义的伦理角度,设计是"善",从伦理的广义角度,设计是"美、利、善、真"。美指的是设计的艺术的方面,即产品设计必须解决的审美问题,"利"针对的是设计功能性方面,即设计给人类社会带来的实用价值,"善"指设计的智慧方面,如可持续发展、绿色设计,"真"指的是设计内在的知性方面,例如产品经由设计产生的人机协调、身心愉悦。"总而言之,设计是为秩序进行的计划,是杂乱无章的世界向稳定、舒适、快乐迈出的一步。"[12]P12 人总是要用"美"的规律来经营生活，用设计实践的"善"来服务生活，认识并遵循客观规律中本质的"真"，把握并实现主体目的中的"美"和"善"，谋求"真""善""美"的和谐统一。

设计伦理从字面上看，包含两个部分。一个部分是为了满足人类自身物质与精神的需要而借助创造性的活动改善人类自己的生存、生活环境，即改变自然与社会的过程；另一部分是为了平衡社会各方利益关系的道德规范，合理协调、维护人与人、人与社会、人与自然关系的学科。两者的研究领域高度重合，且都为了人类的幸福生活这一动机和主旨。但设计与伦理的关系始终处在一个顺向与逆向的动态环境之中，不可能从根本上融合一致。设计借助产品，遵循市场——大众的顺向线索运行，通过流行、时尚以感性的产品，对大众进行服务。伦理则由大众对设计提出和发起，以理性的态度对这一动态进行甄别、判断、鉴定、规范，推动设计的良性化发展，进而维持现实乃至未来社会的和谐与进步。今天，伦理被延伸到设计的各个领域，即在伦理道德层面思考设计的动机、目的、行为和价值，对设计进行规范、评价、约束。从广义上讲，设计伦理是设计行为的道德标准，是设计师的职业准则。

现代文化推崇科学、依赖技术，对科技的追求达到狂热、失控的程度，认为科技是推进人类社会前进的强劲动力因素，科技至上主义、唯科技论在现代设计上体现得非常充分。科技的应用从伦理价值上看是中立的，但其被应用必须受到伦理的限制和约束，而限制、约束科技的有效手段就是艺术和设计。众所周知，艺术和设计对科技有"反作用"，是对科技的一种补充、润滑和完善，起到文化平衡效用。以艺术、设计来诠释科技，为科技定义、为科技找寻价值和意义，将科技转变为大众可以接受、理解、认可并能参与互动的物，是设计艺术的本质意义和现实价值。

（四）文化、文明与设计伦理

文化、文明乃至文字中的"文"是象形、指示、会意的直接表达形式，"文"是人类最早记录事物信息和内容的图形符号，伏羲氏族所创立的八卦以及太极纹饰等是人类最初记录自然规律与信息的方式。所以，无论是人文还是天文，都是通过象形、指示、会意的形式在记录、表现、展示人与天地之间的各种信息、内容。文物上留有的图腾、纹饰、符号不是古人简单的装饰或者日常随意刻画的,里面蕴藏着重要的事物信息与内容。只有揭开刻在传统器物之上的符号和纹饰(文)内涵信息,才可能打开通往上古时代人类文明发展源头的大门。

1. 设计与文化的融合

"文化"一词起源于《易经》中火贲卦的《象》辞:"刚柔交错,天文也。文明以止,人文也。观乎天文,以察时变,观乎人文,以化成天下。"人类文化的出现,首先来自对天文地理等自然的认识,其次是人类通过思维和思想意识,去利用、改造自然,产生出为人所用的"物"。文化,即"人文化成",是人与自然互动的产物和结果。文化是人类生活方式的综合体,包括人类创造的精神财富和物质财富,是人类社会和自然世界相区别的本质因素。"凡是超越本能的,人类有意识作用于自然界和社会的一切活动及其产品,都属于广义的文化,或者说,'自然的文化'即是文化。"[13]P26 设计最初的目的是为人创造物,满足人类各个方面的需要,把来自自然的石块、木棍、贝壳、藤蔓等变成工具、装饰品,使自然物在人的作用下,其形式、强弱等因素达到人的审美尺度,即融入人类的文化。文化将人类的知识与经验固定下来,人类才有可能完成知识的积累,如此,人类的文明才有可能在暗夜里缓慢地前进。

韦政通先生在其《伦理思想的突破》一书中把文化区别为:合理的文化,如基督精神中的博爱,佛教的慈悲为怀,希腊文化中的正义,中国的四维八德以及近现代的民主自由、人权平等;反理文化,如对人类生命财产、社会秩序、个人尊严具有威胁和破坏性的行为;非理文化,如游戏,趣味的满足,美的喜好,或在不同人类历史时期存在不同理解的文化艺术形式。我们不能把设计文化简单地理解为合理文化、反理文化和非理文化,也不能把设计文化单纯地归类于物质文化和精神文化,而是将实用和美观结合在一起,赋予设计物质和精神的双重功能。"设计文化的概念,强调了设计在某种程度上按照它所处的社会环境加以界定。因此,我们不能脱离社会理论去构思任何设计理论。"[14]P5 设计与文化之间的关系越来越紧密,相互支撑、相互补充,2010 年上海世博会既是一次新科技、新观念的展示,也是一次全球民族文化的亮相,移动通信、人工智能、生态建筑借助设计把各自代表的文化发挥得淋漓尽致,以最大程度和可能推动各自的文化辐射和传播。所以,设计对人类社会、人类生活的影响不仅仅是物质的,同时具有丰富的精神生活功能,设计文化的典型特征就是器物中物质文化和精神文化的有机融合。

人类积极、主动地创造"人化"物,改变自身的生存状态,更好地适应自然环境,当"人化"物如器械、武器的科技含量达到一定程度,对自然的改造力度就很快显露出。人类正是通过自己的思想意识不断构建、更新人与自然的相互关系,通过自己的创造力不断深化对自然的认识和理解,并且为自身发展所用,创造出不同的物质、精神文化产物,并能够以物为载体来彰显天、地与人之间的信息和内容。

2. 设计文明与伦理

文明是指人类所建立的物质文明和精神文明的统称,而文字是作为记载和传播文明的方式和途径,通常把文字的出现称之为人类文明进化的标志或开端。"文明"一词最早出现在《尚书·舜典》中:"经天纬地曰文,照临四方曰明。"文明是以"文"来记录、传播、展现、表达"人文化成"的过程。文明从字面上看带有掩饰和彰显的意思,文同纹,具有掩藏、装饰的意思,如"文过饰非"一词,"文"和"饰"意思相同,都是"纹"的意思,女性内衣中"文胸"一词就有掩饰、装饰的意思,是一个非常含蓄、典雅的名称;"明"喻示光明,代表正确,崇高。文明就是要克服、改变、限制、戒除人类发展过程中不良、不端、邪恶甚至兽性的一面,彰显人性中至真、至善、至美的一面。文明是人类社会发展中人文精神、创造发明、公序良知的总和,涵盖人与人、人与社会、人与自然环境之间的和谐关系,其主要作用就是追求道德完善、维护公共利益、设计公共秩序。文明与哲学、宗教、艺术紧密联系,与伦理息息相关。文明与文化两者的概念有相同、相近之处,也有明显的、本质的区别。文化指人类的存在方式,有文化也就意味着文明的产生和存在,而文明则是一种社会进步的状态,与野蛮相对。所以没有文化不一定野蛮,有文化也不意味着就文明。在百年前,以西方文明为绝对坐标评价体系下,即使历史悠久、有几千年文化传承的国家,如中国、印度等,仍然被世人视为野蛮、愚昧、未开化的民族和地区;近现代以来,西方国家的强权、二战时期的纳粹等,也都有其自身的文化体系,但无疑这些文化阻碍了人类文明的发展,甚至使人类处在空前的黑暗时期。

设计的目的是"为人造物",这里的"物"毫无疑问指的是对人有利的一切人造器具、用品、饰品,涉及生活空间、生存环境,是人类文化的重要组成部分。"设计融入文化的过程就是对自然资源加以'人化'的熔铸,形成'人化'的自然——文化的过程。"[15]P67即设计融入文化的过程就是对自然物进行"人化"的过程,当北京周口店的山顶洞人在 17 000 年前对石、骨等材质进行钻孔、切挖、刮削、磨光等工艺度量,考究石铲、骨针的功能与形式的时候,设计文化就通过人类的社会实践诞生了。英国人类学家米勒(Miller)指出:"物的获取是一种社会过程,物质文化研究是人的社会关系的物化。"[16]P1 在物由生产阶段进入消费环节时,物的意义变得更加复杂,即进入一个人化的阶段:社会关系、文化价值、生活方式、身份认同等各种人类的文化信息都以某种方式被编写进"物"的精神内核之中。

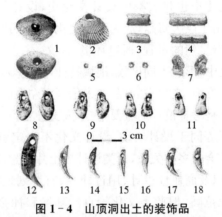

图 1-4 山顶洞出土的装饰品

图 1-5 周口店"北京猿人"遗址发现的石英石制品

在历史长河中,外界变化万千,但"物"对应它所处的时代相对稳定,且人类容易借助破译的编码系统解读当时世界的文化印迹,即通过对"物"之意的阐释对相应时代的文化展开探究和认知。史前人类制作石器的同时,就具备了改造自然的勇气,人类正是通过对自身生存方式的设计,逐渐积累起改造自然的经验和能力。从这个意义上来说，文化正是人类黑夜中的火把，它照亮了人类文明的前行之路。或者我们可以这么理解，在人类的蒙昧时代，鬼神是天地的主宰，而在以文字为依托的文化出现之后，人类真正走进了文明的时代，而文明的时代，是理性的时代，是知识的时代，鬼神主宰一切地位的蒙昧时代已经没有存在的空间，将逐步让位给知识与理性的文明时代。人性有善有恶，受文化的塑造，是可变的，改变、完善人性必须改变、完善人所生存的社会文化及其文化环境，向文明迈进。

灿烂的人类文化史也是人类的设计文化史，设计与人类文明同步发展，为人类文明做出了巨大贡献，成为人类文化的重要组成部分。一方面，人类适应自然、改造自然的过程，通过环境、人文、社会等多方面复杂因素记录在设计文化之中，形成不同民族、地域特征，呈现多姿多彩的设计文化形式与内容。另一方面，文化中的理性、人伦因素左右着设计发展的方向、目的、手段，人文性是考量设计的重要指标，人文性在设计中的力量不容忽视。但设计文化不等同于设计文明，设计文化不一定就能协调好人与自然、人与人、人与社会的多种关系，人类设计史上片面追求华丽、烦琐、奢侈之风的设计物品，以及商业性设计、用过即弃、有计划地废止、一次性设计等观念都属于文化范畴，但此类文化给自然环境和社会环境带来了巨大危害。

3. 设计伦理的文化意义

19 世纪 70 年代，"文化生态"（cultural ecology）概念由德国生物学家 E. H. 海克尔提出，即"人类创造文化过程中，在对自然环境适应和征服的基础上所创造出来的人工环境，并由此形成的二者相互调适的内在与外在关系。广义的文化生态是指人类在社会发展进程中所创造的文化生存环境和状态。狭义的文化生态指社会的意识形态以及与之相适应的制度和组织机构。"[13]P75"文化生态"主要关注文化与环境生物的关系。20 世纪 50 年代，美国文化人类学家朱利安·H. 斯图尔特（Julian H Steward）著有《文化变迁理论》一书，书中指出：文化与其生态环境是相互联系的，相互作用、影响并互为因果关系，人类与其文化生态是一对双向互动的同构关系。"文化生态学是以人类在创造文化的过程中与天然环境及人造环境的相互关系为对象的一门学科，其使命是把握文化生成与文化环境的调适及内在联系"[13]P9文化生态既包括人类的思想、道德、伦理、素质，也包括人类的科学、技术，涉及人类赖以生存的整个社会、自然环境因素。我们可以从文化生态这一方向去研究文化发展的各种变量间的相互关系，尤其是科技、经济、体制、社会价值观和社会伦理观对人的影响。

　　人类设计发展历程是一部从简单到复杂，从萌动到成熟的循环、变化的历史，其动力一方面来源于设计艺术自身，即设计观念、技术以及形式风格的逐步完善；另一方面来源于设计的外部环境，即以哲学、宗教、政治以及在此影响下的审美需求为内容的社会观念和意识形态，两方面共同决定了人类生存的物质环境和生活方式。人类的需求不仅仅局限于物质层面，还涉及政治、宗教、制度、规则、习俗等多个文化方面，它们共同作用。设计在人类动态发展过程中，在人类发展的不同文化阶段，呈现出不同的时代特色。此外，地理环境、气候条件、物产基础、资源储备或推动或制约着设计的前行。设计的发展与人类文化进程同步，受到自然生态、经济生态和社会生态的限定，设计是文化的一部分，也有其相关的文化生态。

　　由设计文化而到设计文明必须借助伦理的约束，"文化生态"是设计文明的途径。《荀子》一书中记录"虚则欹，中则正，满则覆"，欹是我国古代一种盛水的倾斜器具，在空的时候是倾斜的，水注入一半时，欹器是正的，但水注满时，欹器就会倾覆，被世人称为"宥坐之器"。人是社会性的，依托社会而存在，必须遵守社会规范，接受社会监督，孔子借器物的设计隐喻社会，提醒人民注意、遵守社会规范，在伦理的约束下构建良性"文化生态"。设计是为人服务的，从人的利益出发，为了满足人的需求而开展的，但个人或是某个群体的需要、利益必然会和他人或是大众的需求产生冲突，这是由人类的社会属性决定。只有营建合理的设计文化生态，确立正确、合适的能被大众所接受的社会规范，并依据规范开展设计活动，创造有价值的生活才能获得保证。当下，设计行为与文化生态紧密联系，保护文化的多元性和生态多样性是设计伦理的要求，也是文化生态的重要内容，我们必须从设计文化生态这个大概念里去研究设计文化，只有根植于文化生态之中，设计才是符合伦理的。

参考文献

[1]〔美〕维克多·帕帕奈克.为真实的世界设计[M].芝加哥出版社,1984

[2]王受之.世界现代设计史[M].北京:中国人民大学出版社,2002

[3]董占军.外国设计艺术文献选编[M].济南:山东教育出版社,2012

[4]郑建启,胡飞.艺术设计方法学[M].北京:清华大学出版社,2009

[5] 李立新.设计价值论[M].北京：中国建筑工业出版社,2011

[6] 〔英〕伯特兰·罗素.西方哲学史[M].重庆:重庆出版社,2019

[7] 周辅成.西方伦理学名著选辑(上卷)[M]. 北京:商务印书馆,1964

[8] 〔德〕穆勒.功用主义[M]. 北京:商务印书馆,1957

[9] 韦政通.伦理思想的突破[M].北京:中国人民大学出版社,2005

[10] 〔德〕黑格尔.法哲学原理[M].商务印书馆,1961

[11] 陈雯.论造物设计创造了生活[J]. 湖南科技学院学报,2007,6

[12] 〔英〕Marjorie Elliott Bevlin.艺术设计概论[M].上海:上海人民美术出版社,2006

[13] 冯天瑜,等.中华文化史[M].上海:上海人民出版社,1990

[14] 〔美〕维克多·马格林.设计问题:历史 理论 批评[M].柳莎,张朵朵,等翻译.北京:中国建筑工业出版社,2010

[15] 张犇.设计文化视野下的设计批评研究[M].南京:江苏美术出版社,2014

[16] Hiller D. *Material Culture and Mass Consumption*. Oxford, OX, UK: B. Blackwel,1987

人类走过了两百万年的石器时代，八千年的青铜时代，两千五百年的铁器时代，两百五十多年的机械时代，一百多年的电气化工时代，近七十年的信息时代。经历了文明初期的畏存器物制作、等级差异下的手工业造物和机器化大生产的工业化设计。

　　拓宽共时的视野，方能突破设计认知的盲区；理清历史的脉络，才能明鉴未来的设计走向。设计伦理伴随着设计的出现和前行，同时自身也在前行中逐渐丰富、不断演化，其前行的进度和发展的深度推动着人类文明向更高阶段迈进。

第二章 设计伦理发展历程

东西方文化思想中十分关注设计的伦理性问题,建筑、服装、陶瓷、器具等等人类造物与制器中包含着丰富的伦理因素,在人类生活的方方面面中表达出多维的伦理表述形式。无论是早期人类文明中出现的"畏存"制器,还是社会化分工后手工艺时期的"差异化"造物,乃至近代机器化大生产时代的工业设计,都反映着设计的伦理性诉求。这一诉求贯穿于传统造物和现代设计体系中,是人类思想、哲学及民族精神的表达,也是我们研究设计伦理文化演进的线索与依据。

一、畏存时代人类群体的造物伦理

李立新先生将中国传统造物划分为三个阶段:自远古至三代到秦汉一统为第一阶段,魏晋南北朝到唐宋为第二阶段,元至明清是为第三阶段,这三个阶段的造物设计都体现出不同的伦理特征。翟墨先生在《人类设计思潮》一书中认为:人类社会历经三百多万年的磨砺、进化和发展,走过了畏存、适存、优存的三个阶段,历经了从生存到生活的层次递进。翟墨先生把三百多万年的原始社会称作"设计的发生时代",这一时代是原始先民在畏惧感和饥饿感驱动下,为了生命延续而开展的"畏存设计",漫长的文明萌芽阶段留下了可资考证的实物遗迹,是我们探索设计的唯一源头。

(一) 为了群体生存的合目的性,设计的元创之光

工具的制造与使用使人类摆脱了旧有的行为模式,人类与环境的关系不再是直接的人与自然的适应关系,而是借助新材料、新工具,通过劳动构建起一个互动的、人造的中间体系,这一体系不断地使自然和外界的生存

环境转化为适合人类生存、生活的人工环境。此外,工具和劳动不断物化、驯化着原始先民的情感和意志,促使其由自然行为向社会行为过渡,相互间的群体协作在公众伦理的约束下,逐渐完成由自然生命个体向社会化个体的文明转向与文化转变。在这一转化过程中,造物发挥着重要作用。造物是人类有意识的行为,物在最初制造时就要考虑到实用和适用。实用是为了提高人类在自然环境中的生存能力,即物本身具有的功能性,如改变形状、结构、厚薄、材质、加工角度等因素,提高生产效率、捕获更多的猎物、增加更多的收成。适用是指使用者或群体的内在感受,即物给人带来便利的同时还必须和人的感受互动。即物对人的反作用、对人的驯化过程。早在旧石器时代,人类选用石材必须便于手掌的把握、抓控,这个标准受限于手掌伸开后的比例、跨度、尺寸,不能太大、太小,必须适合手的把控。从出土的新石器时期的各种石器可以证明,人手的跨度形成围合物体的圆周,若物体的圆周长度超过手把握圆周的三分之一时,可以接受,当超过三分之二时,就不稳定、不牢固。再如选择石材,不可以过于粗糙,粗糙会加大对皮肤的磨损和伤害。选择尽可能适合手掌把握的平滑石材,或者可以经过适当加工、打磨,能被人类手掌接受的合适尺寸和材质,即适用。实用与适用要求造物必须将器具的重量、形状、大小控制在适度的范围,以达到有效的合目的性,通过长期的选择、使用,使用者或使用群体对这一适用范围的认可和依赖,也逐步加深了使用者或群体的内在感受和群体认知。

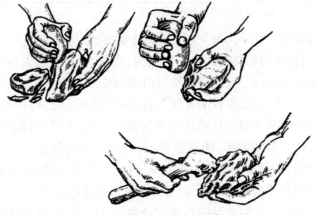

图 2-1　石器对人手的适用与匹配

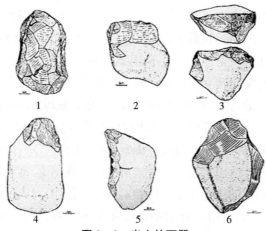

图2-2 出土的石器

表2-1 出土石器数据

序号	编号	尺寸 (长、宽、高)	形状与角度	重量 (克)	材料	器形名称
1	01JTSG30	136×97×86	圆柱形	1489	石英岩砾石	石锤
2	01JTSG06	118×124×65	刃长113毫米	1053	石英岩砾石	直刃砍砸器
3	01JTSS11	111×134×81	缘长182毫米	1157	石英岩	凸刃砍砸器
4	01JTSG03	183×98×108	尖角56°尖刃角42°	2027	石英岩	镐
5	01JTSG35	164×117×75	尖角42°尖刃角72°	1508	砾石	尖刃砍砸器
6	01JTSS10	136×101×49	尖角82°尖刃角66°	910	砾石	尖刃砍砸器

(图2-2及表2-1数字来源:南京市博物馆[1]P52-53)

　　人类最早的设计受人类生存需要的本能驱使,其评价标准无疑就是实用和适用,其伦理内涵强调的是如何适应、协调人与自然、人与社会、人与人之间的关系。《史记》记载:"舜耕历山,历山之人皆让畔;渔雷泽,雷泽之人皆让居;陶河滨,河滨器皆不苦窳",表明舜的影响力之大,同时也表明耕作、渔猎、制陶等技艺的合目的性程度很高,能被世人认可、称赞。共同从事早期的生产与生活活动,能够被自己、被同伴共同所用才是最主要的。"从石器、陶器、青铜器发展到今天的原子能、计算机阶段,可以看出,器具所涉及的范围必然反映出设计文化所具备的智慧特征。"[2]P12其伦理要求必然是为了群体生存的合目的性的大众性设计需要,美并不是首要因素,简朴、实用、适应构成了人类早期设计伦理的主要语意。原始先民在造物时,首先要考虑到设计的合理性,具备智慧特征。这些被人类加工的石材脱离了自然形态,进入人类改造自然、满足人类的生存与需要的文化范畴,迈出了人类智慧的第一步,开启了设计的元创之光。

在这漫长的几百万年里,人类制造的工具解放、拓展、延伸了自己的身体四肢,陶器的发明更是人类一项伟大的创造,实现了从无到有的历史性突破,这是人类创造出第一种材料,这种人造材料支撑、哺育着人类跨入文明之门,彻底唤醒了人类的潜能并最终改变了世界。工具的制造和陶质材料的出现是人类向自然界和生命世界敬献的第一批作品,是具有巨大价值的元创造。"从设计发生学的意义来说,陶器是人类设计史上最具元创价值的第一个真正的'产品'"。[3]P6 从这个意义上来说,陶器材料的出现,如古希腊神话中的盗火者普罗米修斯为人类带来光明与温暖是一致的,他推进了人类文明的进程。拥有陶器,人类才真正可能走出蒙昧的时代,走向知识时代。自此,人类不断地创造第一、刷新第一,恪守"知者创物"的"元创"精神,使人类不断进步。这一元创物质使人类逐渐削减对自然的绝对依赖,凭借自己的智慧实现了由0到1的伟大进步,实现了从动物式的本能活动到有主观意识的创造性活动的华丽转身,引领人类跨入文明之门,也标志着人类创造新事物时代的来临。

图2-3 中国新石器时代陶器

人类如动物一样使用石头、棍棒,无疑是出于生存的本能需求。遇到禽兽拿起石块自卫,攀摘树叶树枝遮风挡雨,借助枝干采摘果实,都不具备明确的设计目的,不能称之为工具制造,但这种出于本能的保护、生存行为启发、诱导着原始先民创造出材料、制造出工具,所获得的经验为以后的设计、创造打下了坚实的基础。我们知道"动物仅是利用外部自然界,而人类能支配自然界，这是人和动物的本质区别。"[4]P158当人类在生存的本能驱动下改造、打磨、完善石制品、木制品时，当人类在偶然的重复劳作下把泥土烧制、加工为陶器时，工具和材料伴随着设计使人类得以跨入文明之门。尽管此时的陶土制品极其粗糙、工具制造极其简陋，使用方式极其笨拙，但在克服畏惧、战胜饥饿的生存意识驱动下为自己、为众人的生存设计，是人类最初的壮举，无论从物质还是精神来讲，具有划时代的历史意义。这些看似简单、粗糙的材料和用具却是最伟大的元创，是人类跨入文明之门的垫脚石。

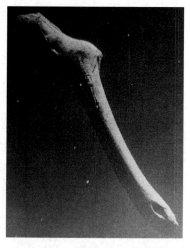

图 2-4　雕有马的投掷矛，约公元前 12 000 年，骨雕长 28 厘米

　　早期人类通过长期的实践逐渐发现、掌握了形式美的法则，并应用于以实用为目的的工具、器物、房屋、服饰等设计活动中，产生了大量实用与审美和谐统一的艺术作品。今天我们能够观赏到的人类早期设计成果如：新石器时代仰韶文化半坡类型中的人面鱼纹盆、彩陶船形壶，及至新石器时代晚期的马家窑彩陶，器物上呈现的水波纹、漩涡纹、四圈纹，借助水纹设计，赞美土地、崇敬自然，显示出极高的文化价值。再如：古希腊瓶画（vase painting），反映生活中狩猎、生产、娱乐、运动的场景，具有浓郁的人情味和强烈的戏剧性，体现古希腊人乐观、自信的精神面貌和优美、典雅的文化气质。这些设计反映了人类征服自然、改造自身的强烈意愿，并反过来熏陶、培育着人类的智力，挖掘、释放着人类的潜能，酝酿、创造着人类的文明。

　　无论是矛、枪、弓箭、棒、飞镖、切割

图 2-5　葬礼双耳瓶，公元前 710—700 年，现藏多伦多博物馆

器、石锤这些男性化的武器和工具，还是篮子、罐子、染缸、砖窑、水库、沟渠、房子这些女性化的容器，此类设计作品中没有今天我们一再强调的系统化、理性化、人性化的设计观念，但制作者却在无意识、无目的状态下，从人性的角度自然地展现出人性的一面，皆表现出对生命的赞美、对自然的歌颂，对自由美好的追求。可见，直观的、纯粹的人性因素感染着先民的"元创"精神，"人性化"伴随着人类文化而生，浸透到人类最初设计思想和造物伦理意识之中。随着人类文化的不断发展设计进而呈现阶段性、区域性特征，设计理念也呈现出多样性和个性化的思考与诉求。

　　人类战胜自然的能力低下，仅靠简单的木棒保护自己，聚众而居，结群自保。史上把这种"同与禽兽居，族与万物并"的群团生活方式称为"原始群"。"上古之世，人民少而禽兽众，人民不胜禽兽虫蛇。有圣人作，构木为巢以避群害，而民悦之，使王天下，号之曰有巢氏。"《韩非子·五蠹》"有巢氏"想必是中国第一位建筑设计师，他设计的"有巢居是一种因地制宜的建筑样式，引发和改变了人们的生活意识。"[2]P13 第一件石斧，无论从功能还是形式上都可能不尽如人意，但它粗糙的锲磨过程为后期玉石器具的圆润、剔透、纹饰、抛光、精细加工奠定了基础，为逐步从简单、粗暴的砍切功能到磨研、穿凿乃至各个构建的组合使用开启了工艺考量的标准；第一件陶器，改变了泥土本身的结构、特质、属性，赋予其全新的面貌、形态，是材料的质变；第一座住宅，基本的功效开启了人类改良工具、逐步提高使用效能的灵感，工艺的革新、技术的进步成就了人类设计史上的新物质。

　　康德（Kant，1724—1804）明确指出：美有自由美和依存美，其中依存美含有对象的合乎目的性，这一合乎目的性与功能相近，内藏功能之美，其本质是实用的功能美，即明确表现出有用功能特征的物就是美的。毋庸置疑，人类童年时期最初的创造是真正意义上的原创。我们不断回顾历史、回归自然，追根溯源，就是回到设计的源头，感受原创的力量，从人类童年的造物状态中体悟设计的本质，触发设计伦理的元思考。人类造物的初期"人性、实用"是设计的主导思想，其"元创精神"维系自身生存、繁衍、发展的原始生存方式。可以说，人类童年的元创基因和本真的伦理要求蕴藏着取之不尽的动力源泉，激发着人类的物质创造和精神创造，具有永恒价值。

（二）受造物主的启示和教化，为崇拜对象的设计

　　原始社会占据人类文明进程的百分之九十九的时间，这漫长的人类

"童年"时段，人类的认知水平在孕育中逐渐冲破了文化的朦胧和意识的混沌，开始自省与自觉地睁开眼睛看世界。作为人类生物性和社会性的存在方式，设计、造物的伦理需求伴随着"制造工具的人"的产生而产生、发展而发展。在产生与发展的过程中，伦理把对于人类社会以及自然世界的认识融入造物之中，逐渐开启了最初"人造物"的"人化"历程。正如许平先生所言："对于设计而言，它甚至是比审美更加基本的存在——设计伦理意味着设计行为的全部文化态度、主场和方法……它代表着最基本的思维起点与实践前提。"[5]P5谈造物伦理的最初形式，必须追溯文化发生的源头，从原始崇拜开始。无论是原始农耕社会，还是游牧生活形态下，每个部落族群都有自己崇拜的对象，这种崇拜便是人类最初的文化态度、人类文明最基本的思维起点。此类我们所知最早的"人化"形式，体现了人类对生殖、生命存续的尊重、对自然的敬畏和与之相适应的伦理接受与认同。

在漫长的洪荒时代，原始先民对世界的认识能力、生产力水平相对较低，面对神奇、未知的生存环境，人类只能相信自然界中必定存在一种强大的神秘力量，一切都在它的控制之下，这种力量既能赐予人类幸福，又能带来灾难。面对这种力量，先民们感觉到无解和无助，故而将这种超越自然的能量视为世界的主宰，成为人类的精神寄托而加以崇拜。在祭拜这一力量时，需要正式的礼仪，这些为神准备的礼仪形式就是最初的设计，只不过这一设计的向度是为神服务，是为神的设计。先民在实施这一仪式时，一般都有严格的限定，如时间、地点、物品、工具、参与者等，且都有跳舞及说唱的成分。在实施的过程中，用面糊、黏土、蜡、蜂蜜、石膏、铁、混凝纸浆、草纸、羊皮纸、沙子或木头作图、画像，甚至进行雕刻造型，并伴随涂色、绘画、刺绣、编结、纺织、镌刻等活动展开。在祭礼上，或扭动身体、低声吟唱，或手舞足蹈、边歌边舞，或身着发冠、腰束尾饰，或头戴面具、手执法器，表示已与天神沟通，具备了祛祸降福、降魔除妖、治病祛灾的法力。据传，黄帝时，图绘过蚩尤，并把"神荼""郁垒"刻制于桃木板之上，以抵御鬼神，其象征作用提升了作品的精神价值，这是最早的门神，也是最早的设计。这些仪式的目的都是为了传递各类确定的群体观念，是借助设计来表示崇拜的媒介和重要手法。无论是神灵崇拜、祖先崇拜、自然崇拜、生殖崇拜，正是出自巨大生存压力，人伦的精神开始皈依神伦的约束，设计之初就受到神伦对人伦的影响和制约，意味着伦理在发展的轨道上开始对设计产生作用。

图 2-6　贵州福泉阳戏表演

图 2-7　阳戏表演道具

　　"器具对于人类起源的意义不是体质或物质上的,而在于'意义'本身的出现。完全可以设想,第一批器具不是作为工具,而是作为装饰品出现的。礼仪必须先行,社会秩序才能建立起来。为了建立社会秩序,才有动刀舞枪的必要。"[6]P36-37 当生成第一个原始村落,当垒起第一座祭坛、当形成第一件沟通天地的法器,意味着混沌时代的结束,意味着神圣世界和世俗社会的形成。造物乃至设计意愿追随神的旨意，开始进入人类原始社会。这一时期造物的目的或服务对象并非人，而是为神的设计，为这一指向服务成为设计伦理的主要内容。漫长的原始社会是人类的儿童时期，儿童的好奇、探究一如原始先民造物的单纯、清澈，无任何掩饰和遮蔽，其造物伦理没有丝毫的矫揉造作，体现不出人情世故，有的是稚拙的童真境界和诗性的烂漫色彩，具有人类与生俱来的幻想特质。先民希望凭借事物的象征性表现，获得该事物的真实再现，期望子孙繁衍、驱邪除魔、灵魂不灭，这些都是他们寄喻创作一切适宜设计的动机，也是人类早期的创作涉及"艺术设计"这个词的全部含义。

（三）图腾、神话、巫术，设计隐喻之源

在原始氏族社会时期，人们认为大自然的一切都是有灵性的，一些原始人群或氏族以某些动物、植物或大自然物为自己的先祖，对其进行膜拜，祈求保佑、祛祸降福，进而希望获有某种超凡能力。图腾、神话、巫术等正是期望借助"超自然的力量"来实现人类某种愿望的法术，利用虚构的想象，伴随着崇拜，产生最初的设计物、造物观念和设计伦理。

1. 图腾：隐喻的符号表征

所谓"图腾"一词来源于北美洲土著阿吉布瓦语"toten"，其含义是"氏族的标志、徽志和自己的亲族。"即族徽和亲系图。"图腾"培育了人类的"想象"，由于有了"想象"，人类走出了野蛮的低级阶段。"图腾"现象在中国可上溯到十万年前的太古时代，"以蛇图腾为主的远古华夏氏族部落，不断战胜、融合其他氏族部落，即蛇图腾不断合并其他图腾逐渐演变而为'龙'……'龙飞凤舞'也许这就是文明时代来临之前，从旧石器渔猎阶段通过新石器时代的农耕阶段，从母系社会通过父系家长制，直到夏商早期奴隶制门槛前，在中国大地上高高飞扬着的史前期的两面光辉的、具有悠久历史传统的图腾旗帜？"[7]P21 我们可以就"图腾"作进一步分析，"在氏族社会，华夏有许多'图腾'，如'神农氏'先族的图腾为'神龙'，黄帝先族的图腾为'有乔氏'（小虫子）、其父的图腾为熊、少昊为白虎图腾，尧的先族有邰氏以马为图腾，舜的先族穷蝉氏以蝉为图腾、桥牛氏以牛为图腾……直到父系氏族社会晚期，一夫一妻制产生，图腾方被姓氏所取代。"[8]P185 图腾、神像、祭祀、冥器等呈现出的创造动机、动力源泉，也无不体现出人对神的敬畏与臣服。虽然此类臣服、敬畏所反映的世界观显得异常幼稚，人生观也

表现得非常荒诞,但培育了人类的创造心智、激发了人类的创造潜能、开启了设计的最初形式。

远古图腾歌舞作为巫术礼仪,意味着人类原始艺术的隐喻意义,它更多地与原始人类的社会结构和生产方式有关,格罗塞(Ernst Grosse)认为:"生产方式是最基本的文化现象,和它比较起来,一切其他文化现象都只能是派生性的、次要的。"[9]P29格罗塞还认为,"人体装饰"和"器具装饰"等形象是在生产方式中形成的最原始的艺术形式。世界各地都有很多民族习惯于"文身""饰面",这种古老的艺术或习俗本身就具有特殊设计的隐喻意义,如把身体以红色为主进行文身,隐含着战争的血腥、残酷,并借助红色祛灾辟邪达到战无不胜的目的。这类红色和纹饰是有巫术效力的,这里的隐喻是巫术的、神话的,也是功能性的、目的性的设计体现。

图2-8　江苏连云港桃花涧将军崖岩画古迹,石刻

当原始族群部落有了各自崇拜的对象,进而出现了原始的"图腾"现象。图腾现象让我们看到人类早期的造物观念与隐喻特质——"想象",即人们在对某一自然物产生敬畏崇拜的同时,也将自身的观念通过崇拜对象以隐喻方式传达出来。对自然的敬畏,对美好世界的愿望,人类同生存环境抗争的同时,也推动着人类由被动适应生存状态向主动探究状态的改变。人类创造了设计,设计也驯化着早期的人类思想,潜移默化中实现了隐喻诉求与伦理彰显。

2.神话:隐喻的历史记忆

远古时期,先民对风雨雷电的天气变化无法解释,对毒蛇猛兽的习性特征不甚了解,他们看到大自然为人类提供了生存条件,但自然灾害又会使他们横遭大难。对此,人类想象并祈求自己能够拥有超常的能力,甚至为此还付出了肉体与生灵交配的代价,试图繁殖超能的后代。在古代传说中"单于女嫁老狼""高辛女嫁神犬""简狄吞燕卵生契"等都是动物与人交配生人的故事。稍后人类的自我意识逐渐觉醒,对物种的要求也相应提高,表示物人性交的方式开始含蓄,产生了神人交感之说,如附宝感北斗生黄帝,女喜吞薏而生禹,弃母履巨人脚印而生弃。正是这种对客观自然认识的局限性,人类依靠自己的想象产生了超现实的意识,对自己不了解、无力战胜并赖以生存的自然万物冠以"神"的桂冠,同时依靠自己的推想臆造了这些神的形象。这些"神话"往往是现实中不曾存在的,但又是现实形象拼合而成的。正如马克思说过的:"任何神话都是用想象和借助想象以征服自然力,支配自然力,把自然力加以形象化。"[10]"想象"是神话产生、发展的翅膀。这些"神话"长期存在于远古先民的意识之中,同时成为促进人们解读神话,生成人际伦理关系的重要因素。

中国神话是关于上古传说、历史、宗教和仪式的集合体,通常它会通过口述、寓言、仪式、舞蹈或戏曲等各种文化艺术及设计方式在上古社会中流传。同时,上古的神话往往被假定为历史真实的一部分,成为后人了解远古人类社会生活和人类文化的重要依据。有关中国神话的最初文字记载可以在《山海经》《水经注》《尚书》《史记》《礼记》《楚辞》《吕氏春秋》《国语》《左传》《淮南子》等古老典籍中发现。从神话对社会和自然的再现来看,它是意向的、神秘的和象征性的。我们可以从神话传说的故事和造型中,清晰地捕捉到巫术和图腾的思维痕迹和隐喻的影子。可以说神话是原始巫术礼仪的"延续、发展和进一步符号图像化。"[7]P13从文学的角度来说,神话以故事的形式表现了远古先民对自然、社会现象的认识和愿望,是通过先民的幻想,用一种不自觉的艺术方式加工的自然和社会形式本身。神话通过以神为主人公,它们包括各种自然神和神化了的英雄人物,神话情节一般表现为变化、神力和法术,神话的意义通常显示为对某种自然和社会现象的解释,表达了先民征服自然、变革社会的愿望。[11]P14我们可以肯定的是:神话与艺术乃至艺术隐喻关系密切,神话不仅为以后的艺术创造提供了取之不尽用之不竭的源泉,神话还为以后的艺术隐喻的运用与发展提供了有力的支撑和保障。正如英特伦斯·霍克斯在《论隐喻》所说："我们之所以常常通过艺术去了解、感悟历史，就是因为艺术本身已经投射出历史的光辉。"[12]P7,219"隐喻本身是人类在特定的历史时期形成的"，无论巫术还是神话，实际上隐喻了历史的再现，所以，从某种程度讲，艺术的历史就是艺术隐喻的历史。人类试图通过"推理"加"想象"的复合方式解释人和神的关系，使人伦和神伦合情合理。但是由于当时的认识水平低下，因此荒诞、奇异的艺术色彩笼罩、充斥于人类早期造物设计之中。

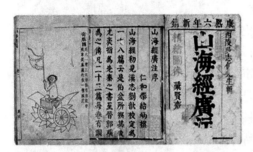

图2-9　《山海经》

3. 巫术：隐喻的思维方式

从某种意义上说，巫术是一门艺术，因为巫术在实施过程中的演唱、舞蹈等都具有艺术的特征。许慎在其"说文解字"中认为"巫"是"以舞降神也"[13]P100，即"巫"实际上是"舞"的艺术；《尚书·尧点》就有夔曰："于！予击石拊石，百兽率舞"的记载；近代国学大师王国维也曾有推测："歌舞之兴，其始于古之巫乎？"[14]P1他进而明确指出："巫之事神，必用歌舞。"据史料记载，春秋时期的巫术就是"以乐舞的形式"来呈现和作为的。[15]P34毫无疑问，这都说明艺术设计与巫觋之术关系密切，而且古人的巫觋之术大多是以隐喻的方式呈现，其特有的语言和象征符号本身就是隐喻性质的。所以，李泽厚先生认为：巫术是作为人类早期认识事物、除灾去病、交流情感、寄托希望的特有形式，巫术仪式中的"图腾歌舞分化诗、歌、舞、乐和神话传说，各自取得了独立的性格和不同的发展道路。"[7]P16巫术可以说是人类最为原始的并最具代表性的隐喻艺术形式和设计表现类型。

我们之所以说巫术是隐喻艺术思维的一种类型、主要是因为巫术遵循的是相似律和接触律原理。相似性法则是依靠选择象征性符号的想象来实现的，同时，由于巫术的个体表征非常明显，故其过程实际上就是隐喻的过程。隐喻在相似性的基础上，把不可能变为可能，把不可能理解之物变为可以理解之物，把单纯事物变为含义深刻、内涵丰富的事物，从而大大扩展了艺术的表现空间，强化了表现力，也为社会、人生、事物的多元表现奠定了时代的基础，从而使历史与现实实现了个性化、人性化的"接轨"，大大增强了历史的可表性。正如王炳社先生所言：艺术隐喻这种思维方式是属于审美的隐喻或者心理学的隐喻，它是一种以形象为载体，以意向为核心，以象征为过程和终端的人类特殊的思维方式。[16]P53-122 从某种意义上来说：巫术、神话本身就是隐喻的。图腾、神话、祭祀、咒语、巫

图 2 - 10　江西南丰傩戏面具"开山"

术、祈祷等一系列表现原始先民世界观的手段，以趋利避害、迎福纳祥的精神意愿注入造物之中，成为设计隐喻之源。

（四）设计与宗教，人伦与神伦的交织

宗教的出现要早于国家的出现，最早担负起管理、规范人类思想和行为的重任，直至国家出现，两者相互妥协、利用、补充、完善。宗教借助国家获得社会的认可并谋求至尊地位；国家也借助宗教的力量对社会进行更深层面的精神管理，成为国家治理的有效工具和辅助手段，甚至直接形成宗教与政治合二为一的社会组织形式。如对中世纪时期的国家体制展开研究，可以发现很多这样的案例，直至现在也还存在政教合一的国家体制和管理形式，宗教在其国家管理中担负着重要作用。宗教从原始的巫术发展而来，在人类文化发展中存在数千年，每一个宗教都有其博大、精深、缜密、神圣的哲学思想体系。宗教从社会、艺术、心理、生理等方面对人类的存在和发展进行思考和探究，从思想、哲学、智慧的高度给予信众以引领和启示，宗教作用范围极广，影响极深。

在人类认识自然、利用自然、征服自然的能力较低时,在科技还不能解释众多人类社会和自然现象前,宗教是人类精神寄托和灵魂所向。为了宣传教义,让更多人接受、信仰宗教,由专门服务于宗教的场所、礼仪、艺术等共同构成完整的宗教文化体系。作为人类历史文化发展中的一种现象,宗教本质是一个群体社会行为,它的教义、组织、结构、行为规范、戒律等宗教文化内容都有意识地传播、发展出特定的社会思想和行为,目的是维护人类世俗社会组织的有序构建与正常运行。宗教信仰对象是观念精神的集合体,如上帝、佛、菩萨、真主、湿婆等,他们都是世界万物的创造者、守护者,完美而神圣的存在形象,是救苦救难、普度众生、飞升天界的精神寄托和向往,其形象是内在精神具象的所指与能指。由于其目的明确、戒律森严,决定了宗教文化中的建筑、绘画、祭祀、礼仪、音乐等有明确的要求,什么可以?什么不可以?应该如何开展?以什么方式进行?在相关器物设计中都有明确体现且形成规制。无论原始的巫术还是后来的宗教,都是人类基于自身因素,结合社会认知和经验,参照人类社会的结构构想而来的。换句话说,宗教其实是人类社会的另一种变相形式,宗教世界与人类现实世界具有相似甚至相同的组织结构。宗教作为人类社会的另一种结构形式,如同人类社会的等级制度,在神的世界里一样井然有序地存在,佛、菩萨、罗汉、尊者、护法,宙斯、赫拉、阿波罗、波赛冬,上帝、耶稣、圣徒等等级梯度区分明确且恒久不变。宗教神伦制度比社会人伦制度更为明确,更易识别。人们从神的驻地、体量、法器、场景、服饰就可知其在宗教中的权利、等级、地位和能量。

设计的目的是满足人的物质生活和精神生活,宗教中的建筑、装饰、器物等艺术形式,兼顾物质与精神的多重需要,自然都离不开设计的介入。从这一点来看,借助宗教力量的设计能激起情感、精神的共鸣,有助于人类走出情感、精神的困苦和磨难。而宗教应用设计,可以强化宗教在信众心目中神圣而不可或缺、不可替代的地位。西方宗教倡导大众参与、融入,客观上体现宗教思想,主观上奉献虔诚寻求救赎,把宗教活动揉入日常生活之中。如西方教堂设计,多建造于城镇的中心,方便信徒参与宗教活动,宗教活动场所成为城镇的活动中心。以巨大的体量占据地区的最高点,成为地标式建筑,以精致的内外装饰成为地区居民精神的寄托。东西方彩陶纹样、石窟艺术、哥特式建筑及玻璃镶嵌画、宗教壁画、雕塑是东西方宗教中最具说服力的文化遗存,艺术手法、设计内容、创作动机都围绕信仰这一主题服务。宗教是文化内核、意识形态的重要部分，文化内核与意识形态影响、决定了设计思想、设计动机，尤其在人类社会发展的特定历史时期，宗教活跃，占据社会最高地位，设计竭尽全力为宗教服务，体现、歌颂宗教的神圣与伟大，设计不可避免地接受宗教的洗礼与浸润并成为宗教的工具。通过对设计领域、技术、手段、内容的研究，我们可以认识到：服务于宗教的设计与宗教信仰无关的设计有着巨大的区别。如果没有虔诚、真挚和强有力的

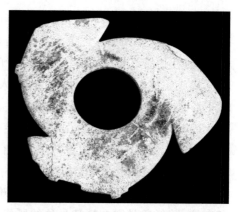

图2-11　玉璇玑，新石器时代，最大齿径22.5 cm，最大内径17.2 cm，厚0.5 cm，山东省五莲县丹上遗址出土，现藏于五莲县博物馆。摄影：郭公仕，许德扬

宗教信仰作为精神支撑，宗教建筑的体量、高度是不可能实现的。宗教力量对人精神影响程度的高低、钳制的强弱透过设计而一目了然。

　　宗教思想的封闭性和排他性，限制设计思想、限定设计内容成为必然。从宗教发展、传播的历史进程来看，每一个时期的宗教都会结合历史需要，与当地民俗相适应而适度改变，但从总体衡量，这种来自外力作用的改变是很小的。宗教传承几千年，自身的教义、戒律、必须保存其稳定性、纯粹性和完备性，这也是宗教得以传承至今的重要原因之一。保持稳定性、纯粹性和完备性也使得宗教更具神圣和威严，以亘古不变的教义、仪轨彰显其至高至善的完美涵义，引导世人思想的改变，进而对宗教奉献出虔诚。所以宗教体系不会变也不可能变，为此，只能是信众奉献虔诚的同时再接受和习惯对宗教的顺从。所以，宗教的封闭性和原旨性限定了一切设计仅是宗教精神的载体，宗教的元素、形式、内容成为设计广为应用的恒定的视觉符号，如莲花、八宝、十字架等。在东西方设计史中，具有典型特征的纹样装饰、形式语言充斥各个历史时期，或隐或显，随不同风格、品类而稍有变化而已。无论是宗教绘画、宗教器物、宗教建筑，宗教影响下的设计、创新让位于顺从且一丝不苟，其灵魂的皈依导致设计创新思想的缺失是必然的。

　　宗教作为人类文化中最具影响力的形式，其存在一定程度上决定了人

类的精神思想、价值追求,是人类生活的重要组成部分,作为人类文化的形式之一——艺术设计,在为大众服务的过程中不可能超越、淡化宗教的影响。宗教和设计都是为人类服务,两者有着紧密、长期的合作基础,两者之间有着很大的交集。首先,设计在介入宗教中受到宗教的熏陶和约束,从而设计思想就会以宗教的价值观念,对人类文化、人生理想境界发起思考,影响执行、审视设计活动;其次,宗教介入下的设计产品,其文化、社会、精神等方面的价值是多重定义的,开挖石窟、建造教堂、绘制壁画,诞生了大批设计艺术作品,丰富了人类文化的面孔和肌肤;此外,宗教还为设计提供了大量的素材,带来了灵感,使设计思想、设计活动更具深度和高度。宗教有如此之大的力量在于其给人以生存的理想和信念,本质上说,宗教的信仰、信念能够给人一种心理世界和意识领域的满足。宗教势力在相当长的历史时期内既是设计的约束力量,又是设计为之服务的主要对象。

现代设计着重考量形式、功能、技术等方面理性因素,在宗教、文化、伦理等感性方面的缺失一直被世人所诟病。"现代设计的主题正从神性向世俗转向,在当代设计作品中,虽然仍有一定份额的宗教题材,但此时宗教主题的神性已完全消退,取而代之的是艺术家对宗教的理性审视"。[17]P65 现代设计主题的世俗化转向导致神性的式微,"作为非理想的信仰,宗教偶像寄寓了人们对永恒世界的不懈追求。而神性的丧失自然就会导致永恒信念的丧失,艺术不再追求永恒,设计艺术作品本身也失去了宗教的固有价值。宗教的神性和世俗的狂热交织在一起,宗教的价值在个性的过程中偶尔闪现。"[17]P65 东西方宗教中的戒律不仅仅对信徒有强大的约束能力,对一般大众的道德准则、行为习惯、伦理纲常也有很大的影响力。借助宗教的戒律来约束社会大众,克制欲望、强化善心,具体在设计上,使人常怀敬畏之心,善待物、尊重人、敬畏自然,克制物欲,使其设计思想充满善意,设计作品体现平和、优质。宗教中体现出的人与人、人与物、人与自然的和谐关系,对社会有积极意义。

二、手工业时代等级差异下造物伦理

设计活动决定于人类思想、观念,涉及方法、技术等实践手段的应用。无疑,在众多因素中,其首要问题是思想和观念,即设计的初衷,为谁设计、如何设计,达到怎样的设计程度,这一指导原则是设计的前提条件,也是绕不过去的伦理焦点。设计的最终目标是为人的设计、为满足人的需要而设计,但为什么人? 满足怎样的需要? 纵观东西方"造物""工艺""设计"的历史,不难发现,现代设计与传统设计的重要区别就是服务对象的不同,并由此带来设计方法、材料、工艺、内容的诸多改变。

(一) 基于农耕文化的"道法自然"伦理观

建立在农业生产实践基础上的农业文化是世界上最早的人类文化存在形式,农业生产对自然的依赖程度极高,天时、地利、物性、材质、人力共同构建起农业生产的基本关系,也是决定手工业发展的重要因素。农业文化强调人类是自然的组成部分,是自然的附属物,必须依附于自然的存在而存在。荀子在《天论》中表明其"天人相分"的观点:天行有常,不为尧存,不为桀亡。天有常道,不以人的意志为转移,只有尊天,顺天,敬畏自然,人类才能生产、生存、生活。万物有源,皆不为他者,自然的意志是无限大的,不以人类的意志转移而转移。手工业时代,工匠与设计师的职业角色没有分离,生产力有

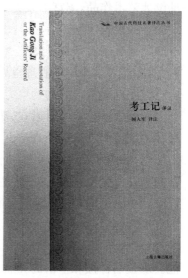

图 2 - 12 《考工记》

限,人类以敬畏自然的态度利用相对简单的机械科技创造生活、生产器具,这些创造局限于手工阶段,受限于创制者的个人经验和匠人工艺造诣。此时的设计与伦理的契合点不是以人性为本,而是以"道法自然"为宗旨,伦理关系不仅仅是表现人与人的社会关系,还要包括人与自然的整体关系。"道法自然"是农业文化的根本,也是手工艺术制作的根本法则,更是人类保存自然之性的伦理要求。

《考工记》中记载:"轸之方也,以象地也,盖之圜也,以象天也,轮辐三十,以象日月也,盖弓二十有八,以象星也。"只有人与道德皆法于自然,保持天、地、人之间的贯通与和谐,才可以处理好人与造物活动中的各种关系,背离了自然法则,人的自然性存在将无所依附,道德也就不复存在。对

于农业文化来说,顺应自然是生产之本,展现生存意义的根本途径。人对自然的依赖和归属,意味着人与自然世界之间存在的一种贯通性的共在关系,表现为人对自然的能动诉求,寄予祈福、纳祥、呈瑞、教化等美好愿望。这类愿望在伦理的规范下通过图形、样式表现出来,借助设计渗入人与社会、人与自然的全面领域之中。

(二) 基于宗法制度的尊卑伦理观

中国历史进程中形成的宗法制度,发源于氏族社会、确立于夏,成形于商周,后经 2 000 多年的封建社会的修订、补充、完善而成为完备的思想体系并影响至今。其特点是宗法组织和国家机构合二为一,宗法等级与政治等级完全一致,宗法等级与人伦礼制覆盖了人类生活的方方面面,其核心内容就是"中庸"和"尊卑"。"子程曰:'不偏谓之中;不易谓之庸。'中者,天下之正道。庸者,天下之定理。"[18]P1 中庸是中国人历来的处事之道,君为臣纲,臣以君为中心;父为子纲,子以父为根本。双方遵守"君惠臣忠,父慈子孝"的行为准则。"上古穴居而野处,后世圣人易之以宫室。上栋下宇,以待风雨。"[19]P654 "礼始于谨夫妇。为宫室,辨内外,男子居外,女子居内。深宫固门,阍寺守之,男不入,女不出。"[20]P99 可见,基于宗法制度,传统造物设计恪守"上尊下卑"的伦理标准,达到"中庸"所追求的理想境界。

宗法制度是封建统治的利器、是等级划分的根本,它以血缘为纽带,以家长为中心,形成亲疏远近,构成整个家族的网络系统,这个系统从规模、范围上看是以家长为核心的,以血缘远近为半径的不同层级的同心圆;从等级上看是以嫡庶、长幼累积的稳固的金字塔形秩序关系。国有国君,家有家长,各等级、阶层分工明确、责权清晰、不可僭越,进而与自然类比,与社会呼应,再与五行、阴阳、宇宙观、天地观相印证,同质同构的方式,借助礼法、血缘维持着社会关系的存在和发展,如阴阳中的天尊地卑、男尊女卑。再如由五行方位到室内座次的尊卑关系,即最初室内东面为尊,鸿门宴上,司马迁着意描述了宴会上的座次:"项王、项伯东向坐;亚父南向坐——亚父者,范增也;沛公北向坐;张良西向侍,"就是说,项羽和项伯面向东坐,范增面向南坐,刘邦面向北坐,张良面向西侍奉、陪席。大一统之后,统治阶层逐渐以坐北朝南为尊者,即南面尊于北面。皇帝坐北向南,聚会群臣,南向为尊。因此,古人常把称王称帝叫做"南面",称臣叫做"北面"。古代的"南面"就是坐北朝南,即面朝南坐,其位为尊为上;"北面"就

是坐南朝北，即面朝北坐，这相对"南面"就有些低下。（如图2-13）

在完善、解释宗法体制方面，主要依托儒家的"礼""仁"伦理观，兼用法家的"法""制"规范和约束，根植于社会的方方面面，体现君权、神权、族权、父权、夫权至上的家国关系，使得中国传统文化中，在物质领域、精神层面具有浓重的伦理色彩。在传统宗法制度下，无论是上层社会的工艺制造，还是下层百姓的日用器具都成为表现、传承这一制度的物质载体。"在所有的文化中，物质对象和人工物都被用来（通过其一些形式和非语言表达）与组织社会联系；而且编码于人工物中的信息，被用作社会标准，并用作人际交流的必然组织。"[21]P156宗法制度或显或隐见之于传统设计之中，涵盖衣食住行等百姓生活的方方面面，作为彰显宗法礼制的伦理道德是传统设计的

图2-13 鸿门宴座次

重要研究内容。其本质都是对宗法制度的诠释和完善，使这一制度更加严密、有序，更加饱满、坚实，成为稳定人与人、人与社会、人与自然关系的法理依据。中国北方的民居——四合院的营建充分彰显了伦理约束下的长幼、尊卑关系，长辈居住的北房处于院落的中央位置，平面空间最大，其突出的主体、尊贵地位一目了然；厢房、南座、后罩在平面格局上对应居住者在家庭中的地位。至于明清故宫的设计，更充分体现出皇权的至高无上，皇帝处理日常朝政的地点是太和殿，位于整座宫殿的对角线上，其他大殿、厢房渐次簇拥，彰显皇权至尊、兹事体大的伦理考量标准。

（三）基于贵义贱利思想的义利伦理观

手工艺时期的艺术设计，最早可以追溯到人类造物初期的制陶、制革以及对玉石骨角等天然材质的加工制作，但狭义上我们通常以农耕文明的建立、手工业生产方式的确定以及社会分工体系的形成来界定这一时期。

手工艺是在从事手工生产、制作过程中对物品进行形式与功能的艺术化创作行为，其显著特征就是创作时，选、用、造等材料、素材都来源于自然，并且因为手的直接参与，使手工艺者无阻隔地和自然触摸、交流、沟通、融合。从手工艺的制作、传承、使用等方面，我们可以看出与自然的亲密、直观的接触和真实的生活体验是手工艺创作的重要特征。

　　传统手工艺生产，技术简陋、规模小，手工艺产品的生产量极其有限，人们在分配、使用、消费等方面始终感觉到危机和不足，从而迫使大众把物质欲望压抑到一个相对低的标准，以勤俭的生活态度关注自身及群体的生理、精神的需要，倡导重义轻利或贵义贱利的义利伦理观。从董仲舒的"正其谊不谋其利，明其道不谋其功"到苏轼"害道"，直至宋明理学的"存天理，灭人欲"，都将人对物质的欲望描绘成"人欲""私欲"或"淫欲之心"予以压制、约束，极力否定大众获取物质欲望的合法性。借助伦理、道德、乡规、律例将人类关注的焦点从物质需求转化为精神操守，如儒家文化中强调"饿死事小、失节事大"的伦理操守观念，道家讲究"绝圣弃智""清心寡欲""无欲则刚"等修身观念，佛家坚决主张"无欲、不争"的绝世观念。其实中国传统消费观注重勤俭节约，但并不是限制消费、否定消费，其背后的本意是要尊重生产发展的确切水平和现实状况，不能为满足人无度的欲求而无视资源的消耗。毋庸置疑，就传统社会生产力发展水平而言，建立在重义轻利或贵义贱利基础上的手工艺是有道德的，持义利伦理观的造物制器在其所处的那个时代无疑是合乎伦理的。

（四）等级制度下特权地位的物化形态

　　人类社会形成的早期，生产力低下，穴居野外以抗风雨，出于实用主义的考量，之后社会有等级、人伦有贵贱，圣人宣教，居住不再是简单功能的体现，而是兼具社会文化的载体和明鉴人际关系的象征。"夫宅者，乃是阴阳之枢纽，人伦之轨模，非夫博物明贤未能悟思道也。"[22]P78根据考古发掘，奴隶社会早期，建筑营造就和居住者的身份对应，服务对象不同，房屋设计的规模、空间、工艺会有很大区别，诸如夯土起台的体量，石灰等材料的选用，墙面抹平及装饰等方面都有体现。"天子之堂九尺，诸侯七尺，大夫五尺，士三尺。"[23]P125"故为之雕琢刻镂，黼黻文章，使足以辨贵贱而已，不求其观。"[24]P143大到城池规划、宫室营建，小到百姓住宅建造，皆有礼制的监督和约束，伦理、规制不可僭越。《唐六典》规定："王公以下屋舍不得重拱藻井,三品以上堂舍不得过五间九架,厅厦两头,门屋不得过五间五架;五品以上堂舍不得过三间五架,厅厦两头,门屋不得过三间五架……"[25]P82荀子明确指出器物上的装饰是体现尊贵的重要方式,而不仅仅是出于美观,可见,战国时期,人们就已经了解并应用了装饰所具有的伦理功能。等级制度通过物化形态来体现统治阶级的特权地位,借助伦理规范严禁僭越,与经济、实用功能无关,其背后是"礼制"的彰显,"人伦""纲常"的凸显。

中国服饰文化中一直以来都有官服与民服两大体系。官服根据职位的高低,从衣冠袍带到屦履配饰,在形制、材质、花纹、颜色都有明确的等级要求。《礼记》中明确指出:"天子龙衮,诸侯如黼,大夫黻,士玄衣𫄸裳。天子之冕,朱绿藻,十有二旒,诸侯九,上大夫七,下大夫五,士三,以此文为贵也。"[23]P128配饰作为服饰着装的组成部分也时刻体现着宗法等级观念,如佩玉、佩绶,"绶"本义是丝绸,古时用以系佩玉、官印等,东汉许慎《说文》解释:绶,绂维也。《史记·范睢蔡泽列传》记述:"怀黄金之印,结紫绶于要。"董巴《舆服志》记载:"古者君佩玉,尊卑有序。及秦,以采组连接于以襚,谓之绶。"以绶带的颜色标志不同的身份与等级,《礼记·玉藻》记载:"天子佩白玉而玄组绶。"唐代贞观四年和上元元年曾两次下诏,颁布服饰颜色和佩戴的相关规定。如历史记载中的"白衣""苍头""皂隶""绯紫""黄袍""乌纱帽""红顶子"等都是一定时期内对服饰色彩的明确规定。《宋史·舆服志四》记载:"仍乞分官为七等,冠绶亦如之";"天下乐晕锦绶,为第一等";"杂花晕锦绶,为第二等";"方胜宜男锦绶,为第三等";"翠毛锦绶,为第四等"[26]P207不同颜色附于不同服饰而代表不同地位和身份,佩绶制度至汉代形成沿用至清末。官职越高,地位越显,其选材考究、做工精致只是彰显等级差异,设计完全从伦理考量出发与经济实用无关。这种服饰限制至明清时期,达到极致。相比百姓民服多是蓝衣粗布,素衣与官服形成鲜明对比,借服饰区别把人分为三六九等是封建宗法制度的重要特征。

以中国为代表的东方饮食文明冠绝天下,中华民族对饮食的重视是空前的,民以食为天,足见其在百姓日常生活至高无上的地位。饮食过程中尊卑有序、长幼有别,伦理观念渗透入中国人的饮食文化乃至日常习俗之中。我们可以从承载这一文化习俗的用餐器具中可见一斑,如"鼎"这一食器,可分有盖的和无盖的两种,有三足的圆鼎和四足的方鼎两类,最初是用以烹煮肉和盛贮肉类的器具。《周礼》规定:"帝九鼎八簋,诸侯七鼎六簋,卿大夫五鼎四簋,元士三鼎二簋,庶民不可用鼎,违者重罚。"周以后,鼎、簋

图 2 - 14　阎立本的"步辇图",画面从左往右依次是随从、使臣、礼部四品到五品的官员、侍女和唐太宗,等级分明

等器物的实用功能逐渐淡化,进而发展成为国家、地位、宗法礼制的象征,自三代及秦汉延续两千多年,鼎是最常见和最重要的礼器,其造型设计更加平正、庄严,纹饰也不再如商代时期神秘诡异而更加律动、秩序。在人类进入现代社会以前的传统设计,社会政治制度体现出严格的等级、贵贱差异,上层社会与下层社会在享用精神文明与器物财富中泾渭分明,即上层社会有权享用精神尊荣与器物奢华,平民乃至下层阶级只能制造、生产、创造设计文明,客观上却没有享用的资格,从制度上被限制了享用完全设计文明的权利。换句话说,等级制度下的器物享用权是区分阶级的重要外在表现形式,即使富可敌国、腰缠万贯的富商大贾也不能越雷池一步。

(五)思想的革新、技术的进步,伦理的僭越与突破

李立新先生指出:在造物伦理规范方面,自元至明清的第三阶段是对前两个阶段的突破,其主要标志是宋代以来,市民阶层的壮大、商品经济的发展,促使了手工业的兴盛,造物设计多数用于百姓日用之间。至元代,一批西方传教士来到中国,带来了先进的知识和技术,1601 年利玛窦呈献给万历皇帝的自鸣钟,唤起了科技的觉醒,引发中晚明实学思潮的兴起。1627 年邓玉函写就《奇器图说》《诸图说》等系列造物书籍。一批知识分子学习、模仿、创造,取得了突出的成果。晚明清初,王徵、徐光启、方以智等实学人士敏锐地认识到机械在传统造物中的显著作用,清醒地认识到机械

对于传统造物的重要性，发起造物对国计民生、百姓日用的关注，助推设计伦理的转向。从这一方面来看，中国的近现代设计起步似乎并不晚。

王征在《远西奇器图说》中指出："民生日用饮食宫室，种种利益，为人世所急需之物，无一不为诸器所致。如耕田求食，必用代耕等器；如水干田、干水田，必用恒升、龙尾、辘轳等器；如榨酒榨油，必用螺丝等器；如织裁衣服，必用机车、剪刀等器；如欲从远方运取衣食诸货物，必用舟车等器；如做宫室，所需金石土木诸物，必用起重、引重等器。"[27]自西方传入的新奇物器和科技知识对改进当时传统的造物工具起到了十分重要的作用，一些繁重的工种、一些复杂的操作工序由于技术的改进，机械机能的提高，造物的质量、数量有了大的飞跃。"如道光年间的梦树齐，'仿泰西水法造龙尾、恒升二车。其用一车当翻车之五，人一当十，迅速奔腾，靡有渗漏'，受到林则徐、陶澍等朝廷大臣的鼓励和支持，两江总督陶澍还在南京打造这种龙尾车，以示推行。清人汪禹九还设计出一种简便的风力水车，运用齿轮传运带动普通水车车水。早在明末，王征从传教士处获得风磨图样，设计过一种风磴，能'借风力，省人之力'。同治元年，徐寿、华衡芳甚至研制成中国第一部蒸汽机，已达当时世界水平。"[28]P132

明清之际，正值西方培根、笛卡尔、伽利略开启近代实验科学的研究方法，同时代的中国，一批怀有实学思想的知识分子，如黄宗羲、顾炎武、王夫之等虽未能奠定自然学科的发展基础，但开启了启蒙主义思潮，引发了对传统造物伦理的突破与造物设计的革新。明代以李贽为代表的士族阶层大胆地对先圣加以质疑，李贽在其著述《焚书》中说道："夫天生一人自有一人之用，不待取给于孔子而后足也，若必待取足于孔子，则千古以前无孔子，终不得为人乎？"质疑儒家经典并非万世之至，公然不以孔子的"是非"为是非，他对儒家伦理思想的批判和道德规范的否定，在当时的社会各个阶

图2-15 李贽 画像

层引起了极大的影响。程朱理学讲求存公理，灭私欲，而顾炎武以批评的思想对私欲给予了肯定，他说："天下之人各怀其家，各私其子，其常情也。为天子为百姓之心，必不如其自为，此在三代以上已然矣。圣人者因而用

之,用天下之私以成一人之公,而天下治。"(《文集》卷一《郡县论五》)顾炎武凸出了个人诉求、个性展现和欲望的表达,是对当时城市经济发展和社会生活变化、进步的真实反映,体现了市民阶层的根本利益和切实愿望。

在此基础上,顾炎武认为"非器则道无所寓",提出了"道寓于器"的观点,强调了"器"的本体地位。王夫之对这一问题做了进一步的解释,他说:"天下唯器而已矣,道者器之道,器者不可谓之道之器也",提出:"据器而道存,离器而道毁"的器物观,他在《传习录》中说:"名与实对,务实之心重一分,则务名之心轻一分。""天下之用,皆以其有者也,吾从其用而知其体之有,岂待疑哉?用有以为功效,体有以为性情,体用胥有而相需以实……故善言道者,由用以得体,不善言道者,妄立一体而消用以从之。"[29]可见,王夫之对"名""体""有""用"的造物见解有深刻的阐释,顾炎武和王夫之的这一"器体道用""道不离器"思想在明清时代的造物设计活动中有着诸多体现,宋应星《天工开物》秉承"贵五谷而贱金玉"的原则,对器物本身具备的功能的重视;徐光启《农政全书》中对各种金属物件制造方法的介绍,皆针对上层社会和下层社会百姓日用的设计、技术、器物制作的诠释,展现出人文思想和"普世价值",挣脱、颠覆了《考工记》中凸显等级森严的伦理规范。

中晚明以来社会进步的启蒙主义思想的兴起,突破了传统礼教的伦理规范,人们的生活方式、观念以及价值取向开始转变,使得这一时期设计造物有很大的变化。平民妇女也可以着衣亮丽,普通百姓的住宅也可以在屋脊上使用兽头,甚至女优、娼妓的头上也可以饰戴贵族妇女的金翠珠玉,由于市民阶层对通俗文化的迫切需要,日常生活中曾经的严谨、神圣、等级渐渐被打破和消解。可见,从离经背道的思想异端李贽到实学知识分子黄宗羲、顾炎武、王夫之,他们不满封建专制对人性的禁锢、反对程朱理学思想对人性的压抑和摧残。他们的主张集体体现了器物的本体地位,凸出了造物伦理中的功能性和艺术性需要,是对长期以来秉承"器以载道"的造物伦理思想的冲击、突破和僭越,是设计伦理的伟大进步。

(六)欧洲中世纪手工艺发展的伦理本质

随着基督教在欧洲大陆的普及,手工业劳动者的地位得以提升,究其原因,在于耶稣的养父约瑟就是一位朴实的手工艺者,一位憨厚普通的木匠;此外,基督本身就为妇女、穷人提供保护,是受压迫者的辩护人,所以手工艺在教士阶层、贵族妇女阶层以及平民阶层都得到了较为充分的重视和一定的推崇,有相应的社会地位。首先,从事手工艺被认为是忠心于上帝的表现形式,是接近上帝,接近基督的重要途径,教会通过手工艺实现宣传教化的作用,教士阶层积极支持手工艺的发展,甚至一些颇有影响的教士就是手工艺高手。如"两位圣者——圣·邓斯坦和圣·埃塞沃尔德都以金属工匠著称,邓斯坦还是一位书籍装帧家,并为刺绣品作过设计。从981到1019年间曾担任伊利修道院院长的埃尔夫西格是一位从事珍贵金属制作的工匠。11世纪中叶阿宾顿修道院院长斯皮尔哈佛奇,是一位著名的金匠,他曾经受委托为亨利四世制作过一顶皇冠。"[30]其次,手工艺被当成一种高尚、有益的活动,刺绣甚至被当做淑女教育环节中的重要内容,获得上层社会的推崇,贵族女性阶层自身起到表率作用。如"在德国,亨利二世的妹妹吉塞尔精于针线,还在皇宫附近经营过一家刺绣作坊,盎格鲁·撒克逊的王后们也常以精通于手工艺而闻名,'忏悔者'爱德华的王后就曾以她的刺绣而闻名于世。"[30]宗教和上层社会推动了欧洲中世纪手工业的发展,尤其在刺绣、珠宝、家具等设计类别取得了长足的进步。此外,中世纪时期,修道院向佃户收取的佃租可以是实物,如一个铁匠交付一定数量的铁制器具,一个农妇交付可供修道院使用的羊毛编织布料等。广大信众愿意投身于手工劳动之中,在宗教强势推动下,行会制度开始出现,手工业保护制度逐渐执行,欧洲中世纪的手工艺呈现出精彩纷呈的时代景观。

图2-16 玻璃镶嵌花窗

工艺已不再是一种低贱的工作,而是一项光荣的社会生活、工作形式,这与宗教在欧洲的传播以及宗教表现出来的巨大宣传力量密不可分。正如,欧洲中世纪时期宽衣大裙的服装都严密地遮盖身体,服饰不体现与人体密切结合的关系,表面上看是推行禁欲主义的表现,其实质是,无论男女老幼,层层防护的服饰是神的要求和意旨。"每一种造物,无论是可见的还是不可见的,都是上帝所造就的一束光。"[31]P323耶稣说过:"我是光",《圣经》中基督耶稣被寓意为照亮人世的光:"因为我们的眼睛已看见你的救恩,就是你在万民面前所预备的,是照亮外邦人的光……"(圣经新约·路加福音第二章);"生命在他里头,这生命就是光。光照在黑暗里,黑暗却不接受光……那是真光,照亮一切生在世上的人。"(圣经新约·约翰福音第一章)"哥特式"建筑中光彩斑斓的花窗玻璃以及尖拱的设计,为信众提供了对天国和上帝无限遐想的空间。在"哥特式"建筑的建造者眼里,对光的追求无疑象征了对基督的追求,"哥特式照明的意义,已经超出了神的光芒的呈现。它意味着净化和领悟,而且用建筑的语言予以具体化,使之成为一个由光和材料本体相互作用而产生的逻辑结构。"[32]P113那透过彩色玻璃照落在信众身上的光是永恒不变的,是来自天国的光芒,此类热衷于宗教象征性体验被直观地再现出来。

中世纪的伦理思想实质是基督教的伦理思想,人与神的关系是伦理研究的基本内容。如宗教伦理学家奥古斯丁在其《忏悔录》中称颂的:"至高、至美、至能、无所不能,至仁、至义、至隐、无往而不在,至美、至坚、至定,但又无从执持,不变而变化一切,无新无故而更新一切。"[33]P5上帝是尽善尽美的化身,按照它的意志创造出来的万事万物也必定为善。在宗教统治下的神学德性影响下,艺术设计主旨是对"三位一体"上帝的赞颂,设计面貌呈现神圣威严的风格,如以单纯的金黄色体现出信众对上帝信仰的忠贞,以红、蓝、绿分别寓意"圣父""圣子"和"圣灵",以十字架、耶稣受难、圣母怜子以及圣遗物给受众以神圣肃穆之感,设计的题材单

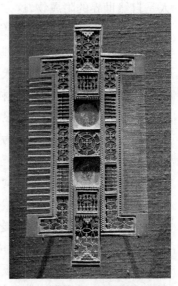

图 2-17　中世纪手工艺制品

一且固定。"一件东西(艺术品或自然事物)的形式放射出光辉来,使它的完美和秩序的全部丰富性都呈现于心灵。"[34]P133这种光辉来自信众对上帝的敬仰和服从,每一件工艺美术品中折射出的光辉正是基督的意旨、是"上帝之手"的指向。"中世纪艺术设计的风格,总体而言 是冷峻而肃穆、低沉而凝重的,'实用'显然并非它的唯一目的,平抑教众的忧郁心态,唤起他们对上帝的崇敬与热情,进而感化他们的精神世界才是终极。"[35]艺术设计是宗教的奴婢,宗教既是艺术设计的主题,也是艺术设计的最终目的,艺术

设计为宗教而服务。在宗教的影响下,从事手工劳动一方面是为了接近上帝,拯救自己,另一方面,从事手工艺劳动也是手工艺者净化灵魂和精神修行的措施和途径,其伦理本质都是:设计为宗教统治服务,为一切通向或向往天堂的人服务,手工艺成为超脱世俗、服务宗教、沟通天国的工具。

(七) 东西方造物伦理对比与分析

由于人类对自身、社会、宇宙等方面的认识与实践受能力和时代的制约,东西方在文明进程的历史阶段中都有宗教至上、伦理异化的文化现象。如发端于古希腊古罗马时期,人类对"神"的崇仰,后转化为中世纪时期宗教的惟"神权至尊"原则。中世纪时期,西方文化尊重天地、敬畏自然,认为人是自然世界的附属物,这一点和东方的农业文明也有着相似之处。但不同的是,相对于东方,西方的宗教势力要强大得多,宗教的力量和影响大过王权或政权的实际统治者。基于强大的宗教势力,中世纪时期,人与自然的关系充斥宗教色彩,即由人对自然的敬畏转而对上帝的敬仰和皈依,上帝的神圣地位取代了自然的权威性,人也由自然的附属物转化为上帝的仆从。这一时期的建筑、器物设计都表现出歌颂、赞美神的美德,彰显神的神圣地位,设计服务的主流是为神而非为人,即彰显神的美德。

在中国传统社会,"王权至上、皇权至尊,"封建等级的规制严格作用于普通大众的日常生活,其衣食住行、日常起居,民众的行为方式受到约束与限制,在《考工记》《营造法式》《工部工程做法则例》等传统造物著述中都有明确记载。传统设计的手工艺时代,以贵族为代表的上层社会既有享用奢华器物的权利,又有消费、使用的实力,还有享用奢华器物组织生产的分配权。有完善、成体系的特权服务人员和机构,如在我国传统等级制度时期,存在着官府与民用两大制造体系,官造体系有专门的设计机构、生产作坊,工艺精湛、物不外流,官民制造,等级严明。《漕船志》曾记有明代清江船厂各类工匠人员总计八千七十三人。其中包括船工匠、舱匠、筹篷匠、竹匠、索匠、铁匠、油灰匠等各色行当。人员分别从苏州、淮安、扬州、济南、开封、凤阳等十六府和"军余工办"中征调而来。[36]P188-189人匠工办,军余工办,这样大规模的密集型生产方式,大批量、熟练工匠同时操作的生产形式,表明造物的规模之大程度之高,同时,也反映出传统造物为政府官僚服务的伦理局限性,即官营器物制作行业投入大量的人力为特定权贵阶层提供的奢侈消费服务,势必影响到民间一般造物的正常发展,直接影响到百姓日用造物生产的质量、数量、规模和工艺制作等多个方面。这也是官办与民办、官窑与民窑造物在选材、规格、质量、工艺等方面存在巨大差别的重要原因之一。所谓的"民为贵、君为轻""民惟邦本、本固邦宁"的儒家理论仅仅作为对统治阶级的一种教化,而无实质性的体制保障和法律约束;释道文化只能对统治阶级施以感化、劝谏作用,寄托于个人或集团的伦理自觉。此类文化中,伦理愿望不具备可操作性,也没有丝毫的执行力度。

图 2-18 南京城墙博物馆明城墙砖矩阵

设计的目的是"为人造物",这里的"物"指对人有利的一切人造器具、人造用品、人造环境。纵观这一漫长时期,专制与神性使人性受到压制和扭曲,伦理、等级是构建现实与规划未来的强有力的工具,是设计造物的重要考量依据,一切人造器具、人造用品、人造环境等级分明,不可僭越。尤其在中国传统文化中,惟王权至上、至尊,针对社会大众的"存天理,灭人欲"的伦理约束、伦理教化,使大众的人本需求被进一步压制、扼杀,等级森严导致传统造物的异化有别于西方而自成特色。从伦理角度来看,部分特权阶层为满足对物质的欲望,借助其掌控的权力使特定社会时期呈现出精美的设计、传世的器物,一方面必然导致社会矛盾的对立、阶级分化的加剧,阻碍人类创造力的发挥,另一方面不利于伦理道德的公平公正、不利于人类社会文明的进程。直到文艺复兴运动使人清醒地认识到,人类可以独立于上帝之外而认识世界、改造世界,拉开了启蒙运动的序幕,进而促进了科学技术的发展和现代工艺活动的实践。

手工业时期的设计贯彻"器以载道"的造物理念,宗教意识和阶级观念规范着设计的功能和审美形式,在完善的古代传统思想、哲学和古典美学体系的制约与影响下,不同阶层的审美需求得到明确的划分,呈现出不同的风格和面貌,如宗教风格、宫廷样式、文人趣味、民间形式等。社会结构逐步完整、体系得以逐步完善,尤其以古典哲学和审美为根基的道德伦理观呈现完整、严密的态势,注定造物设计中"器以载道"的理念成为这一时期的重要特色。虽然不同地区、不同阶层的审美需求、趣味存在着较为明显的差异,但社会的稳定性、保守性和封闭性决定了无论是奴隶社会还是封建社会,东西方宗教意识、等级规范都在伦理的约束下影响着生产、生活方式和意识观念形态,进而在造物形态、生产过程、材料应用、使用方式等具体方面上决定着设计的功能意义和审美原则。

三、工业化时代以来的艺术设计伦理

自人类文明诞生起,每一项造物技术、每一种制器材料都奠定了设计在人的行为和活动乃至人类社会中的基础地位。手工艺时代,设计彰显了人与自然、人与社会的和谐关系;进入工业社会初期,设计高举民主和变革的旗帜影响了整个世界的设计风格;全球经济化、信息化的今天,设计正力图将更多人文触角深入人的内心,抚慰现实生活的乏味、空虚、寂寞和孤独,同时设计还将从伦理的角度、至善的高度发起对人类命运的关怀、对人性及生命价值的尊重、对生态自然的维护、对人类美好情感的宣扬、对和谐社会的构建,设计推动人类文明不断前行。

(一)人文主义召唤,设计伦理的转向

人类文明经历了两百万年的石器时代,八千年前开始步入青铜时代,两千五百年前进入铁器时代,两百五十多年前迈进机械时代,一百二十年前开始面向电气化工时代,近七十年开始拥抱信息时代。从历时上看,人类近代史上的三次技术革命意义重大:18 世纪的工业革命;19 世纪的电气化产业革命以及 20 世纪以计算机及网络为代表的信息产业革命。尤其从

14 世纪的文艺复兴到 18 世纪法国大革命,数百年的时间孕育了西方现代工业文明的觉醒,人类开启了第一次技术、思想、意识的伟大飞跃,把物质文明、精神文明和制度文明提升到人类全新的发展阶段,体现出伦理的转变、进步和胜利。

人文(Human)通常指人类具有进步意义的文化、动机和选择。"人"是指人类本身,"文"通"纹",字面上有美化、装饰的意思,是针对社会发展到文明阶段显现出来的价值、伦理考量。人文主义(Humanism)起源于 14世纪意大利文艺复兴的思想文化运动。Humanitas 意指仁慈、宽容、审慎、自信,是一个高尚的人应具有的美德和品质;还意指"人的存在方式",代表着人类社会发展的理想状态,是衡量一切事物的伦理标准。从人类文明进程来看,人文主义催生了思想的解放、巨人的来临,如文艺复兴前三杰,但丁、彼特拉克、薄伽丘,以及布鲁诺、马基雅维利、布鲁奈莱斯基等学识渊博、才艺俱佳的人文巨匠。恩格斯曾评价说:"这是一次人类从来没有经历过的最伟大的、进步的变革,是一个需要巨人而且产生了巨人——在思维能力、热情和性格方面,在多才多艺和学识渊博方面的巨人的时代。"[37]P445人文主义的思想核心是人文精神,即对人身尊严的重视、个性的展现、人格的完善,是对古代德性伦理的继承与发展,"其哲学意义上探讨的终极目标是人性逐步走自完美、社会更和谐、人类更幸福。"[38]P156强调以人为本,注重个体存在和身心和谐发展,也强调人与社会、人与自然的和谐,在其后的人类思想发展中,人文主义开始从伦理高度对人性加以审视。

图 2-19　薄伽丘与布鲁奈莱斯基

　　文艺复兴时期形成的人文主义完成了由以"神"为中心向以"人"为中心的转变,随之,在设计领域开启了世俗化革命。"人的具有崇高价值的新理想,代替了教会的道德标准,代替了中世纪人模棱两可的远离生活的理想,或是代替了作为禁欲者的僧侣,或者代替了武士即代替了捧着效忠于君主的圣经贤传'赴汤蹈火'的骑士,这并不是出于偶然的。这是追求尘世幸福的开朗坚强的个人的理想,它具有发展并且肯定自己天赋中的创造力的热烈愿望。"[39]P7 从"为神的设计"向"为人的设计"而转变,设计由为"神"服务而转向为"人"服务,开启了设计服务向度的伦理蜕变。由于服务对象的转变,人文精神逐渐渗透到大众的物质生活领域,改变了中世纪宗教艺术设计作品的风格性质,颠覆了艺术作品的性质。文艺复兴时期,设计师受古罗马建筑工程师维特鲁威影响,以其著作《建筑十书》为参照,对整齐、稳重的古罗马建筑样式推崇备至,发掘出柱式、长廊、门楣的理性美,表现出有别于中世纪时期艺术的时代特征。市政厅、敞廊、市场、喷泉、慈幼院等公共场所向世俗的方向发展,具有显著的纪念碑意义和非宗教的性质。尤其在意大利,建筑布局合乎情理,构成合乎逻辑,柱式体系的人文主义基础、规模、比例和人体的规模、比例相呼应。设计具有入世的世俗性质,很大程度上决定了文艺复兴时期城市的建筑风貌,对近代设计的发展产生了巨大而深远的影响。

图 2‒20 《建筑十书》

多立克　　　　爱奥尼克　　　　科林斯

图 2‒21 古罗马柱式

自文艺复兴,人文主义的觉醒,设计逐渐摆脱了中世纪宗教思想的束缚,突破了经院哲学在传统造物功能和形式上的异化。在日常生活中,具有人情味、生活气息的陶器、玻璃、家具等设计产品大大增加,纯宗教性质的金属工艺设计有所下降。15世纪下半叶开始,在日用品设计、家具与服装设计上体现出热爱生活的欢乐气氛,在装饰处理上穿插着现实主义的古希腊古罗马形式与造型情节被广泛应用。被严厉禁止的异教题材,如中古时期的寓言故事、神话传说、寓意纹样等也被应用于装饰和器物设计之中。比如,由意大利佛罗伦萨人菲力·布

图 2-22　巴兹小礼拜堂

鲁奈莱斯基(1377—1446)在1430年间设计完成的"巴兹小礼拜堂",教堂高度仅为18.2米,宽为10.9米,主入口的拱廊采用圆拱形式,轻松、欢快,科林斯柱式构建开放的长廊,优美、精致。教堂设计改变了以往宗教建筑从神的尊严、上帝的住所出发,改为从"人的适宜性"出发,整体设计没有了压抑、沉闷气息,给人以明快而通畅的感觉。由"为神的设计"转向"为人的设计"的,对人的尊严的关注,成为人文主义设计思想的主旨。

布鲁内莱斯基早年在罗马潜心研究古代罗马建筑中的拱券技术,认为:人的知识可以创造历史、创造自然,坚信世界在本质上靠理智的规则支撑,规则的表现就是数学,并提出"科学和实践是一个统一体","科学是将帅,实践是士兵"。[40]P120他集建筑师、工程师、美术家、理论家、学者和发明家等身份于一身。他在主持设计佛罗伦萨大教堂八角形弯顶设计时,克服物质与技术上的困难,大胆采用了双层骨架券结构,以八边形的棱角减弱弯顶对支撑的鼓座的侧推力。和谐的比例存在于自然之中,是神的旨意和美的源泉,数学的规制定律和数理比例决定并支配着人类的各类设计。他主持建造的佛罗伦萨大教堂,巨大弯顶呈八角形,跨度达42.2米,高60米,壮丽雄伟,成就人类智慧的胜利、彰显人文主义理性精神的胜利。文艺

复兴时期建筑设计多应用正方形、圆形和三角形，通过几何元素的倍数的关系构建比例、均衡的理性之美、终极之美，理性之美和终极之美必须与人体相适应，各组成部分一律均衡对称、和谐完美。这一原则使得西方的设计充满理性的特征，与人体相适应的和谐、比例理论使得文艺复兴设计逐渐成为一种新的设计思想传遍欧洲，成为一种世界性的设计语言。

人类对真、善、美的追求是人类本质的体现，人类总是按照真、善、美的标准和规律来进行造物设计的。借助设计，人类逐渐构建起有价值、有意义的生活秩序和生活方式，"设计的终极目的就是改善人的环境、工具以及人自身。"[41]P14 在人类历时与共时的文明进程中，人类自身的观念、意志被"人化"入"物"的组织和改造的秩序之中，体现出人文特征和创造本质，在满足人类生活需要和现实需求的同时，彰显出人类的精神追求和伦理诉求。以"人文主义""以人为本""人道主义"为发端，在西方设计领域产生了重大影响并一直延续到了现代文明，真正落实了希腊哲学家普罗泰格拉的"人是万物的尺度"这一句名言，并进而成为今后乃至未来设计思想的主旋律。

（二）机器化大生产与伦理意识的觉醒

工业革命时代，工业化大生产中的大量机器取代了原先手工业者的劳动位置，工人力图重新获得工作机会，提升生活水平，以破坏机器进行抗争的暴力方式首先在英国爆发，如 1769 年，英国手工业集团卢德派（Ludditism）在诺丁汉等地的捣毁机器的活动，后遭到英国政府的镇压。工业进步大幅提高了生产效率、经济效益，但手工业者破产，工人失业等现象也激化了社会矛盾。可见，人类社会进入资本主义时代之初就给社会埋下了巨大的隐患和不安。1860 年在英国爆发的工业革命，从政治体制、社会结构、意识形态等多方面对世界文明体系产生了巨大的冲击，推动了科学技术、社会经济、伦理价值等诸多方面的全方位改革。资本主义的价值观念、伦理思想不仅仅表现在机器化大生产中，更渗入到艺术设计领域，推动现代艺术设计的发展和变革。20 世纪，伴随着工业革命历史发展、技术进步，一场划时代意义的设计革命——现代主义设计运动在欧洲展开，设计第一次、真正地提出了为大众服务的伦理目标。

西方机器化大生产，极大地提高了生产效率，大量物品被批量地生产制造出来而流向社会，但产品形式单一，加工制作粗糙，受到设计界人士的批评和质疑。如 1851 年，在英国伦敦举办的世界博览会即"水晶宫"中，机器生产显示出来的粗劣受到批评与抵制。"甚至博览会的重要组织者亨利·科尔似乎就是想将机器生产的产品与东方的手工艺品放在一起,并使其自惭形秽。"[42]P260相比普通百姓日常使用的机器生产的物品的粗制滥造,少数贵族享用的手工艺品则装饰过度、烦琐俗气。面对这一文化现象,是接受制作低劣的机器制造品还是选择华而不实的手工艺装饰品,设计界无所适从。在设计领域内出现的两个极端形象,一批学者在困惑中进行了分析认为:在机械化大生产方式下进行的物的制造割裂了设计过程与制作过程,二者的分离是设计堕落的根本原因。他们片面地认为科技的进步、批量化大生产是其堕落的根源,其理论观点和针对的问题甚至扩展到与工业化相关的社会伦理方面,如旗帜鲜明地反对精英主义,设计不能装饰过度,提出设计应该为大众服务的伦理诉求。

　　以普金、约翰·拉斯金、威廉·莫里斯为代表的设计批评家认为:中世纪时代的文化形式、风格应该成为设计审美标准,倡导回到过去手工艺时代,有明显的乌托邦式的怀旧情结。"从普金到莫里斯,英国人发展出一种强烈的乌托邦气质,即:反机器,反城市,期待以过去那种以手工业为基础的田园牧歌式的优点替代工业产品简单的、无艺术性的效果。"[43]P16普金(Augustus Welby North More Pugin,1812～1852),著有《对照》(*Constrasts*,1836)与《尖拱式基督教建筑的真实原则》(*The True Principles of Pointed or Christian Architecture*,1841)等书,他反对设计中的虚假,拒绝将平面装饰为三维空间,力图设计的真实,并强烈抨击设计中的过度装饰,他的思想对当时对设计有较大的影响。约翰·拉斯金(John Ruskin,1819—1900)是深受18世纪初期资产阶级启蒙运动影响的艺术设计评论家,他认为工业化生产、劳动分工及机械的批量化生产使人丧失了创造性,并清醒地认识到作为一名资产阶级知识分子应该承担的社会责任,因此,他能站在社会改革的高度,从伦理意识的审视角度来批判、指引设计的发展。他接受了普金所倡导的观点,即设计与制造业必须诚实和直率。他在《建筑的七盏明灯》(*The Seven Lamps of Architecture*,1849)中提出的建筑设计必须尊重的若干原则,后来成为工艺美术运动的重要理论基础。他还率先提出"设计为大众服务"的伦理诉求,他认为:"艺术家已经脱离了日常生活,只是沉醉在古希腊和意大利的迷梦之中,这种只能被少数人理解,为少数人感动,而不能让人民大众了解的艺术有什么用呢?真正的艺术必须是为人民大众创作的,如果作者和使用者对某件作品不能有共鸣,并且都喜欢它，那么即使是天上的神品也罢，实质上只能是件无聊的东西。"[44]P53威廉·莫里斯（William Morris，1834～1896）坚持艺术之上和人道主义思想，希望借助设计改变百姓单调的日常生活面貌和贫困的经济现状。他认为机器化生产是设计丑恶、堕落乃至生活环境恶化的根源，提倡回到手工艺时代，并且引发了关于设计标准的大讨论。从伦理美学的角度来看，莫里斯厌恶机器化复制，反对粗制滥造的手工艺模仿制品，强烈抨击对装饰的滥用。正如俄国构成主义艺术家佩夫斯纳（Antoine Pevsner）指出："莫里斯是认识到文艺复兴以来几个世纪，特别是从工业革命以后若干年，艺术的社会基础变得动摇不定、腐朽不堪的第一位艺术家。"[45]P27

　　莫里斯的设计理念和设计实践是矛盾而痛苦的，他重视手工艺的挖掘、保护与发挥，力求实现设计为大众服务的伦理目标，但其设计作品价格不菲，只能为少数人所享有；他关心普通大众贫困与疾苦，但其平生多数设计却是为富人服务。莫里斯的思想着力体现人的尊严，实现人自身的创造价值，其意义是重大的，然而他过分强调生产方式中的手工艺之美，造成设计产品价格的昂贵，尽管他说："不要在你的家里放任何一件虽然有用但并不美的东西。"[46]P159但对于大众来说，经济状况只能让他接受那些并不好看但却有用的东西，莫里斯所倡导的设计最终脱离了为社会服务、为普通大众提供优质设计的最初伦理目标。

约翰·拉斯金　　　　　　　　威廉·莫里斯

图 2－23　约翰·拉斯金与威廉·莫里斯

（三）标准化设计：造福大众的伦理基础

　　两千多年前，中国百工制作典籍《考工记》就有关于制度性的生产操作规范和技术规范，相关记载显示出较为成熟的"标准"意识。据考古发掘，秦代的兵器制造已经有相关"标准化"的实践案例,秦始皇改革如统一文字、统一度量衡等举措也具有标准化的政治、经济、文化意识。但现代"标准化"概念来源于法国军工制造的"零件互换"理念,18 世纪法国让·巴鲁提斯·戴·格里波瓦将军(Jean-Baptiste Vaquette de Gribeauval,1715～1789)于 1765 年提出在法国军械生产中推动零件标准化,后留在美国的法国军人路易·戴·托沙德少校根据这一理念编写了《美国征兵指南》,竭力倡导格里波瓦将军有关统一和常规体系的"标准化"理念。1908 年,密歇根的福特公司为生产"T 型车"(Model-T Ford),把这一理念支撑的标准化大生产模式应用于汽车制造生产线中,这一举措和其后的影响被称为"福特主义"。尽管这时的"零件互换"理念和"标准化"生产还不完善,但却对现代设计思想产生了深远影响,后经过由穆特修斯等人创立的德意志制造同盟(Deutsche Werkbund)的不断努力,使"标准化"逐渐走向成熟,进而成为现代设计的基础和特征。

图 2-24 福特 T 型车

穆特修斯(Herman Muthesius,1861～1927)曾就职于伦敦的法国大使馆,考察过英国建筑设计中心的"客观性"精神,认为设计师应努力突现"实事求是"的设计伦理品质,抛弃一切不必要的装饰,追求"空灵而纯粹的实用价值",要求设计师应该"从事优良而扎实的工作,采用无瑕疵的、货真价实的材料,而且要通过这些手段达到一个有机的整体,表现出切合客观实际(Sachlich)、高贵的,如果你愿意的话,还要有艺术性等等的特

征。"[42]P263 1907年穆特修斯、诺曼与
施宏特共同成立了德意志制造同盟
（Deutsche Werkbund），他们分析了
德国的设计现状，提出批量化的生
产方式。德意志制造同盟从成立之
初就能清醒地认识到"并不是机器
本身使得产品质量低劣，而是我们
缺乏能力来正常地使用它们。"[47]P15
穆特修斯从伦理角度提出标准化在
产品设计中的突出地位。"他认为
如果想在美学方面构造民族文化，
就必须清晰地理解'类型'（types）

图2－25　穆特修斯

和'标准'（standards），从而建立一种统一的普遍的趣味。"他提倡的标准化
不仅有标准化、批量化生产的意思，更有高标准、实事求是的设计伦理意
义。他认为"建筑——制造联盟所有的活动领域都与之相关，正朝向标准
化迈进，并且只有通过标准化，建筑才能重新发现和谐文化时期作为建筑特
点的普遍意义……标准化被认为是一种有益集中的产物，它独自就可能使
一种普遍承认而又经久不衰的良好品位得以发展。"[48]P89 他们不反对机
器，也不反对机械化生产，力求达成"实事求是"（Sachlichkeit）的设计伦理
品质，实现为大众设计的伦理目的成为设计发展的必然趋势。

　　穆特休斯的理论虽然受到以比利时设计师亨利·凡·德·维尔德
（Henry Van de Velde）为代表的设计师的批判，没有被众多的设计师接
受，但他肯定机械制造与艺术创造可以建立联系，可以相互协调，并不是相
排斥的关系，并且力图借助标准化的设计方式提升德国的设计品质，以实
事求是的设计态度，使用优质材料，突出民族文化在建筑设计中的重要地
位，具有进步的伦理价值。此外，从伦理角度来看：由"零件互换"理念发展
而来的"标准化"生产最初的目的是创造商业上的最大价值，追求低成本、
高利润的经济效率，最终却在民用制造业上做到了合理化、低成本，为实现
设计造福大众的伦理目标奠定了基础。工业革命唤醒了民主主义思想，使
人文主义精神得到了继承和发扬，英国的机器化大生产、工艺美术运动以
及艺术家的设计思想为现代设计的诞生、发展打下坚实的理论和实践基
础。随着科技的不断进步，"机器化大生产"和"标准化"的结合，实现"为大

众服务"这一伦理诉求才能够真正成为可能。

（四）形式与功能：和谐统一的伦理悖论

柏拉图在其著作理想国中指出：功能是"物"的"特有能力，即非他不能做，非他做不好的一种特有能力"。功能性是"物"的最朴素最厚发的伦理要求，当"物"实现了它的功能就显示了其德行，即实现了其伦理价值。苏格拉底明确地谈论过：物体所具有的美和善是以功能为依托的，他说："凡是我们用的东西，如果被认为是美和善的，那就都是从同一个观点——它们的功用去看的。——那么粪筐能说是美的吗？——当然，——一面金盾却是丑的，如果粪筐适用，而金盾不适用。"[49]P89（色诺芬《回忆录》卷三第八章）金盾的美和善与粪筐的美和善是应对不同的使用功能而言的，如果不针对各自的功能性来谈论"物"本身所具有的美和善是不可想象的，是不符合伦理要求的。

路易斯·沙利文（Louis Sullivan，1856～1924）是美国芝加哥学派（Chicago Schoo）的建筑师，他批判了 1893 年在芝加哥世界博览会上的折中建筑风格，重新认定功能在建筑设计中的重要地位，以"形式追随功能"为旗帜，摆脱泛滥的折中主义，开拓出功能主义的道路。他在设计中使用

图 2-26 路易斯·沙利文与温莱特大厦

大量自然植物进行装饰，力图借助装饰更好地塑造建筑的形态。他在其批评文献《建筑中的装饰》(*Ornament in Architecture*, 1892)中提出："我认为很明显的一个建筑即使缺乏装饰，也可以利用大众的美来传播高贵和高尚的情感，我还不太清楚装饰能否直接提高这些重要的品质，为什么？那么，我应该使用装饰吗？有一种高尚和单纯的高贵难道还不够吗？为什么我们还要求更多？"[50]P80沙利文提倡功能优先，但不是一味地否定形式，强调形式的运用要恰到好处，要能和建筑融为一体，否则就不是美、不是善的建筑，就不符合设计伦理的要求。

阿道夫·卢斯(Adolf Loos, 1870～1933)是近代西方设计史上最有影响的建筑师和批评家之一。相比于他的设计作品，其撰写的相关批评文章如《饰面的原则》(1898)、《装饰与罪恶》(1908)、《建筑学》(1910)和《装饰与教育》(1924)成就更高。其著述中《装饰与罪恶》影响巨大，1920年11月柯布西耶将其刊登在《新精神》创刊号上。在这篇文章中，卢斯认为："装饰浪费了劳动力，因而浪费财富，人类文化的进步就是装饰的逐渐消亡。正如商业发展导致艺术从宗教中分离出来，工业化大生产使设计从艺术和绘画中分离出来，随着机器生产的推广普及，设计与艺术创作越来越泾渭分明。"[51]P171卢斯试图将艺术和设计从各自领域中分离出来，认为艺术与设计一旦分离就不可能回到单纯天真的状态。卢斯认为：装饰曾经是日常生活中的艺术形式，给人们带来了视觉享受，但今天艺术和日常生活已经分离，装饰品不仅会耗费人们的时间还缺乏现实意义。设计师不是艺术家，不可能像艺术家那样进行艺术创造，也就没有必要在装饰上耗费精力，设

图 2-27　阿道夫·卢斯与《装饰与罪恶》

计应该真诚而不能违背现实。他的理论具有较清晰的设计伦理思想，即应用于日常生活中的装饰，破坏了国家经济的发展和人类文明的进步，主张以材料的合理应用替代装饰的功效，他认为高贵的材料和精致的工艺不仅仅继承了装饰曾经起到的社会功用，甚至是超过了装饰所能达到的效果。卢斯本身是一名设计师，还是一位卓越的设计评论家，他非常清楚装饰的社会价值和艺术地位，他力图借去装饰化来改变社会和百姓日常生活，在机械制造的艺术语言中突出实际的要素。卢斯把一种艺术风格引申到伦理的高度，引起社会关注，推动了现代设计伦理的发展。

无论是路易斯·沙利文的"形式追随功能"还是阿道夫·卢斯提出"装饰罪恶"理论，还是时代久远的苏格拉底，其实他们并不是一味强调功能而否认装饰的功用，如卢斯在其室内设计中会正常使用装饰手法，甚至选用昂贵的装饰材料。他的"装饰罪恶"批评理论，试图倡导一种设计伦理标准，在建筑设计上构建价值认同。即在伦理的制约下，对装饰的应用提出一个新的考量标准和使用原则。如沙利文在《建筑中的装饰》中，明确指明："如果一个装饰设计看起来像是建筑表面或建筑物质的一个部分，而不是看起来像贴上去的，那这个装饰会更加美丽……装饰与建筑结构之间能实现一种特殊的认同（sympathy），建筑结构和装饰都会明显地受益于这种认同，它们互相提升了对方的价值……我们在这里建立了一种联系。激活大众的精神是自由的流向装饰——装饰和结构不再是两个东西，它们合二为一。"[48]P82 在形式与功能这一争论上，美国著名建筑师富兰克·劳埃德·赖特（Frank Loyod Wright，1869～1959）有着清晰和理性的理解与认识。他对卢斯和沙利文的观点进行了批评性的接受，认为："形式和功能合一才有意义。"[52]P188 形式与功能是统一的（From and function are one），建筑设计应该像自然界的植物一样成为大地的组成要素，与自然保持和谐统一，每一座建筑都应当是特定的地点、特定的自然和物质条件下，特定的文化产物。其代表作《流水别墅》建筑就是这一设计理念的代表。

1958 年，美国的建筑设计评论家提出："形式跟从观念——真是这样吗？"[53]P33 1965 年，西奥多·阿多诺（Theodor Wiesengrund Adorno，1903～1969）批判功能主义虽然实用但并不友善，是意识形态上的教条主义。1977年，美国设计评论家彼得·布莱克（Sir Peter Blake，1948～2001）发表"形式跟着失败走"，提出设计必须以适应人的各种需求为出发点，应该拒绝同一风格。德国青蛙公司创始人艾斯林格（Hartmut Esslinger）认为：设计必须以创造更为人性化的生存环境为目的，形式服从情感。形式与功能的每一次论战，推动设计前行的同时，也改变着大众的价值伦理观。从单纯对功能的崇拜、对形式的迷恋到能清晰、理性的认识与理解；从一味地对自然的索取、掠夺和占有到人与自然和谐共存关系的构建；从追求物质享受到注重生活质量，形式与功能之辩上升到了和谐统一的伦理高度。

（五）工业时代以来的伦理困境

工业革命的伟大成就，影响并改变着人类对自身以及人类社会、客观自然的认知与理解。及至 19 世纪以降，西方沉浸在对理性主义的乐观想象中，笃信人性之善的伦理法则，寄望科学、技术和工业设计会引领人类走出贫穷和愚昧。但一战、二战打碎了这一幻觉，科技发展带来的强大力量充分证明：正确的观念无法普及、合理的伦理约束不能执行，人性中的恶就无法遏制，科学和工业设计会成为摧毁人类自身以及人类社会、客观自然的工具。

1. "人类中心主义"核心价值观

工业文化发生立足于人文主义的启蒙运动，提出崇尚理性、倡导科学、注重知识、拒绝愚昧的理念，在人文主义观念下，伏尔泰、休谟、卢梭等新兴资产阶级思想家提倡自由、平等、博爱的政治观点，开启思想启蒙运动。在这场运动的感召下，西方众多的学者，从哲学、美学、伦理学、人类学等方面给社会大众带来了思想观念的解放：康德发出"人为自然立法"的口号；黑格尔提出"无限的、自由的、神圣的绝对精神"概念；费尔巴哈提出爱是人类本质核心的"人本主义"思想。正是文艺复兴吹响了人文主义号角，众多欧洲思想家、哲学家发起对人生和生命的关注，倡导、描绘出以人为世界中心的文化图景，人们开始关注现实世界的生活，重视日常生活中人身的自我价值，开始接受一种现实观念，即以享受世俗幸福为人类的最终目的。德国法兰克福学派学者霍克海默和阿多诺在《启蒙辩证法》中提出启蒙运动的三个原则，即人类中心主义、工具理性和历史进步观，他们认为这三个原则是西方工业文化发展的基调，推动了人类的利益和科技发展向同一个方向迈进，最终成就了西方工业社会。换句话说，启蒙运动促使人类思想解放、科技发展，为人文文化和科技文化开辟了新天地。人类是世界的中心，科学技术是人类认识、支配、征服自然的理性工具，人类对自然的改造是历史的进步。"人类中心主义"成为自启蒙运动以来西方工业社会的核心价

图 2-28 阿多诺（前右）和霍克海默（前左）

值观。启蒙运动中倡导的人文思想旨在反抗神权，寻求自身的觉醒与解放，但众所周知，这条自由之路是从物的角度出发而没有从人的自身因素去考量，把人看作自然世界的主人或主体，而自然世界是有待人去开发、探究、征服的客体。近代西方这一"主客二分"观念把主体的人和客体的自然世界分离、割裂开来，两者之间形成控制与被控制、支配与被支配的复合关系。

2. 人文知识和科技知识发展的失衡

科技进步为人类谋得福利的同时，也推动了人文思想的不断深化和发展。人文文化是关注人的文化，旨在提高人的认识和思维活动的全面发展，追求人自身的自我完善；科技文化是关注物的文化，研究物的存在和确定关系，研究人自身之外的物的运动、变化的必然性和规律性。两者的研究方法截然不同，前者注重人内心的反省、自悟，感性的成分居多，以整体、综合、全面的考量指标完善人的本性为最终目的；后者依靠严格的逻辑规律，是纯粹的理性因素发挥作用。随着科技的迅猛发展，人文文化和科技文化由和谐转而背离，两者的平衡关系被打破。此外，随着当今科学技术体系形成，人们对知识的渴求使得科技以惊人的速度不断分化，学科越分越多、越分越细、越分越窄，学科划分越来越片面化，研究人员越来越专业化，导致知识被机械地割裂开来，加剧了人文知识和科技知识发展的不平衡。缺失人文文化的人类不可能独善其身，没有人文科技的支撑，人的本性得不到完善，处理不好两者之间的关系，人们将会失落和迷茫。

科技是具体的、理性的、客观的,有明确、清晰的评价、量化指标,从伦理的角度讲,科技是一把"双刃剑",有必要在设计理念中融入人文关怀,在设计过程中落实伦理考量,力求在实现科技知识最大实用价值的同时,使情感有所依托,精神获得满足,"科学的发达催生了先进技术,先进技术推动了设计的发展,这种技术层面的变革对设计水平的提高是至关重要的,但它却无关乎设计的价值判断取向,也无关乎善与恶的道德标志。然而,没有善恶倾向的技术却为善恶的取向提供了更高层次的潜在可能。"[54]P50现代设计的出现与发展,从一定意义上说是寻求科技、人文在设计中的平衡关系,设计思想、方法、过程、结果都离不开科技知识的支撑和人文知识的加入。设计要解决大众现实的诉求,必须具有使用价值,科技知识的有效应用极大地提高了设计产品的实用功能;设计是一种意识形态,以人文的形式呈现,借助人文知识化解机器设计的刻板和冷漠,使人类生活更具意义。现代设计离不开科技和人文的加入,人文知识和科技知识发展的平衡是现代设计的支撑与保障。

3. 理性控制下的"物化"时代

科技文化以理性的方法和逻辑的眼光观察世界,对人的主观、情感等因素有极大的排斥性。高度理性要求和追求科技的客观性常使研究人员坚持价值的中立性原则,即只讲研究的真与假,不究科研成果的善与恶,漠视现代科技给人类环境带来的破坏,科技物化的大发展使得人的思维越来越极端化。"科技越发达,对人的依赖性就越低,其独立性就越强,人类不断地加快科技研究和发展的步伐,使得自身对科技的依赖大大高于科技对人的依赖。最终,造成整个人类社会变成了一个由自然科技管理的社会……人类没有独立的价值。人类的思维和行为,只有符合科技规则,才能适用科技生活,其价值才能被社会认可。片面地追求物质利益,使得人类在整个世界物质化的同时也将自己当做物质,被迫接受科技规则约束。人类被物化了,人类沦为科技的附属品……世界不是人的世界,而是科技,这是一个人造物的世界。"[55]P68"人造物"是人的活动目的,"人造物"决定人的存在价值,原先张扬的"人类中心论""人本主义"转化为"物本主义",启蒙运动祛除了神话,但却不能克服人和自身的分化,不能改变人被物化的现实。工业、物化、科技成为现代社会的主导文化形态,人类得到了丰裕的物质社会,但失去了自身的独立价值,在现实生活中迷失了方向。理性替代了神权,人类逐渐成为被理性控制、规划、操纵的对象,人类在宣扬理性的同时,自身的存在意义被忽略、遗忘了。原本寄希望于启蒙运动发展科技,战胜神权,获得思想、精神上的自由,但人文文化和科技文化发展的不平衡,科技文化大跨越的成果使人类不自觉中落入到一个新的桎梏之中。

4. 现代主义设计的伦理局限

现代主义顺应了时代的要求,契合了政治思想的进步,技术的革新和经济发展,也满足了生产方式对时代美学发展的客观需要。现代主义设计倡导为大众服务的伦理诉求,设计中无阶级的理想主义色彩,力求降低设计成本,使用价廉物美的材料,抛弃不必要的装饰与复杂的工艺。其突出功能、强调为更多人服务的伦理诉求的同时,也塑造了新时期的设计美学。在后现代主义批评家看来,现代设计与"功利主义""国际主义"等设计理念紧密联系,把功能放在设计的首要位置,力求突破学科、技术、阶级的限制而为大众服务。无论是出于经济性目的还是从实用角度出发,现代主义的伦理思想基于对技术的信赖,基于柏拉图式的美化愿景,以功能至上的名誉发号施令,而被称之为设计的"极权主义",其存在的伦理局限是不争的事实。

设计语言在"形式追随功能"的理念要求下,个人的要求和自由被忽视,"生活服从于设计",人完全被动地接受。阿道夫·本尼在1930年就指出"事实上人在这里恰恰变成了一个概念和一个几何图形……至少在那些立场最坚定的建筑师看来,他必须朝东去睡觉,朝西去吃饭和给母亲写信。住房是以这样一种方式安排的,以至于他事实上除了照办以外根本没有其他办法。"[56]P143现代主义的设计师忽视了使用者和消费者的实际需求,把个人的意愿强加给设计的服务对象。如柯布西耶的"乌托邦"设计思想,他们都把公众看成天然的设计服从者,设计师站在伦理的高度认定他们的设计思想及设计产品能够为公众带来益处。设计规划能够推动社会向前进步,也就理所当然地认为自己有权力作为公众生活的指路人,规划、引导公众的生活方式。他们在缔造了划时代的设计风格、形式,塑造了新的时代精神的同时,设计也成了控制大众生活的枷锁。

作为现代主义设计的典型特征,"标准化"和"功能主义"是解放生产力的重要手段,是追求经济效益的有效方法,这一点毋庸置疑。现代主义设计大师阿尔瓦·阿尔托认为:"标准化意味着用工业化来剥夺个人趣味……形式主义是非常不人道的。一个标准化的物体不应该是一个完成的产品，相反应该是用人们和个人法则作为标准化现实的补充。"[57]P259标准化是现代工业文化要求的规范形式，功能主义力求发挥工业文化中产品的效用，但标准化和功能主义只是产品和世界发生诸多关系中的一种，以单一的规范、诉求取代产品与社会、生活中所有显现的和潜在的关系、诉求、规范，导致设计的单一、僵化不足为奇。赖特在评论"形式追寻功能""少就是多"的现代主义乃至国际主义设计思想时说道："这是一个滥用的口号……与语法和诗歌的关系相似，骨架并非最后的人形，功能和建筑的关系也同样是这样，炫耀'骨架'并不是建筑，'少就是多'只是在'多'做得差的地方才成立……只要诗一般的想象力与功能相配合而不毁坏它，形式就可以超越功能。"[52]P188美国著名建筑设计菲利普·约翰逊曾以七根拐杖来隐喻现代建筑设计的具体方法和操作程序，功能性是七根拐杖之一，将适用性作为一根拐杖的时候，他就变成一种障碍。当设计需要依靠拐杖前行时，当艺术被拐杖法则囿于设计之中，产品、形式以及设计师、使用者都落入乏味的生活之中。正如杜斯伯格的"控制理论"和"机械美学"的兴起，色彩、线条、形态等艺术表现元素在现代主义设计中被认为是主观的规范化、成品化。设计师在具体实行的过程中难以消解与社会、与他人、与自身的矛盾，标准和功能使我们的自由被束缚起来，使我们的审美能力落入俗套，困扰着设计前行的脚步。

（六）从伦理角度看待理性设计

众所周知，现代设计受现代科技文化影响巨大，科技的理性主义决定了现代设计的发展就是寻求与工业文化相契合的过程。设计呈现的理性主义面孔，影响了设计师和工业文化的合作态度，决定了近代设计的理性主义和形式主义的形影不离，直接导致创造性和艺术性特质的遗失，现代设计最终蜕变为脱离现实生活，缺乏生动与情趣的设计实践。正如德裔设计师维尔·比尔坦（Will Burtin，1908～1972）于1944年为军队设计了一份训练手册，如何操作A-26飞机火力射击系统，他将视觉图像和文本信息结合了起来，用最为清晰明确的方法将文字与图像综合起来，满足了说明性要求。比尔坦在这幅画作中，展现了眼睛的运动轨迹以及信息的层次和流动。在理查德·霍利斯（Richard Hollis）看来，比尔坦的训练手册，使得掌握A-26火力系统所需的培训时间从12个星期减少到了6个星期，是理性的成功。[58]P268但他既没有用艺术的眼光也没有用设计的方法，而是从视觉分析的角度着手制作。设计师的工作与工程师联系在了一起,而非艺术家或者广告人。"现代主义设计的理性主义性质是工业文化时代的必然结果。现代主义设计师以忠于科学技术的理性思考取代了以往早期设计师的艺术家般的热情和浪漫构思,他们履新技术规范所允许的设计,在倡导标准化的同时,提出以由工业时代的'功利主义'繁衍的'功能主义'为设计原则,这种以履新技术为设计指导的现象是现代主义设计的根本。"[55]P76面对工业文化强势崛起,精准、规范、普及的机器变革了人类劳动和生活方式,促使许多艺术家和设计师开始重新审视、思考这一理性文化现象。

毋庸置疑,设计的发展得益于理性的支撑和技术的进步,我们不能一味否定理性和技术,不能否定理性思维对设计的重要作用,不能否定理性的条理化和逻辑性对现代设计方法的贡献。问题在于不能把理性僵化:反对把理性看成设计活动中具体的、独立的、唯一的工具;理性更不能脱离实际、应该体现出人的真实存在;理性不可强势地支配生活、必须和大众的日常生活方式相适应;理性应该从伦理角度把握世界的整体性和人的完整性,以现实生活为基础,有差异地对待生活,服务社会。阿尔瓦·阿尔托说:"要将理性的方法从技术领域转向人文和心理学领域。"[59]P256索特萨斯说:"设计是一种讨论生活、社会、政治、饮食,甚至于设计本身的途径。也就是说,设计就是设计一种新的生活方式。设计不是一种结论,而是一种假设;不是一种宣言,而是一种步骤、一个瞬间。这里没有确定性,只有可能性;没有真实性,只有经验性;没有'那是什么',只有'发生了什么'。"[60]P257-258可见,索特萨斯否定了工业文化的理性主义设计思路,倡导从现实生活的真实性角度去定义设计,他认为设计能积极、能动地解决问题,创造市场,影响社会,是一种有意识、有动机的主观创造行为;设计是研讨社会、政治及衣食住行的途径,说到底是建造一种关于生活形式的途径。他说:"造物设计不应该被限制于赋予工业产品以形式,而应该是教导设计者去研究生活,探索人类生活方式中急需解决和即将发生的问题并对其进行综合处理,以在满足人们生活需求的同时,规范人们的活动行为和方式。"[61]他启发我们在人类生活条件、生产技术以及生活秩序、生活方式和内容等方方面面必须形成一定的规范。

后现代主义以后,设计逐渐注重人类历史、地理民俗、艺术经典在大众生活中的存在价值。但一直以来,还缺乏从人生价值、信仰等思想、哲学高度发起对设计的思考,即对技术实践层面的应用多于文化根源的关注,对形而下方面的实践强于形而上方面的考量。设计不仅仅是对物理性的研究、开发,从根本上来讲设计是追求生活的完善和美满,它的产生、发展、实践有赖于人们对生活情境的认识和体悟,设计结合生活情境其表现形式是理性不可度量的。设计是依赖于美的规律来塑造、规划物质产品的社会活动,建立在理性基础之上的普遍性不可能涵盖社会整体,牺牲个性、情感不可能实现物质和精神需求,最终必然如胡塞尔和海德格尔所说的那样,普遍性终将导致形式化。针对网络化生存、大众性文化、社会化生活所造成的感性沉沦、意义缺失,伦理精神的介入可以促进理性向感性回归并趋于平衡。

参考文献

[1] 南京市博物馆.南京考古资料汇编一[M].南京:凤凰出版社,2013

[2] 赵农.中国艺术设计史[M].北京:高等教育出版社,2018

[3] 翟墨.人类设计思潮[M].石家庄:河北美术出版社,2007

[4] 恩格斯.自然辩证法[M].北京:人民出版社,1971

[5] 许平.青山见我[M].重庆:重庆大学出版社,2010

[6] 吴国盛.科学的历程[M].长沙:湖南科技出版社 2020

[7] 李泽厚.美的历程[M].天津:天津社会科学出版社,2001

[8] 萧立广.说文释图话阴山[M].香港:天马出版有限公司,2009

[9] 〔德〕格罗塞.艺术的起源[M].蔡慕晖译.北京:商务印书馆,1984

[10] 马克思,恩格斯.马克思恩格斯选集(第2卷)[M].北京:人民出版社,1995

[11] 袁珂.中国神话传说[M].北京:世界图书出版公司·后浪出版咨询有限责任公司,2012

[12] 〔英〕特伦斯·霍克斯.论隐喻[M]. 高丙中译.北京:昆仑出版社,1992

[13] 许慎.说文解字[M].北京:中华出版局,1963

[14] 王国维.宋元戏曲史[M].南京:凤凰出版传媒集团,江苏文艺出版社,2007

[15] 武占江.中国古代思维方式的形成及特点[M].太原:山西人民出版社,2001

[16] 王炳社.隐喻艺术思维研究[M].北京:中国社会科学出版社 2011

[17] 李砚祖,李砚祖.艺术设计概论[M]. 武汉:湖北美术出版社,2020

[18] 朱熹.注《大学·中庸》[M].北京:中国书店,1987

[19] 马恒君.注《周易》[M].北京:华夏出版社,2004

[20] 崔高维.礼记·内则[M].沈阳:辽宁出版社,2000

[21] 〔美〕阿摩斯·拉普卜特.建筑环境的意义[M].北京:中国建筑工业出版

社,2003

　　[22] 李少君.黄帝宅经[M].西安:陕西师范大学出版社,2008

　　[23] 姚淦铭.译《礼记·内则》[M].广州:广东教育出版社,1992

　　[24] 荀况.荀子·富国[M].北京:中华书局,1979

　　[25] 李林甫,陈仲夫.唐六典[M].北京:中华书局,1992

　　[26] 脱脱.宋史·舆服志四[M].北京:中华书局,1985

　　[27] 王征.丛书集成初编:远西奇器图说[M].北京:中华书局,1985

　　[28] 李立新.中国设计艺术史论[M].天津:天津人民出版社,2004

　　[29] 王夫久.周易外传卷二大有[M].北京:九洲出版社,2004

　　[30] 李智瑛.基督教的传播与欧洲中世纪手工艺的发展[J].美术,2004(2)

　　[31] 〔英〕乔治·扎内奇.西方中世艺术史[M].陈平译.杭州:浙江美术出版社,1991

　　[32] 〔挪威〕克里斯带安·诺伯格·舒尔茨.西方建筑的意义[M].李路珂,欧阳话之译.北京:中国建筑工业出版社,2015

　　[33] 奥古斯丁.忏悔录[M].北京:商务印书馆,1963

　　[34] 朱光潜.西方美学史(上卷)[M].北京:人民文学出版社,1981

　　[35] 罗祖文.论中世纪艺术设计的神学德性[J].文艺争鸣,2017(1)

　　[36] 王冠停.中国古船图谱[M].上海:三联书店,2000

　　[37] 恩格斯.马克思恩格斯选集(第三卷)[M].北京:人民出版社,1974

　　[38] 〔俄〕俄罗斯艺术科学院美术理论与美术史研究所.文艺复兴欧洲艺术[M].石家庄:河北教育出版社,2002

　　[39] B.B.索柯洛夫.文艺复兴时期哲学概论[M].北京:北京大学出版社,1983

　　[40] 尹定邦.设计学概论[M].长沙:湖南科学技术出版社,2003

　　[41] 黄厚石,设计批评[M].南京:东南大学出版社

　　[42] 〔美〕斯蒂芬·贝利,菲利普·加纳.20世纪风格与设计[M].罗筠筠译.成都:四川人民出版社,2000

　　[43] 王受之.世界现代设计史[M].广东:新世纪出版社,1995

　　[44] Nikolaws Pevsner. *Pioneers of Modern Design: From William Morries to Walter Gropius*.New Haven:Yale University Press,2005

　　[45] 邬烈炎,袁熙扬.外国设计史[M].辽阳:辽宁美术出版社,2001

　　[46] Carma Gorman. *The Industrial Design Reader*. New York:All Worth Press,2003

　　[47] 柏拉图.理想国[M].庞曦春译.北京:九洲出版社,2007

　　[48] Robert Twombly. *Louis Sullivan:The Public Papers*. Chicago:The University of Chicago Press,1998

［49］Adolf loos. *Ornament and Crime: Selected Essays*. Translated by Michel Mitchell. Riverside：Ariadne Press，1998

［50］项秉仁.赖特［M］.北京：中国建筑工业出版社，1993

［51］詹和平.后现代主义设计［M］.南京：江苏美术出版社，2001

［52］姜松荣.设计的伦理原则.长沙：湖南师范大学出版社，2013

［53］杜军虎.设计批评［M］.南昌：江西美术出版社，2007

［54］〔德〕沃尔夫冈·韦尔施.我们的后现代的现代［M］.洪天富译.北京：商务印刷馆，2004

［55］刘先觉.阿尔瓦·阿尔托［M］.北京：中国建筑工业出版社，1993

［56］〔美〕大卫·瑞兹曼.现代设计史［M］.北京：中国人民大学出版社，2007

［57］刘先觉.阿尔瓦·阿尔托［M］.北京：中国建筑工业出版社，1993

［58］朱铭,姜军,朱旭,董占军.设计家的再觉醒［M］.北京：中国社会出版社 1996

［59］马克·第亚尼.非物质社会——后工业世界的设计文化与艺术［M］.滕守尧译.成都：四川人民出版社，1998

设计不能只为一部分人服务,满足一个团体或一个阶层的利益,更不能因为一部分人的利益而损害了另一部分人的利益,甚至危害整个人类利益。设计不只是为利益服务,不只是为有消费能力的地区和人群服务,而是有责任将设计深入到世界的各个角落、社会的各个阶层,惠及每一个有需要的群体和个人,为他们提供优质的设计产品和合适的设计服务。

　　现代艺术设计是为"人类的利益"的设计,这里的"人类"指的是一个全体、全球的概念。

第三章　设计服务的对象与设计伦理

　　不同的时代,设计会结合相应的技术指标、价值体系和伦理诉求为不同文化范畴的群体、阶层服务,服务对象不同,设计生产、使用过程中体现出的核心价值和伦理纬度也大相径庭。在等级社会,东西方都从制度上把设计服务对象划分出多个阶层,客观上看阶层分化和设计服务对象的划分与族群消费能力无关,其实质是选择权的丧失,社会分配制度的不公。随着"人本主义"思想深入人心,"民主法制"成为社会的主流政治体系,人类的等级制度被民主体制所替代,大众不但享有教育、医疗、就业等权利,还都享有被设计服务的权利。但现代社会中,经济、名誉成为人类生存、消费、享用各项权利的主导因素,加上地域、国家仍然存在发展程度差异,以及人类个体先天存在的健康、智力、能力的区别,实现这一美好愿望仍然非常遥远。迫切需要在现代物质社会中发挥设计伦理的作用,调剂、缓和人类"消费族群"之间存在的各类差异,消解社会矛盾,达到人际和谐。

一、为弱势群体的设计

　　弱势群体,属于政治经济学名词,是法学、经济学、伦理学关注的对象。通常指在社会生产生活中由于群体的力量、权力相对较弱,获取社会财富能力较弱、较难,占有社会财富较少的社会群体。受社会地位、生存状况、生理区别、身体特征等因素的影响,弱势群体不是一个绝对的群体划分,但一定具有生活困难、能力不足,被边缘、被排斥的特征,如老年群体、贫困群体、女性群体以及少数特殊群体。

（一）为老年人服务的设计

当今,很多国家都面临老龄化这一社会发展趋势,老龄化已经成为世界性的问题。老龄化问题日益突出,空巢老人、老人赡养、生活保障、医疗护理、给社会带来了巨大压力,老人服务和养老问题使现代设计面临巨大挑战。为老年人的设计不能成为设计师的盲点而应该成为设计师们关注的重要课题,也是设计伦理的重要研究内容。

按照联合国的计算方法,某个地区 65 岁以上老人比例达到总人口的7％,该地区即被视为进入老龄化社会。如日本 1950 年不到总人口的 5％,1970 年后 65 岁以上人口超过 7％,进入老龄化社会,1994 年超过 14％。而据日本 2007 年版《老龄社会白皮书》,65 岁以上的老龄人口占日本总人口的 20.8％。[1]可见,日本在 20 世纪 70 年代已经率先进入老龄化社会,而且人口老龄化速度较快。几十年来,日本利用强制性的社会机制借助设计解决老龄化带来的社会问题,经过长期的摸索和实践,取得了显著的效果。如针对老年人和残疾人的包装设计,从色彩、图形、触觉三个方面制定使用说明和操作规范,明确规定包装与容器的开口处、启封部要易于识别:"为了在视觉上容易分辨开口、启封部,而改变和周围的色彩、对比,使之变得醒目。""为了使在开口、启封部或者其附近的记号、图画文字或文字的表示容易看见,使用适当的字体、大小、色彩、对比而使之明示,让人容易明白。""为了开口、启封部的场所能用触觉认识,让其在形状或肌理等与周围有明显的差异。"[2]P1在包装容器尺度方面也作了具体的规定与清晰的提示,如考虑到老年人和残障人群的身体情况,针对握力、视力、平衡能力低下,"为了拿容器的时候防滑,选择适合整体重量和大小的形状。""为了容易放手指,在容器的表面设计凹凸的筋条、螺旋状的筋条等。"[2]P5在日本工业标准JIS S0021-2000《包括老年人和残疾人在内的所有人群的生活指南:包装和容器》中,一系列针对老年人和有障碍人群的设计得以规范,通过设计标准的约束,提高老年消费者对产品的适应程度,增强老年人的自理能力,减轻老人服务的社会压力。2000 年,日本政府开始着力建立完善的政府照护服务,老人们还可以申请住宅适老化改造,改造内容包括安装扶手、取消台阶、改装防滑地板、改装推拉门、设计便器的安置与更换等。日本企业及社会从生活的各个方面对残疾人表示出关怀、关爱的价值观已经获得社会广泛认同。

　　不同的国家有不同的文化价值观,对于设计标准的制定、设计伦理考量侧重点也有所不同,家庭和社会对老年人承担各自不同的责任。作为世界排名第一的老龄化国家,日本社会对老年化人群极其关注。日本称养老为介护,它不是我们常规理解的养老,而是以“自立支援”为核心,以现代医学为基础,支持老年人独立自主的长期照护。这样的价值认识和政策导向,立足于日本社会的现实背景,符合日本人的民族性格。日本女性婚后一般不再外出工作,生活的重心放在家庭,着重对子女教育和家务操劳上,承担了对儿童的监护和照顾,减轻了社会对儿童的责任与负担。加上日本传统文化对长辈的尊重,社会现实与传统价值观决定了日本社会的设计标准对老年群体有所偏重。相比日本,欧洲发达国家虽然也属于老龄化社会,但老龄化社会问题没有那么严重和突出;此外,其社会福利和保障体系非常完善,社会更多关注儿童的监护、保障、安全、健康、教育等方面问题,以保护儿童为设计的重中之重,如防止儿童开启的容器、包装等,其设计标准就非常具体和细致。在老年人群和儿童问题上,设计标准的制定有所不同,并非对儿童或老人的漠视,而是取决于社会不同的价值观和伦理认同的考量体系。

　　1999 年,中国正式宣布进入老龄化社会,20 年来,中国 60 岁以上老年人口净增 1.19 亿,是世界上唯一一个老年人口超过 2 亿的国家。2030 年,中国 65 岁或以上人口将达到 2.23 亿。[3]P13 可见,在未来几年,将经历退休的“泥石流”,尽管政府将出台延迟退休一系列政策,但我国已进入了老龄化社会,甚至成为超老年型国家已是不争的事实,对老龄产品的设计研究不得不引起高度重视。毋庸置疑,善处老境的最佳状态是感受到自身价值的存在,即有工作可作、有理想可待,希望被尊重、需要表现自己、需要社会和团体的归属感,需要友情、亲情,恐惧无聊和寂寞。与老年人生活在一起的人,应遵守一项原则——绝不做任何老年人自己可以做得来的事。所谓的养“闲暇”、享“清福”是老年人最大的危险,由于行动不便,老年人被迫待在家中导致患病风险更大。随着我国老年人的人数与日俱增,社会保障体系也将进一步完善,无障碍环境建设法已于 2023 年 9 月 1 日实行,如“国家支持城镇老旧小区既有多层住宅加装电梯或者其他无障碍设施,为残疾人、老年人提供便利。”[4]同时,老年人在消费观念上也在不断改变,更多的老年人愿意为自己的健康和娱乐增加投入,以城市为主的老年市场消费潜力正逐年稳步上升。老年社会的来临,老年人用品市场的潜力巨大,如老人浴缸设计、座椅设计、马桶设计,老人助听器设计,老人药品包装设计,老人轮椅设计。需要注意的是我国现阶段的老年人群体,受教育程度相对偏低,他们普遍有着隐忍、节俭、知足的传统美德,他们不愿意给社会、家庭增添负担和麻烦。所以关注老年人的设计,不仅仅是实现、转化一个物的使用功能或实现一个物化功能,更需要体现出人与人之间的亲密互助关系,这是社会和谐的标志,是人性化设计的内容,关注老年人健康的生活的设计是一个长久的研究课题。

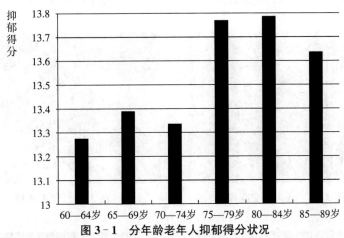

图 3-1 分年龄老年人抑郁得分状况

数据来源:中国老年社会追踪调查(CLASS),中国人民大学老年学研究所,2014 年。

表 3-1 分城乡、分性别的老年人最希望得到的养老服务分析(%)

社区养老服务	城乡		性别	
	城市	农村	男性	女性
都不需要	82.21	83.51	82.74	82.72
上门探访	3.00	2.89	2.77	3.13
老年人服务热线	1.88	0.99	1.61	1.45
陪同看病	3.61	5.75	4.63	4.31
帮助日常购物	0.57	0.83	0.54	0.80
法律援助	0.79	0.95	1.35	0.40
上门做家务	4.49	2.32	3.33	3.91

续　表

社区养老服务	城乡		性别	
	城市	农村	男性	女性
老年饭桌或送饭	2.16	1.49	1.96	1.83
日托站或托老所	1.00	1.06	0.82	1.21
心理咨询	0.28	0.20	0.26	0.24

数据来源:中国老年社会追踪调查(CLASS),中国人民大学老年学研究所,2014年。

图 3-2　老人公交座椅

图 3-3　老人手机

图 3-4　如厕设计

（二）为残障人士服务的设计

残障人士是大众的组成部分，为大众的设计离不开对残障人士的关注。根据全国人大常委会关于 1990 年 12 月 28 日通过的《中华人民共和国残疾人保障法》第二条的规定：残疾人是指在心理、生理、人体结构上，某种组织、功能丧失或者不正常，全部或者部分丧失，无法以正常方式从事某种活动的人。按照联合国的统计标准，目前全球共有近 5 亿各类残疾人，约占全球总人口的 7%。其中包括视力残疾、听力残疾、言语残疾、肢体残疾、智力残疾、精神残疾、多重残疾和其他残疾的人。面对如此庞大的人口数量，非常需要能够为他们提供生活服务的科学技术产品，但是传统意义上，残障人士往往处在科学技术链的最末端，一项新技术和新产品只有在社会上获得广泛关注和普及后才能够涉及残障人士。近些年许多相关公司、机构、设计师也一直致力于针对特殊人群的无障碍设计，社会对于这类设计作品接受度也在逐渐提高。Apple 公司的产品为残障人士提供了许多创新的解决方案，将辅助技术作为标准功能内置于产品之中，其辅助功能涉及听觉障碍、肢体残疾、视觉障碍等人士的需求。如苹果 iPhone 产品中针对听障人士的一些辅助功能选项有 Made for iPhone 助听器、FaceTime、视觉和振动提示、键入使用 Siri、隐藏式字幕；华为产品甚至和"讯飞语记"软件配合开发出盲人模式（Talk Back）。

很多发达国家非常重视为残障人士的设计，并在这一领域取得了突出的成就。早在 1931 年，阿尔瓦·阿尔托（Alvar Aalto,1898～1976）为帕伊米奥结核病疗养院设计的一款椅子——帕伊米奥椅，采用新颖的工业材料层压桦木薄板和胶合板，抛弃不必要工艺和装饰，呈现出材料的自然美和舒展的形式美。[5]P227 可见，西方很早就开始关注残障群体，倡导社会关爱残障人士，要求设计应该考虑到他们日常生活的不便，致力于为残障人设计符合他们身体、心理特殊需求的产品，并在现代设计中作了大量的尝试。如为了适合患有关节病症的手障人士，美国设计师改良传统削皮刀的握柄结构，改进后握感更加舒适、易于把握，使用时更加方便。随着民主化进程的推进，多元文化社会的确立，原本以形式和功能为主要诉求的设计视野已经大为拓宽，使用价值和审美价值的辩证统一关系不再是设计唯一的行动指南，设计是否具有道德价值，是否能够通过伦理检验，成为评判设计之善恶的重要考量指标。无论是从社会学的角度、还是从伦理学角度,对残疾人的特别关注,都似乎存在着必要性。残障群体是大众的一部分,不能因为身体的残疾而被归入"另类群体"。

(三)为特殊群体服务的设计

特殊群体指左撇子、口吃、色弱、孤独症等群体。在全球人口中,大约有 10% 左右的人是左撇子,但 90% 的物件都是针对右撇子的设计,是迎合使用右手的人的习惯设

图 3-5　阿尔托在 1931 年为帕伊米奥结核病疗养院设计的一款椅子——帕伊米奥椅

计的。镰刀和斧头是传统农村生活中常见的两样工具,是典型的适用于右手的收割工具和砍削工具,左撇子使用起来就非常不方便。原因在于镰刀、斧头工具的结构上,不像普通的刀剑正反两面均衡、对称,它们是不对称的,如镰刀正面是有一定坡度的斜面,反面是直角立面,这一结构设计是农民在长期实践中摸索出来的。收割庄稼时,反面平行于地面,可以获得一个平行的切割面,保证收割的整齐性,便于后期捆扎、脱谷,正面的坡度斜面可以使操作工具的人获得一个满意的视域。同理,斧头的正面是直角平面,反面是一定坡度的斜面,实际使用时,被砍削物位于工具的左边,和镰刀平行于地面一样,斧头平行于被砍削的物,可以获得一个平行的砍削面,保证材料最大程度地达到工作要求,反面的坡度斜面为被砍削部分与主体分离留出空间。这是劳动人民智慧的体现,是易用性、实用性、效率性的体现,但对于左撇子来说,它们的这些优势就无从谈起。

在很多人眼里,左撇子只是个体行为,还不是一个群体,对左撇子的集体无意识受社会观念影响。很多知名人士是左撇子,如画家达·芬奇、法国皇帝拿破仑、美国总统奥巴马、微软创始人比尔·盖茨等。现代生活中,左撇子不能和右手使用者平等享受的权利很多,国内甚至不允许左撇子的出现,如儿童阶段用左手书写、吃饭,国内的家长会及时纠正。但不同于某些特殊职业,如电工,因为左手离心脏比右手近,从理性与关爱角度左撇子不适合这一职业。以上现象并非主观恶意,而是一种客观的无意识对左撇

子的歧视,虽没有上升到道德谴责和法律制裁的地步,但确实是不合理的存在,需要设计伦理的引导和修正。

达·芬奇　　　　　　　　奥巴马　　　　　　　　比尔·盖茨

图 3-6　达·芬奇,奥巴马,比尔·盖茨

　　自 1975 年 8 月 13 日开始诞生第一个国际左撇子节日,已经 50 多年了,但知道的人并不多。国际左撇子日,在于团结世界各地的左撇子维护自身的利益,唤起全社会对左撇子问题的关注,要求人们在一个以右撇子为主的社会中为左撇子的存在留出位置,提醒设计师进行产品设计要多考虑左撇子的方便与安全,消解长期以来一直存在,而且今天社会文化中仍然不断制造着对左撇子的偏见现象。20 世纪末,关注盲人和有障人士的日常生活小物件设计在德国柏林举办,其中有便于左撇子使用的鬃刷、留言簿,物件中流露出的平和、智能气息体现了

图 3-7　适合左撇子使用的文具

设计的终极伦理目标——为人类的幸福、和谐而服务。

　　除左撇子外,还有大量口吃、色弱、孤独症等非正常群体存在,自身的障碍使他们无法考取驾照、无法正常升学,困扰着他们的学习与生活。我们有必要把设计的目光聚焦于这些弱势群体,借助合理的设计帮助他们融入社会生活,获得独立与自信。如一款通过 rap 来帮助口吃的孩子流利说话的应用界面设计"Get The Flow",由 DDB&Tribal Amsterdam 为

Vodafone Netherlands 设计。该应用与荷兰著名的饶舌歌手和 Stutter 联合会合作，他们为练习课程写了特殊的说唱歌词，这些歌词使用的是绕口令和头韵。说唱为孩子提供节奏指导，结合语音练习和 hip hop 帮助孩子正确发音，定制的计时系统可自动识别孩子是否口吃，并帮助孩子们在练习中得到改进的反馈，与其他口吃的孩子分享学习心得。孩子们也可以在一起练习说话，增进彼此的交流和感情。[6]P80 南京艺术学院师生针对孤独症儿童这一特殊群体，以用户反思层次的满足作为设计思路的逻辑原点，为了达到反思层次的愉悦，通过差异化的六组游戏满足行为的愉悦，本能的审美情趣实现生理的满足，设计开发了公益 iPad 产品"触"。"触"的目标用户确定为 3—6 岁孤独症患儿及其家长、监护人，在目标用户使用测试中受到患儿家长和孤独症康复机构的好评，获得"GDC 平面设计在中国"设计大赛最佳交互奖，"设计与责任"的第二届中国设计大奖。[6]P77-79 此类设计较好地结合情感设计，从关爱的伦理角度既实现了辅助康复功效，又改善了患童及其家长的生活质量。

（四）弱势群体的心理特征分析

体弱力衰是弱势群体遇到的最普遍现象，贫困与疾病是弱势群体最难以摆脱的困境，他们感觉被社会所抛弃，容易脱离时代，产生悲观、孤寂的颓废心理。弱势群体或多或少都有自卑、孤独、多疑、固执、偏激的心理特点，身体与心理上的失落是这一群体存在的最大问题，也是设计伦理必须面对、关注的问题。

1. 克服孤独和恐惧，清除和外界沟通的障碍

身处弱势群体的个人在生理上或心理上存在某种缺陷、某种障碍，出行、办事以及和人交往受到限制，导致他们对外部环境有恐惧感，与人交往有防备心，孤独、恐惧成为群体普遍存在的心理特征。现代城市街道路口"会说话的红绿灯"正在帮助盲人克服恐惧感，甚至扶梯会为残障人士实现私人定制。某些大型超市，残障人士的购物车成为基础设施，便于放置轮椅的电梯台阶可以变得平整，在某些社区，残障孩子和普通孩子可以享受到同样的乐趣，甚至泳池旁，有专为残障人士定制的座椅，帮助他们下水，体验游泳带来的乐趣。这些设计尽可能帮助他们克服生理和心理障碍，为他们日常出行提供便捷。为弱势群体进行的设计，不仅满足了他们日常生活的正常需求，也能让他们感到来自社会的关爱。

图 3-8　加拿大多伦多地区无障碍救援车

为弱势群体的设计不得不提医院和医疗器械这一不可回避的话题,传统医院的外观、内部的装饰以及身处其间的氛围使人生出莫名的冷漠、恐惧心理,其环境、建筑、室内、器械、识别和服装是一个被认为极其需要人性化设计的领域。目前国内医院的环境设计在逐步改善,很多医院院子里种有四季都开放的花草,修建了可供患者散步、休息的长廊和靠椅,设置了可供病人会友、交流的开放空间。内部涂饰明快、柔和的色彩,医护人员的着装也给人以亲和、温馨的感觉。为老年群体、残障人士的设计,设计师必须以"同理心"把"人性化"设计理念倾注到产品的细节之中,为他们设计没有冰冷医疗器械特征的医疗产品和医疗环境,提供更体贴、更舒适的医疗医护服务,帮助他们克服孤独和恐惧,尽可能清除沟通、交流的障碍,这是设计担负的社会责任。

2. 消除自卑心理,提升解决问题的能力

在生理或心理上的缺陷使弱势群体在学习、生活、就业等方面多有不便,甚至在独立生活、出行、自理等方面都需要别人的帮助,即在生活中遇到的困难比普通人多得多,容易产生自卑、厌世的情绪,如果受到世人的歧视、亲人的嫌弃,他们自卑心理会更加严重。设计有必要考虑弱势人群在身体和心理上的特殊要求,如残障人士由于身体的疾病带来的不便,在日常生活中需要特殊的帮助,在产品使用上有相对特殊的要求,需要易于把控的工具,需要容易维持平衡的餐具等。如 Suwade 为残障人士设计的拐杖,较之传统的平面把手,三维管状形态设计增加了依托面积,使受力足够均匀分布,强度极佳的轻质铝合金材料减轻了患者的负担,充分体现了对残障人士的理解。北美地区,公共场所为残障人士使用的专属车位,其位置几乎都在离通道、出入口最近的地方，且相对于普通车位，残疾人车位要宽得多，便于轮椅通过，一旦车位被正常人士占用，占用者将面临高额罚款。

3. 考虑自尊意识，维系人与人之间的关系

作为弱势群体中的一员，个人会十分注意别人对自己的态度，因而在社会交往中，对别人的语言、行为和评论都特别敏感，尤其反感、忌讳别人对他们的貌视态度和不敬称呼。一旦损伤了他们的自尊，就会使其难以忍受，甚至使其产生愤怒情绪，引发激烈对抗。以上特征在许多老年人、残疾人等弱势群体身上都有体现，只是每一个个体程度不同、表现方式不同。由于身体的原因，他们在社会交往中存在自卑、畏惧等心理现象的同时，也有强烈的自尊意识，不希望成为

图 3 - 9　Suwade 为残障
人士设计的拐杖

社会的拖累，更不愿意接受、使用异于常人的物品而被当成生活中的"另类"。他们希望得到大众的关爱，受到大众的尊重，这种心理是我们为其设计的前提和基础。较早如 1998 年由人机设计小组完成的带有鲜明标识和防滑设计的螺丝刀，其外形与普通的工具相似，但结构、色彩有特殊的设计，其持控、把握功能得到相应加强。满足特殊人群身体上的特殊需要更体现了对特殊人群心理上的关爱。设计考虑到残障人士自卑、畏惧等心理，在设计中消除或者减弱残障人士用品的特征和特殊用途的痕迹，除特殊结构上有所改变，外观、造型尽可能和正常人使用的产品一样。如美国强生公司从残障人士的心理要求出发，推出的"独立 3000"的轮椅设计，运用先进的陀螺仪平衡技术，可以爬越阶梯；使用者可以调节轮椅到正常人的高度，使用"独立 3000"轮椅的残障病人可以如正常人一样购物、交流而不

图 3 - 10　iBOT3000 独立轮椅

需要别人帮助和照顾,满足了残障人群渴望像正常人一样生活的愿望,获得了 2000 年美国工业设计协会工业设计卓越奖的金奖。

(五) 弱势群体设计存在的问题及设计原则

随着国民经济的发展和大众生活水平的提高,社会保障体系的建立和完善,弱势群体的消费市场也越来越大。然而,我们的设计并没有跟上社会文明的脚步,没有应对市场的需求,缺乏针对特殊群体的专门性设计,缺乏对残障群体的关怀,为老年群体的设计还有待进一步完善,尤其需要填补养护领域的空白。

1. 弱势群体设计存在的问题分析

(1) 为弱势群体的设计服务意识没有得到社会足够重视

弱势群体是大众的一部分,他们有享受社会产品服务的权利,但在建筑设计、现代科技、公共服务体现等方面,我们缺乏为这一群体独立设计的服务意识,更未构建起完善而周全的服务体系,专为他们设计的产品服务环节相对稀少。如 2020 年,突如其来的疫情,彻底暴露出智能时代对老人们的无情和冷漠面孔,这一群体被拒绝在医院、公交等公共场所和设施之外,他们无法逾越。横亘在他们面前的不是高山、大海,而是陌生的健康码、二维码,以及复杂功能设置的家电、招手不停的网约车……对此,他们努力地适应、学习,但身处这个熟悉又陌生的社会,他们无能而又无助。智能时代的一系列设计形成了一堵无形的墙,将老人与社会相隔,一面是欣欣向荣、一面是格格不入。社会的繁荣与发展体现在人与人的和谐共生与同处,物质和精神文明的和谐与进步需要社会每个人的参与和投入,对弱势群体关爱的缺失是不平等、不和谐和不文明的社会现象。改善这一现象需要社会和国家从高层强化行业规范,从制度层面约束借助设计社会行为的同时,也需要设计师从设计伦理、道德的角度设计出符合老年人、残障等

图 3-11　彷徨　同济大学,刘怡晨

特殊群体需求的产品。

（2）为弱势群体的设计,忽略了对弱势身体状况的考虑

科技的发展、产品的更新换代使大众生活多姿多彩、舒适便捷,但这一切是建立在高科技、智能化基础之上,主要针对大众中智力、文化程度、身体素质处于常态下的大众服务。当下,大量信息、电子类高科技产品设计,设计师从普通大众甚至仅从年轻人的角度出发,一味追逐时尚、娱乐和便捷,没有考虑到弱势消费者的现实情况和需求。如电子信息产品操作界面复杂、辨识困难,常常使老年人在高深莫测的产品前缩手缩脚。目前市场上有所谓为老年人设计的老年科技产品,往往是去掉一切智能功能的"傻瓜机",违背了平等、共享的原则,其实质是直接剥夺老年人享有设计服务的不道德行为。

弱势群体渴望了解新技术、接受新知识,但由于身体因素,如老年人感觉器官不再灵敏,记忆力衰退,视力、听力都有所下降,他们对新生事物有不同程度的畏惧心理。老年群体身心特征,决定了他们在面对智能手机、智能电脑、高科技产品时有明显的畏难情绪,他们渴望智能化的生活方式,渴望享受智能化的便利,渴望丰富自己的日常生活,但产品使用操作方式的繁琐与不便,体现出设计对老年现象缺乏深入研究,其解决方案显得力不从心。为老年群体设计的智能化产品,力求使产品操作界面简洁,视觉上一目了然、一看就懂、一学就会,几个步骤就可以实现功能表达。如提示功能的文字要大、图形要清晰,使用的术语不可以生僻或追逐时髦。老年人手机以醒目的文字和数字以及提醒功能,响亮、清晰的声音,简易的操作方式被众多老年人接受。为弱势群体的设计,不能忽略了对弱势身体状况的考虑。

（3）为弱势群体的设计,缺乏对弱势群体心理的考虑

设计应该从弱势群体心理出发,产品从群体精神需求考虑,设计的目的、过程、使用等环节更多地考虑群体心理层面的需要,才是真正为他们的设计,也是社会文明发展的直接体现,是社会和谐、道德高尚的重要标志。众所周知,配置密集字符、繁杂功能的产品使老人操作起来既不顺手也不舒心,不适宜老年群体的日常使用,人与产品的人性化交流和沟通也很难实现。为老年群体的设计关键不是设计本身,而是设计者是否为老人着想,产品能在生理和情感上为他们提供服务。如配有放大镜的指甲钳,虽然功能上考虑了老年人的使用,但其多余的结构设计和外观造型使使用者

在心理上产生厌倦和拒绝。相比 Han Jisook 、Tang Wei-Hsiang、Tang Wei-Hsiang 设计的"弧形纽扣"使用方便快捷,含蓄而显人性。研究表明:老人扣纽扣所用的时间是年轻人的 3 到 5 倍,针对这一现象,设计师改良了纽扣的结构和形状,让纽扣的一侧变薄,略微向上,以便有很好的抓紧力,另一侧设计成凹陷形,可以轻松地推扣过孔。设计符合人机工学,完成整个过程简单、快捷,同时又有美感,关键是纽扣的重新设计使老人在扣纽扣时不再有沮丧的感觉。

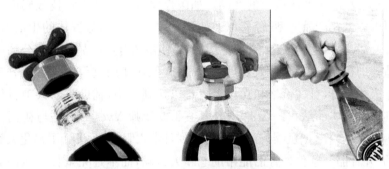

图 3－12　符合人机工学的开瓶器

2. 为弱势群体设计的原则

(1) 个性化服务原则

众所周知,不是所有人的高度和体形都是一模一样的,身有残疾或存在某方面的障碍其程度也不尽相同。由于心理与生理上的差异,弱势群体中也有个体差异,在身体、性格、精神等方面存在区别,日常生活需要帮助的方式也各不相同。针对这一群体的不同个体,产品的设计需考虑其群体细分需求,正确分析、探究用户不同生活需要,这是为弱势群体设计的前提,也是产品设计的定位与依据。

(2) 简易化设计原则

弱势群体多注重产品的实用价值,针对这一群体的设计,重点在于产品功能与实用的研究,即简化产品的应用程序和使用方法,抛弃不必要的装饰,避免声光电特效和时尚炫酷元素的应用。在功能与价格之间寻求最佳平衡点,设计出物美价廉的产品。如耐克公司针对老年人设计的"Triax"跑表,采用柔软的弧形塑料表带,结构符合手腕结构且有透气空洞,弧形的水晶表面放大了数字,易于识别,配有触摸式的闹钟提示功能,造型突出了运动和健康的时尚特征，充分考虑到老年人的身体特点。
"Triax"跑表设计较好地体现出对老年人的关怀，使老年人体会到社会的
温暖。

（3）适应性使用原则

设计应该从弱势的身体和心理出发，充分考虑他们的爱好、习惯，体现
社会对老人的尊重、对残障人士的关怀，这是社会文明、进步的主要标志。
为此，设计者要"平等"地与他们对话、"积极"地和他们互动，了解他们的真
实需求，设计、生产出适合的产品。如医疗保健用品和高科技数码产品设
计可以尝试在产品造型、色彩以及使用方式上适应弱势群体的生活习惯、
饮食起居，提供适合搬运、方便把握、容易使用的合适产品。某些公司试图
制造辅助机器人，帮老年人处理日常事务，但在使用过程中没有充分考虑
老年人的自尊，且在价格和功用上也难以达到平衡，辅助机器人项目很难
得到老年群体的认可。为此，"美国工业设计师 Yves Béhar 与初创公司
SuperFlex 合作，把机器人的功能构建到日常衣服之内，设计了强化人类体
能的'外骨骼'，这种外骨骼能帮助老年人行动，而不是完全替代他们的活
动能力。"[8]这种"外骨骼"设计既能提高老年人的行动能力，又关照了老年
人心理与自尊，以最好的方式融入老年人的日常生活之中。

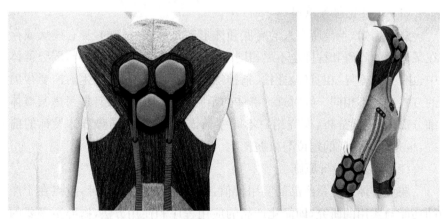

图 3‑13　Superflex 推出为行动不便的老年人提供帮助的外骨骼应用强化服装

（4）安全性应用原则

群体的身体状况决定安全性的重要地位，他们在力量、平衡、反应等方
面不如常人，视力、听力、行动的灵活度都和普通人存在差异，身体状况产

生的障碍给他们的生活造成很大不便和影响，一个细小的问题，对他们来说，都有可能导致伤害甚至是致命。如老年人产品的防滑性能、结实程度、醒目标识等，避免产品的安全隐患。再如公交车上的老人专用座椅，色彩凸出，有显著的扶手，以及离上下车门最近的距离和位置，以人性化的细节设计彰显人文关怀。再如获2011年红点奖的概念设计"跷跷板浴缸"（Flume Bathtub）是一款专为老年人或残障人士设计的浴缸。设计师从跷跷板活动原理获得灵感，可以使他们不需要他人

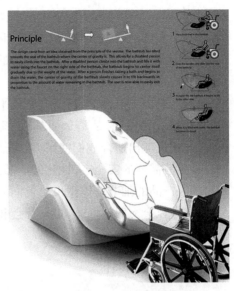

图3-14　2011年红点奖的概念设计"跷跷板浴缸"

的帮助，安全、独立进出浴缸，完成并享受整个洗浴过程。

（5）多感官配合原则

多感官配合指应用视、听、触、嗅觉等多种感官的相互补充，将各种感官及感觉，串联入整体产品设计之中，用户能在使用过程中同时产生接受及回馈的多感官，多感觉效果。具体如按钮表面触觉肌理的强化，产品把握部位有足够的摩擦力，保证触觉信息能够在指球肌、指骨间肌感知范围之内；研究产品材料的温度和软硬，迎合人类"欺软怕硬"的心理，以材料语言营造愉悦的触觉感知体验，以设计体现对弱势群体的关爱和尊重。Assistant Glasses Set辅助眼镜是一款为听障人士提供日常生活服务的产品，该产品的亮点是将声音可视化，并以震动的形式提示听障人士声音的来向，其获得2017iF金质奖。再如"WithU"产品设计，受众人群是视力上有障碍的人士，产品功能分为语音地图、智能识别和休闲娱乐。视障人群利用语音地图功能来语音导航，实时关注空间环境，及时提醒前方出现的障碍物，如在进入地铁和上扶梯时会有语音振动提醒；视障人群进入一个陌生环境时可以利用智能识别功能，进行拍照识别，应用系统会将画面转化为语音播报出来，例如在餐厅等桌椅较多的地方，能降低受伤系数；休闲娱乐功能，可为用户提供音乐服务，缓解残障人士紧张、不安的心理。[6]P89

此类设计提高了残障人士独立生活的能力,增强了残障人士应对困难的勇气和信心,使他们不再认为自己是社会的负担。

　　总之,对弱势群体的设计,应坚持平等、关怀的道德原则,从群体身体、心理出发,真正设计出适合他们使用、适应他们日常生活需要的安全、人性化的产品。尽可能在产品的细节处体现出对他们的关怀,这是社会文明的标志,也是社会和谐的重要体现。

图 3‑15　Assistant Glasses Set 辅助眼镜

(六) 无障碍设计

　　基于人道主义,20世纪初,无障碍设计的出现是为满足特殊群体的需要迈出的一大步,力求在建筑、公共场所、交通设施等环境营造无障碍出行,为特殊群体走出家门、参与社会生活创造一个便利、平等的环境。针对特殊人群的无障碍设计研究,需要从他们自身状况条件出发,通过创新的科学技术来补偿他们身体上的缺陷,从而使他们能够更好地生活、学习和娱乐,实现真正意义上的无障碍生活。在各种文化背景下,整合新技术、创造积极的社会和文化环境,营建便捷的生产生活方式,充满关爱的无障碍设计既是社会文明进步的标志,也是影响一个国家国际形象的重要内容。

　　1. "无障碍设计"概念的提出与发展

　　无障碍设计是指无障碍、无危险、无操作难度的设计,常指适合残疾人、老年人等弱势群体与健康人享有"平等地位"的环境设计,即设计"方便残疾人的环境"或"无障碍环境"。无障碍设计以残疾人及年迈体衰的老人为主要服务对象,针对他们在日常生活中存在的身体和心理问题,采取相应的设计方法,改良他们的生活环境,并使其环境变得可接近、易操作、更安全。

　　早在20世纪初期,响应人道主义的呼声,建筑学界运用现代科技建设和改造环境,为残障人士提供一个行动方便、安全的环境,一种新的建筑设计方法——无障碍设计开始逐渐被大众认可和接受,它力图为广大残疾人创造一个"平等参与"的平台,无障碍设计逐渐被社会接受并实施。如20世纪20年代,瑞典的"人体工学设计事务所"就开始关注社会中残障人士、弱势群体在公共设施中的互助关系,设计着眼于他们心理、生理因素的特殊分析和研究。至 20 世纪 30 年代,瑞典和丹麦等国开始建设方便残障人士的相应设施,提供专为残疾人和老年人使用的公寓,并强调住宅也需要实施"无障碍化"。20 世纪 50 年代,美国政府考虑到残疾军人的生活和就业,倡导无障碍设施的建设,并于 1961 年率先制定了世界第一部《无障碍标准》,随后,英国、加拿大、日本也相继制定无障碍法规。

1985 年,我国召开"残疾人与社会环境研究会",在北京发起"为残疾人创造便利生活环境"的倡议,并于次年推出我国第一部《方便残疾人使用的城市道路和建筑物设计规范(试行)》,1989 年正式颁布实施。我国老年人口逐渐增多,老年化程度逐渐加剧,计划生育政策的调整,刺激新生儿增加,有必要在相关场所突出设计的关爱,强化无障碍设计。

2018 年苹果开发者大会"为所有人设计"演讲主题提出了无障碍设计的三项交互原则,分别是简单性、可感知性和完整性。[7]简单性原则就是要求我们的设计在日常应用时要简单易学,易于理解,尽可能让用户以最轻松和便捷的方式达到预期的结果;可感知性原则是指通过视觉、声音和触觉等感官来确保我们的设计在应用中被理解和接受,即整合用户多种感官,实现全方位、沉浸式的感官体验。完整性原则要求设计师承担起道德责任,考虑到用户个体切身需要,从每一位用户出发,对每一位用户负责。为此,苹果公司 iPhone 智能手机中的辅助功能,为有视力、听力或身体残疾的用户提供帮助。如"旁白"(voice over)功能,这是一种语音辅助程序,通过朗读屏幕上的项目提示,帮助盲人无障碍地了解屏幕文本信息。用户轻触屏幕即可听到手指划过的内容,甚至可以运用手势来操控手机内置的应用。也可以与 Siri 进行语音交流、设置提醒事项、打开应用程序或快速处理其他日常事务,为残障人群的生活和发展提供尽可能的人性化帮助。

2. 无障碍设施和无障碍环境

无障碍设施,是指为保障残疾人、老年人等弱势群体的安全通行和使用便利,在建设项目中配套建设的各类服务设施。无障碍设施主要是建筑物(包括公共建筑、居住建筑)和道路(包括道路、桥梁、人行道路、人行天桥、人行地道、公交站点、公共绿地)的相应设施。而无障碍环境概念,范围就更大更广。除建筑物、道路无障碍,还包括交通工具无障碍、信息和交流无障碍(电视手语和字幕、盲人有声读物、音响信号、手机短信、信息电话等等),以及人们对无障碍的思想认识和意识等。从建设部门来看,多指无障碍设施，从整个社会来看，多指无障碍环境，都属于无障碍设计范畴。

当代都市建筑、交通、公共场所，无障碍设计的设施设备、指示系统为残疾人的出行营造了一个无障碍环境，如盲道、触觉地图、专供轮椅使用者的卫生间、电话间，兼有视听双重操作功能的自助存取款机系统，甚至延伸到残障人士的工作、生活、娱乐中使用的不同器具。从设计的根本目的来看，设计是为了提高人类生活质量、改善人类生活环境，为人类的幸福生活服务，服务对象关注每一个个体的实际需要。从社会伦理的角度设计更应该考虑到老人、孕妇、儿童及残障人士、弱势群体的需要，从社会生活环境角度帮助他们获得行为的独立、自由的生理需要，满足他们获得社会平等、关爱、尊重的心理需求。这一设计思想从关爱人类弱势群体的角度出发，以更高层次的理想目标推动着设计的伦理发展与文明进步，使人类创造的产品更趋于合理、亲切、人性化。

"为所有人设计，把人的需要放在首位，建立一个人人可以享有的无障碍社会对国家来说是必需的，对经济也是有益的，因为它将提高社会平等程度，也会扩大市场机遇。"[25] 无障碍设计考虑到特殊群体生理、心理的诸多特点，逐渐得到社会的广泛重视，直接影响着城市与国家形象，甚至成为衡量社会文明程度高低的一个重要指标。十四届全国人大常委会第三次会议于 2023 年 6 月 28 日表决通过《中华人民共和国无障碍环境建设法》，并于 2023 年 9 月 1 日起施行。其中提出，新建、改建、扩建的居住建筑、居住区、公共建筑、公共场所、交通运输设施、城乡道路等，应当符合无障碍设施工程建设标准。国家支持城镇老旧小区既有多层住宅加装电梯或者其他无障碍设施，为残疾人、老年人提供便利。工程施工、监理单位应当按照施工图设计文件以及相关标准进行无障碍设施施工和监理。住房城乡建设等主管部门对未按照法律法规和无障碍设施工程建设标准开展无障碍设施验收或者验收不合格的，不予办理竣工验收备案手续。[4]

3. 无障碍设计与通用设计

在科学技术高度发展的现代社会，具有不同程度生理伤残缺陷者和正常活动能力衰退者（如残疾人、老年人），他们的使用需求必须被充分尊重和考虑，一切有关人类衣食住行的公共空间环境以及各类建筑设施、设备的规划设计，都必须落实到位，配备能够应答、满足这一群体特殊需求的服务功能与装置，借助设计伦理营造一个充满爱与关怀、切实保障人类安全、方便、舒适的现代生活环境。无障碍设计的典型案例便是"缘石坡道"，就是在十字路口、小区的出入处和广场出入口等地方，开出专为乘轮椅者进出的坡道。从安全的角度来看，"缘石坡道"的表面应该平整，但不宜光滑，《城市道路和建筑无障碍设计规范》对坡道的高度、宽度有详细的规定。"缘石坡道"可以解除乘轮椅者的通行困难，也可为老人、儿童及行李携带者提供便利。在公交车站、过街天桥和地下通道等处，除了特别设计的盲道和缘石坡道以外，我们还可以发现很多无障碍设计的例子。如公交车站的盲文站牌，这类站牌的位置、高度、形式与内容等都是经过精心设计的，过街天桥、地下通道楼梯边的扶手、坡道等设备上也都有无障碍设计，连设在公共场所内的垂直升降电梯，也都是道路系统无障碍设计的组成部分。此外，如盥洗室内，洗漱台高度的调整、细化，楼梯一侧扶手的普及，与车辆底板高度一致的月台，方便乘客上下车的倾斜车身，供轮椅乘客上下车使用的可收放的踏板和设有轮椅区域的车子，都属于无障碍设计。

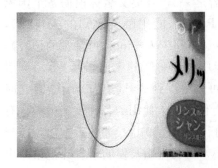

图 3-16　无障碍环境中的"触知觉信息"

随着无障碍设计的发展，当今无障碍设计正在向通用设计靠拢。如一组匹配使用的洗发香波与护发素，由于容器相同，使用者在洗发时无法睁开眼辨别，但在其中一个容器的显要位置添加凸起的触觉感知记号，问题就能解决。设计不仅消除了盲人使用的障碍，对于一般使用者，也同样适用。类似的设计还有立体声耳机，应用"通用"设计的"触知觉信息"，凸起和凹陷的珠点区分左右，既是外观造型上精巧的装饰，又是实现知觉方式的有效选择。由此可见，能否实现"通用"设计的关键是找寻相应的感知"通道"，如视觉、听觉、触觉等。为丧失某个"通道"的残疾人，正常人寻找多个识别"通道"而设计，因此，具有"多通道"知觉方式的产品就是"通用"设计，具有无障碍使用的优越性能。无障碍设计不仅仅针对残疾人和老年人，也是为所有人的通用设计，无障碍设计不仅仅服务于广大的残障人士，也为正常人的生活提供了便利，是全民受益的公益事业。

4. 盲道与盲道设计

盲道是为针对视障人士出行方便而铺设的辅助道路，盲道是现代社会中最基本、最常见的无障碍公共设施，它既属于产品设计，也涉及公共空间环境的设计，是无障碍设计的重要内容之一。"其英文名称根据各个国家的使用习惯不同而相异，如 Tactile Paving（能用触觉感知的人行道），Truncated Domes（削去顶端的圆），Detectable Warnings（可发觉的预警），Tactile Ground Surface Indicators（能用触觉感知的表面指示）等。"[8]P134 "国际上对于物质环境的无障碍研究可以追溯到 20 世纪 30 年代初，当时在瑞典、丹麦等北欧国家就开始建设专供残疾人使用的各种设施……具有系统设计性质的、真正意义上的盲道于 20 世纪 60 年代才在日本出现。当时，日本冈山县的三宅精一（Seichi Miyake）为冈山县发明了世界上第一个盲道系统，并于 1967 年 3 月在冈山育人学校附近的国道上首次使用。"[8]P135 这种具有凹凸触感的路面不仅给视障人士的出行提供了极大的方便，还有效地保障了他们的人身安全，很快被社会认可和接受，紧接着在京都、大阪、东京等地相继出现，逐渐被全国推广。

1961 年，美国发布了《建筑及设施易于被残疾人理解和使用的规范》（ANSIA117.1－1980，American National Standard：Specifications for Making Buildings and Facilities Accessible to and Usable by Physically Handicapped People），其中一节涉及盲道。[9] 该规范内容不够详细，1980年美国国家标准学会（American National Standards Institute，ANSI）对其作了进一步修订；后《美国联邦残障法案环境无障碍指引》（Americans with Disabilities Act Accessibility Guidelines for Buildings and Facilities，ADAAG）出台，对盲道的标准给予补充和完善，巩固了盲道标准的实施。

1983 年，英国交通与道路研究实验室（Transport and Road Research Laboratory）对盲道作了"人行道的肌理可帮助盲人行走"（Textured Pavements to Help Blind Pedestrians）的专门研究，交通部门根据这一专业研究报告的结果，制定了一套更为详细的标准。[9]在公共应用设计方面，日本也是世界上较早研究和提倡无障碍设计、通用设计的国家之一。

　　盲道是城市道路交通系统无障碍设计的一部分。为了规范无障碍设施的建设，1986 年，国家有关部门制定了《城市道路和建筑无障碍设计规范》，对城市道路系统中的盲道、缘石坡道、人行天桥、地下通道和公交车站等设施的无障碍设计做出了相应规定。具有不同程度生理伤残缺陷的残障人士和活动能力衰退的老年人群，由于他们的特殊需要，必须对道路交通进行特殊的规划设计和管理，保证他们出行的安全、方便和舒适，这是盲道设计的根本目的。盲道布设于人行道上，表面通常设有条形凸起，视力有障碍的人可以通过脚感来判别正确的行走方向，颜色通常涂成醒目的黄色。盲道的起点处、终点处和拐弯处，以及延伸到公交车站前时，表面的凸起就会变成圆点状，用以提示盲人前面的情况即将发生变化。城市道路的盲道系统是一个连续不间断的系统，只有这样才能真正给盲人提供一个安全、畅通的行走环境。

　　从对盲道的定义和对盲道的理解，我们可以知道盲道的设计是借助地面的形态、肌理，发挥视障人士的触觉感知能力，让视障人士在行走时感知到方向、位置以及相关的警示系统设计，意义就在于为视障人士出行提供、创造便捷的条件。盲人主要通过听觉、触觉来感知外界的客观事物，针对盲人的特定，触觉感知的敏锐程度直接影响产品使用功能的正常发挥，设计师必须以触觉带给盲人的感性意识、知觉状态为思考的立足点，借助产品适当位置的触觉设计、正负形态的巧妙设置、触感信息的反馈、触感界面的交互体验，提高产品使用的敏感性和舒适性。要达到这一结果，必须对形状、肌理、铺设方式进行规范，制定统一的标准，使视障人士能克服视觉上的障碍，顺利、便捷地使用这一公共设施。从设计的角度来看，由于盲道服务人群的特殊性，决定了盲道的设计不同于其他的公共设施的设计，其设计重心在突出感知、强化识别、统一标准等方面。此外，作为弱势群体的盲人，心理上往往表现为内向、孤独、敏感、自尊，导致行为的谨慎。盲道的设计是否合理不仅仅体现了社会对残障人士的关爱，同时也体现了人人平等的和谐理念，更重要的是，盲道更是设计伦理关注的焦点，其表面上是方

設計有度：理智、反思、教育与設計伦理

便视障人士出行，增强视障人士的自信心，其深层意义是人人平等的人性理念在社会中的呈现，是社会文明的表征形式之一。

二、为"贫困群体"及"第三世界"的设计

传统设计是在等级、地位的严格限制下，在经济能力的约束下，各阶层人士分享设计的公平公正；而现代设计，等级、地位的因素被打破，金钱成为制约大众选择设计、享用设计的唯一因素。在消费能力的制约下，不同的阶层站在各自的社会、经济平台，享受设计的公正与平等。就设计服务对象而言，社会群体中的一部分人充分享受设计的便捷，而另一部分人被剥夺或部分剥夺了享受设计的权利。

（一）"贫困群体"的概念确定与理性表述

所谓"贫困群体"多指低收入群体，即收入低于政府规定的最低年收入或月收入人群，他们处于社会底层，是社会中的弱势群体，"贫困群体"往往和失业者、残疾人、单亲妈妈和孤寡老人重合在一起，是"贫困民众"群体。广大"贫困民众"是大众的组成部分，很大程度上，他们为社会物质文化的丰富做出了巨大贡献，如果设计忽视"大众群体"中"贫困群体"的存在，不能为其提供相应的基本生活条件，不能满足其生存、发展的基本需求，是对社会根本道德的漠视，是对公平公正伦理原则的践踏，必将不利于人类社会的良性发展。设计如果不考虑到"贫困群体"，设计本身的善也就无从谈起，设计本身的价值也就没有意义，甚至陷入恶的设计之中。

为"贫困群体"而设计是指政府、机构或设计师个人本着人道主义精神和平等意识，以改善贫困民众的生活条件、状态为出发点，从衣食住行到教育、健康、文化发展等方面，借助设计对这一群体给予帮助，使其在物质与精神领域有尊严地生活。为"贫困群体"设计须先从解释"贫困"这一概念和区别这一特定人群入手，贫困最基本的意义"是个人或家庭缺乏必要的资源而无法达到一个社会的基本生活标准。"[10]P4收入低下，难以满足最低生存标准看似是贫困最显著的特征，这也是人们对贫困理解的一个基本共识。但所处地域、国家经济发展水平不同，这一标志如何进行界定？贫困是否包括健康、生存、发展、文化与精神等方面的问题？显然，如果对"贫

困"的定义不明、对贫困群体的划分的不确定,就不能为贫困群体提供直接的帮助,贫困群体是一个较为复杂且难以界定的群体概念。经济学家萨缪尔森(Paul A.Samuelson,1915～2009)曾坦言:"'贫困'一词对不同的人意味着不同的事情。"[11]P658当今"贫困群体""贫困民众"这一群体概念界定日趋复杂,呈现动态化和多元化趋向。从设计服务的贫困民众对象来看,多指向因为家庭、疾病等问题导致的城市低收入人群,他们经济困顿,难以维持现代社会中基本的生存与发展;以及受制于环境、地域、资源、交通等恶劣条件,导致经济不兴、文化落后的偏远地区居民。他们共同的特征是收入低、保障不足、生活环境和生活质量差,个人与家庭缺乏或没有经济消费能力和抗社会风险能力,群体和个人的生存与发展乃至享有的教科文卫和艺术的投入严重不足。

图 3-17 寄生虫海报

由于阶层的固化,社会中出现人力及财富资源分配的不均,富人与穷人需要分类,贫富问题不仅是现在的问题更是将来的问题。许多电影都喜欢用隐喻的手法来表现社会阶层的对立和贫富的分化,如《逆世界》里的上层与下层世界,《雪国列车》里的分层车厢,还有《北京折叠》的三层滚动世界,他们都从形式上将人划为三六九等,韩国电影《寄生虫》更是通过地下密室与地上别墅为贫富差异划分出等级,引出对这一社会等级现象的思考与评论。"针对贫困问题,国际上提出了'反贫困'(Anti-Poverty)的概念,其含义一般有以下几种表述:一是 Poverty Reduction,减少贫困人口数量或发生因素;二是 Poverty Alleviation,减轻、缓和贫困的手段(通常称为扶贫);三是 Poverty Eradication,消除贫困。'为贫困民众而设计'应与前两种含义有关,因为当前人类社会想要完全彻底地根除贫困在现时尚不具备可能性。"[12]且这一行动必须符合社会规律、遵循自然法则,秉承节能、低碳、环保、可持续发展的伦理要求。

(二)现代主义设计为"贫困群体"的设计尝试

美国著名评论家罗伯特·修斯(Robert Hughes,1938～2012)曾直言不讳地指出设计都是为富有的人服务,穷人没有设计。众所周知,建筑设

图 3-18　雪国列车海报

计长期以来都是为权贵阶层或国家服务，如为王公大臣建造的宫殿，为教会、教皇建造的教堂，以及各类如凯旋门、博物馆等具有纪念意义的标志性建筑。罗伯特·休斯在回顾西方建筑发展史说：穷人没有设计，所指的就是这一垄断建筑的为权贵、精英主义的文化现象。20世纪中后期，维克多·帕帕奈克（VictorPapanek，1927～1998）在其《为真实的世界设计》（*Design for the Real World*）一书中曾呼吁道："世界上 75% 的人生活在贫穷、饥饿中，这些人显然需要我们的设计机构在其时间表上挪出更多的时间来给予这些人关注。"[13]现代主义设计，包括建筑设计则强烈反对为精英、权贵服务，"现代主义设计的先驱当中，有不少人是期望能够改变设计的服务对象，为广大的劳苦大众提供基本的设计服务的。"[14]P108现代主义设计中如勒·柯布西耶（Le Corbusier，1887～1965）期望能够改变设计的服务对象，能够为广大的贫困民众提供基本的设计服务，甚至他们从伦理的角度出发，希望借助设计、规划居民生活社区来改善民众生活方式，即通过设计来改变社会状况，建立一个秩序良好的社会环境，甚至利用设计避免流血的社会革命。柯布西耶曾探索一种体系，希望设计能给穷苦的人和所有诚实的人予美好的生活，这一理念在其佩萨克（Pessac）住宅设计中贯彻执行。[15]P138 20世纪30年代，为抵制美国工业设计的商业目的，现代艺术博物馆倡导在"目的、材质以及生产过程相互适宜"的基础上设定一种新标准。1934年的"机械艺术"博览会上有名为"十美元以下的实用产品"（useful objects under ten dollars）[10]P263，这一标准体现了平民大众及低收入群体家居的需要。

罗伯特·修斯　　　　　　　　勒·柯布西耶

图3-19　罗伯特·修斯与勒·柯布西耶

显然,这种想法是乌托邦式的,具有小资产阶级的理想主义色彩。在很大的程度上,现代主义是反少数权贵和精英主义的,但现代主义的发起者、执行者都是一批处于特定时期的知识分子,在改革浪潮高涨、共产主义运动激烈、资本主义国家垄断形成、法西斯主义膨胀的动荡时代,他们希望能够促进社会的健康发展,利用设计改变贫困民众的痛苦并促进社会正义的发展,决定了他们的设计探索具有非常强烈的理想主义和乌托邦主义成分。

(三)为"贫困群体"设计的注意事项

中国当代设计已经开始关注社会上的"贫困群体",各级政府相继出台了一系列反贫困的政策和措施,取得了显著的成果。但在边远地区、农村地区,对"贫困群体"的援助仍然是一个棘手、长期的问题。此外,当下所言之贫困已经不仅仅囿于物质或经济领域,更多地还包含了医疗保障、文化教育、发展创新等更新的内容与理念。"现代设计的发展历程中,人们正在日益强调关怀贫困民众的重要性。不妨说,'为贫困民众而设计'是现代设计应该肩负的一种责任和使命,是具有一定伦理色彩的'善行'。"[12]设计主体在尽责的范围内应注意以下几点事项。

1. 使被援助的贫困群体能够在物质、经济方面获得基本的满足

借助设计,使被援助的贫困群体能够在物质、经济方面获得相对于基本标准的满足,尤其在衣食住行、百姓日用产品上,即基础生活条件上有所

改善。日本有一档名叫"超级全能住宅改造王"的公益节目,针对孤寡老人、单身母亲等贫困群体提供设计援助,委托设计师为其破陋旧屋实施改造,改善他们的居住条件。中国东方卫视家装节目"梦想改造家"聘请设计师为贫困居民改建其赖以存身的旧屋,其宗旨就是给孩子们一个有尊严的成长环境,给全家人一个健康的生活空间,开展针对贫困群体的公益性设计和服务。如提供无偿的设计产品,暂时改善贫困群体的生活状况,或者提供扶助性质的设计、知识服务,由专业人士、设计师提供行之有效的设计规划,使被援助对象能够依靠自身的力量实现自立。

日本　超级改造王　　　　　　　　中国　梦想改造家

图 3 - 20　日本"超级改造王"与中国"梦想改造家"

2. 使被援助者获得受教育的机会和权利,提升其受教育的程度

设计必须着眼于贫困群体的受教育情况,突破其陈旧的思想意识和偏见,加强对被救助对象的素质培养和文化教育,并在培养与教育中注意兼顾一定的艺术性。现实中,为贫困群体的设计涉及科技救助和艺术服务两个部分,科技是实现物质实用功能和使用价值的依托,设计是科技的物化形式,都是围绕以人为本的宗旨。艺术可以完善人格,陶冶情操,提升审美水平和创造力,设计中包含的艺术性可以给人感官上的享受和精神上的愉悦,起到繁荣文化的力量。设计提升贫困群体的审美意识和艺术修养,在推广实施设计服务过程中,对其所受的专业教育有辅助作用,一定程度上提高了被援助群体的文化和艺术创造能力。此外,设计对贫困群体的帮助不应该囿于改善其物质生活条件,而应该将优良的生活态度、健康的生活方式及生活理念,传达给被援助对象,把指导积极健康的精神生活作为重

要内容,引导他们主动地参与到自主设计、创建新生活的过程中。

3. 借助设计,使被援助者获得自立的能力

设计考虑被援助者个体身心健康的发展的同时,还应该考虑到培育援助对象的自立能力。"授人以鱼,不如授人以渔",帮助贫困对象自立才是最终的目的。英国设计师特雷弗·贝里斯(Trevor G. Baylis)针对非洲恶劣的生活环境以及当地居民窘迫的经济状况,在1993年设计了一款无需用电的发条收音机,这款收音机设计的目的不仅仅满足当地贫困群体的需要,还可以在贫困群体中传播预防艾滋病的信息和知识,同时为当地贫困的残障人士提供了一个制造这款收音机的工作机会,可谓一举多得。这一设计还积极与贫困主体"互动",力求成为其脱贫的动力与支撑,在实施的过程中逐渐增强了被援助群体抵抗社会风险的能力,而不仅仅是一种扶贫济困的手段。对不同贫困主体提供的设计服务要有针对性,因人而异、区别对待,不可一概而论,力求具体、精准、到位;应避免临时、短暂、鼠目寸光式的敷衍,立足长远,尊重自然和社会规律,秉承可持续发展的理念。

图 3 - 21　特雷弗·贝里斯与发条收音机

4. 维护贫困主体的尊严,顾及贫困群体的自尊

设计耐久、经济、实用、适度的产品,避免设计沦为盲目主观、自我标榜、张扬个性的形式工具。设计尤其需要维护贫困主体的尊严,顾及贫困

群体的自尊心理,生活的窘迫不代表受援助者就可以失去有尊严的生活。从设计伦理的层面,就是要为处在社会底层的贫困群体争取到和常人一样的生存、生活、发展权利,使其在自身健康、教育、医疗等方面拥有保障,不应施舍或从事精英化、理想化的设计。设计在尽量满足符合大众合理需求同时,也需要顾及贫困群体的宗教信仰和生活习俗,不可改变或破坏贫困人群业已养成的良好生活方式与习惯,比如勤俭、低碳、自力更生、与自然的亲密接触等。

5. 倡导环境保护理念,执行低碳的可持续发展原则

对现有废旧的生产生活资料、资源进行整合、修缮、开发和再利用。发动贫困群体主动、积极地参与到对传统文化的传承和保护中来,如扶持民间艺术项目的传承,手工艺术的推广以及土特产品的宣传,依靠被援助对象的双手实现自立。如北京"绿十字"环境保护机构发起、组织对河南新县田铺乡进行规划和保护项目,把许世友将军的故里打造成传统文化村落,给当地居民创造了一个脱贫致富的机会,同时还宣扬了红色主题、传承了传统文化、营造了绿色和谐的人居环境,倡导了积极、文明、幸福的新农村生活理念。

设计来源于生活,同时设计又规划、引导人们的生活,翻开设计的历史,我们发现人们的生活、生产以及文化、习俗常伴随着设计的变化而改变。当今设计飞速发展,求新、求变、求异,具有创新意义的设计成果不断出现,改变、改善、改良着我们的生活方式。使被援助者获得受教育的机会和权利,提升其受教育的程度,革新旧的生活面貌,倡导积极的生活方式,树立健康的生活理念在对贫困群体的援助中至关重要。

(四)为"贫困群体"设计的援助类型

作为设计师,虽然没有义务去帮助低收入群体摆脱贫困,却有关爱社会每一个人、每一个群体的职业责任,这是设计师的职业操守。首先,依据低收入群体有限的购买能力,设计师有责任去推出相适宜的好产品,产品未必是新颖的、先进的、时尚的,但却是最适合的,是他们最需要的;其次,在技术、工艺和材料上要着重考虑绿色和环境问题,尽可能使用节能性、环保性、可持续性和可再生性资源;再次,虽然设计把功能放在首要位置,但不能因为是低收入群体,就忽视他们在审美享受、精神愉悦方面的追求,设计师应尽可能在其物质基础允许的条件下,考虑贫困群体对功能以外的

需要。

1.规划未来发展,摆脱贫困的公益性质设计

所谓的设计之道就是日常生活的体悟,为平凡、朴素的"功用"而设计,在这一设计的理念中,功用即是美,"平民设计,日用即道",为贫困民众的设计使"设计"这个词不再玄妙而陌生。设计是生活的一部分,或者说就是大众的日常生活,它自始至终都浸透着百姓日用的"烟火气",为民所用、与民同乐、平凡中见证伟大。日本大阪地区,有一群生活困顿的中老年人,他们一直坚守着一家传统老店,并对这家老店投入了长期的精力和心血,老店成为他们的精神支柱。在现代竞争和商业冲击下,这家传统老店处在破产、倒闭的边缘。后受到一家名叫 Keita Kusaka 的广告公司提供的设计援助,获得了该公司无偿的广告、宣传、推广设计,最终这家传统老店起死回生。中国原创公益基金资助贫困地区传统工艺传承,"计划用十年的时间,培训不少于一万名贫困地区的手工艺从业者;以小额贷款等方式扶助残疾人、留守妇女、老少边穷地区的青少年等开设一千家'博爱·原创公益小栈'的创业门店,并邀请工艺美术大师对贫困地区的手工业进行指导,通过'博爱·原创培训生'计划、'博爱·原创公益工场'计划,帮助地方提升产业水平,促进相关产业的升级。该基金希望,通过一系列的公益项目,为我国非物质文化遗产的重点传承区、传统手工艺的保留区,创造不少于五万个工作岗位,改善不少于十万名贫困手工艺从业者的生存境遇,实现生计发展与文化传承保护的和谐发展。"[16]设计者需要专注于日常的设计精神,即对普通大众生活的关注,对功用之美的追求,发现生活中存在的问题,找到解决方法,设计解决问题的方案或计划,再回归日常。公益设计之美是基于使用目的的"功用之美",要体现出"健康、朴实、真诚"的精神,摆脱贫困的公益性质设计是当代设计师社会责任感的体现。

2.保护自然环境,实现未来的可持续发展

在越来越多的人被工业文明圈入城镇以后,乡村便为他们提供了一个暂时对抗工业文明的手段。乡村所具有的开放、自由、多样、壮观、和谐和美恰恰是人们所向往而在文明社会中丢失了的宝贵东西,在这一地区,人们获得了放松、对比、沉思的机会。对自然的情感被 A. Leopo ld 发展成为一种"大地伦理",从而使自然保护获得了理性的伦理依据。"Leopo ld 论证了人类只是大地共同体中的普通一员,人类没有超越于自然法则的特

权,他给出了人类对待自然基本的伦理原则：一件事,当它有助于生命共同体的和谐、稳定和美时,就是正确的；反之,就是错误的。"[17]P213 在 M. Austin(奥斯汀)、D. H. Law rence(劳伦斯)、A. Hux ley（赫胥黎)、R. Jeffers（杰弗斯)、W. Faulkner(福克纳)、J. Krutch(克鲁奇)、G. Sny der(史奈德)等人的作品中就明确表达了他们对工业社会价值观的拒斥。这种情绪可以追溯到 J. Rousseau(卢梭)时代,那时的欧洲浪漫主义运动就被看成是对近代社会狭隘的科学主义和工业主义的反抗力量。在美国,这一运动被 W. Whiteman(惠特曼)、J. Coo per(库伯)和超验主义者 R.W. Emerson(爱默生)、H. D. Throuea(梭罗)、H. Melville(麦尔维尔)以及 J. Muir(缪尔)所继承。他们的思想对 20 世纪的环境保护运动产生了深刻的影响。

在这些思想先驱们看来,自然既是生命的源头,也是人们找回在工业社会中丧失的自我的场所。2008 年,万科集团在广东南海建造的"土楼公舍"尝试解决低收入人群在都市边缘的居住问题。土楼是客家民居独有的建筑形式,它是用集合住宅的方式,将居住、贮藏、商店、集市、祭祀、公共娱乐等功能集中于一个建筑体量,具有巨大凝聚力。将土楼作为当前解决低收入住宅问题的方法,不只是形式上的承袭。土楼和现代宿舍建筑类似,但又具有现代走廊式宿舍所缺少的亲和力,有助于保持低收入社区中的邻里感。将"新土楼"植入当代城市的典型地段,与城市空地、绿地、立交桥、高速公路、社区等典型地段拼贴。这些试验都是在探讨如何用土楼这种建筑类型去消化城市高速发展过程中遗留下来的社会问题,土楼外部的封闭性可将周边恶劣的环境予以屏蔽,内部的向心性同时又创造出温馨的小社会。将传统客家土楼的居住文化与低收入住宅结合在一起,标志着低收入人群的居住状况进入大众视野的同时,也是资源整合、节能减排、可持续发展的有效尝试。

3. 人居环境整治,传统风貌保护与发展的长效机制

随着城镇化的不断推进,传统村落受到了严重冲击,古建民居面临损毁、老化与被遗弃的局面；由于自然与人为因素,贫困地区产业结构单一、居民收入较低、人口外流、"老龄化"现象严重,地区自主发展的动力不足。亟待科技支撑和设计加持,对地区进行整体的保护规划,开展村庄人居环境整治、产业提升发展、传统风貌保护与民居修复等工作,并对其未来发展做出有效指导,逐步建立保护与发展的长效机制,以引导实现未来的可持续发展。

图 3 - 22　万科集团在广东南海建造的"土楼公舍"

　　位于安徽省绩溪县家朋乡的尚村"竹篷乡堂"项目是中国城市规划设计研究院、清华大学、北京大学等多家单位组成的传统村落保护与发展团队，受安徽省住房城乡建设厅委托，尝试以陪伴的方式，探索具有可操作性、契合地方民情、融合多方力量的传统村落保护与可持续发展路径的一个启动项目。该项目将高家老宅废弃坍塌的院落激活并加以利用，变废为宝，用六把竹伞撑起的拱顶覆盖的空间，为村民和游客提供休憩聊天、娱乐聚会的公共空间，并兼顾村民集会活动、村庄历史文化展厅的功能。"竹篷乡堂"的建设坚持就地取材、居民参与、传统工艺、可持续发展原则。动员村民清理原坍塌废弃场地里的建筑材料和杂物，将老的黏土青砖、老小青瓦、石头、未腐朽的木料等建筑材料收集，作为项目的土建备料；发挥当地石匠、泥瓦匠的传统手艺特长，由本地村民组成的土建施工团队与外请的专业竹构施工方合作，各施所长。充分发挥了当地工匠传统建造的特长，如：穿斗泥墙、马头墙的修补和加固；前场景观墙的石砌；砖石铺地、明沟砌筑、明堂木盖板恢复等。这一过程充分调动了村民的积极性，让他们切实地参与到竹篷的设计与建造之中，既学习了现代的、科学的建造流程，又再现了传统工法工艺;在设计中,为了减少对老宅场地的干扰,采用单元化组合建造的设计思路,以便在短时间内用更少的材料,实现大空间的整体营造。同时竹篷不是永久建筑,不求作为永远的地标,可随着村子的发展、需求的更新、时间的推移,在使用多年后拆解回收,是村落有机更新的一次积极尝试。

竹篷的建成和启用,是尚村村落发展的一个开始,是游客迅速增长一个重要原因。正如历史学家 S. Hays 所说的那样:"不是面向原始的回归,而是现代居住标准的完整部分,人们寻找新的'舒适''美学'的目标,增加到他们早期占有的必需品和便利中。"[18] 以此为契机,推动了尚村经济合作社的成立,将村民凝聚到一起,对后续村里更多的乡建项目——如民宅性能的改善,特色民宿的改造,村落景观、基础设施的完善,文化活动旅游项目的推广等,都有积极的意义。

图 3 - 23　安徽省绩溪县家朋乡尚村"竹篷乡堂"

(五) 为"第三世界"的设计

1. "第三世界"的概念确定与理性表述

所谓"第三世界"通常指代"发展中国家"(developing countries)和"不

发达国家"(least developing countries)。这一概念最初由阿尔弗雷德·索佳(Alfred Sanvy)于1952年提出,在冷战时期曾长期与政治观念紧密联系,指一些既不依附于以美欧为首的西方国家,也不与以"苏联"为首的部分共产主义国家相妥协,力求在国际政治中保持中立的亚非拉国家。这一观念经由几十年发展与变化,其本身政治意识逐渐让位于经济影响,而成为一种衡量经济发展水平的指标,即指相对贫困的经济体。美国白人左派理论家弗雷德里克·杰姆逊(Fredric R. Jameson)撰写了《处于跨国资本主义时代中的第三世界文学》,正式提出了"第三世界文化"概念。

 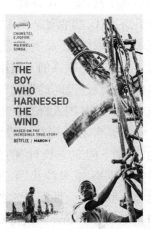

图3-24　弗雷德里克·杰姆逊　　图3-25　驭风男孩电影海报

　　"第三世界"的现代科技多处在蒙昧社会的萌芽时期,一边继续保持着传统,一边迎来现代社会的冲击。世界上有超过16亿人用不上电,有十亿人不能保证足够的饮用水,非洲尤其严重。2019年一部电影"驭风男孩"讲述了在非洲最为贫困落后的地区马维拉,没有矿藏、没有资源,极不发达,人在大自然面前就如同古老的林木在现代机器面前一样显得无助、脆弱。主人公最终用现代知识设计并建起一架简易风车,使村庄获得了生机、让村民见到了希望。影片中,民众从祈求上苍的被动接收到依靠自身的主动创造,这种新生思维方式表现在个体身上,使得科技觉醒具有更深刻的意义。一个俗套的知识改变命运的故事告诉我们,贫穷会限制人的想象力,但知识的支撑、设计的加持会让想象力具备战胜贫穷的可能性。

为"第三世界"的设计又被称为"为剩下的90％设计",因为世界上90％的人生活在相对贫穷、落后的国家和地区,他们不能享有发达国家民众日常生活中的产品和服务。所以从人道主义出发,从人类平等的角度出发,一些负责任的社会学者、设计师呼吁为"第三世界"设计,即开展"Design for Other 90％"的设计运动。希望以低成本、高效率、简易快捷的设计方式为第三世界人群的居住、环境、教育、交通、健康、饮水、食品、能源等社会性基础需求方面寻找到一条可行之路,设计出价格低、实用性强、用途广和耗能少的深受剩余90％的人欢迎的产品。当下,设计市场活跃,产品极其丰富,显示出设计在高科技和工业化浪潮取得的巨大成就,但产品在升级换代、功能复杂繁多、形式变化的同时,却偏离了现代设计的本质特征和价值取向,产品更多沦为身份、地位的标签与象征。相反,那些与第三世界人群密切联系的工具用品、生活器具、医疗设施等尽管需求为数众多、本应纳入设计范畴的器物却得不到重视,甚至索性被忽略,众多欠发达国家和地区的贫困人群享受不到设计带来的便捷和实惠。

2007年在美国纽约的Copper-Hewlett国家设计博物馆开展了一个名为"为剩下的90％设计"的公益主题活动,展示了为第三世界服务的社会性实践成果,成果涉及"第三世界的医疗、卫生、基本生活、农业等经济、社会和环境等社会性需求的各个方面。如为非洲缺水地区居民设计的水源净化工具Life Straw以及Q滚筒远距离运水工具,缓解了当地居民的用水负担。设计师使用当地的陶罐制成能冷藏食物的'冰箱',在不使用电能情况下,能使水果保存较长时间。博物馆的设计展中还有针对落后地区做饭、加热、照明、交通等方面的设计解决方案。"[19]设计以第三世界人们的基本生活需求为出发点,很好地展示了社会性设计发展现状,为传统与现代并存的"第三世界"服务,现代设计开启了积极、有益的探究和实践。

2. 为"第三世界"的设计尝试

为"第三世界"的设计是无国界的,国际上很多工程师、设计师组织,利用他们的专业知识来增进人类的福祉。例如:"来自美国亚利桑那州大学联谊会的工科学生选择为非洲西部加纳共和国的马费·宗戈(Mafi Zongo)村庄设计一个供水及水净化的项目。项目旨在为30个以上的村庄、大约1万人提供安全的饮用水。在另一个项目中,来自美国科罗拉多大学的工程学生为卢旺达的马莱卡(Muramka)村庄安装了供水系统。

114

这个系统每天为村民提供 7 000 升安全水。它由一个重力式沉淀池、快速砂过滤器和太阳能驱动组成。遍布世界各地的大学和学院有许多无国界工程师、设计师组织的网站,具有范围广泛的项目,旨在为穷困地区提供技术和工程援助。"[20]P18 日本著名的设计师坂茂以其"纸管"建筑闻名世界,因其为"第三世界"的设计于 2014 年获得"普利兹克奖建筑奖"。他把纸管当做建筑材料是有着明确理由的:首先,看起来很是脆弱的纸管其实具有惊人的强度与耐久性,适宜建造长期存在的建筑物;其次,生产纸管的设备简单而又成本低廉,获得这样的建筑材料容易而灵活,且不太需要慎选生产场所;还有,废弃的纸随时都可以再次利用。阪神大地震时,坂茂使用这种纸管设计了临时住宅、教堂。在卢旺达的难民营为联合国的"难民高级专员事务所"工作时,他又将纸管当做难民营的结构材料。在卢旺达,如果难民营使用木材的话,会造成森林资源的枯竭。如果建造的房子太过高级,又会使人民定居下来,偏离了原先的用意。因此,他就把难民营做得很像简易帐篷,这一点"纸管"最为合适。此外,2000 年德国汉诺威世界博览会的日本馆,也是坂茂用纸管来建造的。这个高约数十米的巨大拱形空间,全部用纸管建成。这是因为考虑到展览会馆场地的限制,以使用完后马上可以再回收为出发点做的设计。这两件设计都是既不浪费资源同时又合理地达到了目的的典范。纸管成了最合适的建筑材料,并已经成为坂茂的一个重要设计理念。[21]P42-80

图 3-26 日本著名的设计师坂茂及其设计作品

宜家家居创始人 Ingvar Kamprad 认为:所有人都需要、也可能活得有尊严,力求以不分贵贱的设计改变大多数普通人生活,尤其是第三世界贫困群体的生活。2017 年,《家居生活报道》中有一期专为难民设计的 Better Shelter 建筑项目,该项目由宜家基金会和联合国难民署共同合作完成，旨在探索全世界人的更多生活可能性，以及还难民应有的尊严。整个建筑只使用 68 种全部可回收的材料，且房屋只需要 4 小时就可以组装完成，依靠太阳能板发电，可容纳一家五口人如正常人一般居住，获得了2016 年伦敦设计博物馆的 Beazley 年度设计奖。

图 3-27　宜家家居创始人 Ingvar Kamprad

图 3-28　Better Shelter

三、为了女性的设计

人类自进入父系氏族时期，即以父权为中心建立起组织与文化结构，由父系制度、父居制度、父姓制度为基本纽带构建起父权体系。从父权体系派生出来的劳动分工制度直接和生产成果的占有程度紧密联系，女性无论在价值、功效、等级等方面都处于弱势地位，女性被限制在家庭和生殖、育养领域，其社会地位与存在价值由占统治阶层的父权、男权来制定。在人类文明进程中，以父权社会背景派生出的文化价值体现出男性主宰，女性服从，男性优越，女性低劣，一切以维护父权为目的，甚至在儒家经典和基督教教义中都明显含有"厌女"的成分，导致无论在宗教、政治、经济、学术、教育、艺术、设计等方面，都显示出男性支配范式的非自然秩序的特征。

（一）"女权主义"的萌芽与发展

在欧洲文艺复兴和宗教改革时期，人文主义学者针对封建等级专制和宗教神权至尊提出"人权"概念，倡导"人人平等"，潜含"男女平等"的意识，如彼特拉克、薄伽丘、蒙田等人文主义者在婚姻家庭领域呼吁"男女平等"，发出尊重女性的声音和女性觉醒的意识，播下"女权主义"萌芽的种子。早在 1789 年，奥林柏·德·古杰（Olympe de Gouges）提出的"女权宣言"（*Declaration of the Rights of Women and of the Citizen*），要求废除一切男性特权；1792 年，玛丽·沃斯通克拉夫特（Mary Wollstonecraft）出版了《为妇女权利辩护》（*A Vindication of the Rights of Woman*），反思了女性的屈从地位，呼吁女性应享有与男性同等的权益，及至 19 世纪后半叶，约翰斯图尔特·穆勒撰写了《论妇女的屈从地位》一书，掀起了保护妇女地位、争取妇女权利的女权主义运动。学界通常认定"女权主义"（Feminism）成形于 19 世纪末的法国，法文为（feminisme），由法国争取妇女选举权运动中的关键人物欧克蕾（Hubertine Auclert）首先提出。有组织的女性解放运动出现于 19 世纪，1848 年首届女权大会在美国纽约州召开，20 世纪初，女性解放、男女平等相继被西方主义资本主义国家所接受和倡导，1920 年、1928 年，美国和英国女性相继获得选举权。这一阶段的女权运动以谋求女性在社会中的家庭、地位为主旨，以女性参与社会建设、获得就业机会为目标，在财产权、选举权方面获得胜利，但女性的独立地位并没有实现，对艺术设计领域影响不大。

在西方男权社会意识下，规定和宣扬"女性气质"，认为女性有与男性不同的本性，妻子、母亲是她们最适宜的角色，家庭是实现她们最大价值的场所，而教育、工作是她们实现女性本质的障碍。贝蒂·弗里丹（Betty Friedan）通过自身实践、女性调查，结合自身的烦恼、困惑和觉悟写出《女性的奥秘》（*The Feminine Mystique*）一书，提出"女性奥秘论"，在书中，她对男权社会意识表述了怀疑和质问，推动了 20 世纪 60、70 年代女权运动浪潮。这次运动认为：必须继续批判性别主义、性别歧视和男性中心主义，反省"女性气质"对女性的束缚，认为所谓"男性特质"和"女性特质"是后天文化教养的结果，而非自然的本质特征，拒绝被传统文化所绑架。这一阶段具有浓厚的政治色彩和强烈的实践意识，如 1970 年出版的凯特·米利特（Kate Millet）的《性政治》（*Sexual Politics*）一书，又译作《性权术》。凯特从政治角度，就意识形态、阶级关系、教育体系、文学艺术等多个方面论述两性关系的支配与从属地位，揭示文化中根深蒂固的性别压迫与被压迫现象。

《女性的奥秘》

贝蒂·弗里丹

图 3-29　贝蒂·弗里丹与《女性的奥秘》

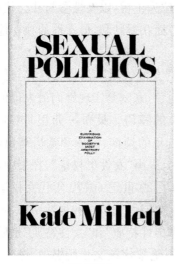

《性政治》

凯特·米利特

图 3-30　凯特·米利特与《性政治》

　　20 世纪后现代主义以来，人们开始质疑"男女平等"这一女权主义的根本要求，男性与女性都受制于种族、地域和国家，女性应该同哪一个阶层、种族、国家的男性平等，发出对"男女平等"的诘问。美国少数民族女权主义者芭芭拉·史密斯（Babara Smith）在其"论黑人女权主义文学批评"（1977）一文中提出应当建立黑人女权主义文学批评价值体系，以抗衡以白人女性价值观念形成的"女权主义"。1990 年 6 月，在美国俄亥俄州阿克伦召开的全美女性学者联合会（National Women's Studies Association，NWSA）第十三次年会上，参加会议的有色人种女权主义者抗议联合会总部的种族歧视行为，标志着女权运动呈现出"去中心""去白人化""解构"的发展趋势。

　　"女性主义理论流派虽然各有特色，但是彼此之间并不存在一个明晰的分界线，而是在论争中不断地分化、组合，越来越呈现出一种多元化的局面。但是无论怎样分化组合，女性主义理论都有着一个基本的前提：女性在全球的范围内都是一个受压迫的等级；和一个共同的目标，即在世界范围内实现男女平等。"[22]P224正如电影"奥兰多"通过一个变换性别者四百年的经历，以一个个体的命运反映一种强烈的性别意识，象征着女性主义几百年的沉浮。影片中夏默丁启发奥兰多说："一个女人不应该把自己封死在女性的美德中而无法自拔"，是导演试图打破传统社会性别之分及其对于女性的歧视与弱化的固有理念。当影片中主人公

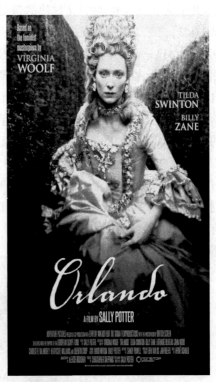

图 3 - 31　奥兰多海报

奥兰多依在 400 多年前的大树下，听着天空中传来的加百列大天使的美妙歌声，她终于明白，她不用依靠任何人，不用为了爱而牺牲自我，她为获得自由喜极而泣。如今，女性主义虽然没能改变根深蒂固的男权世界，但女性不再受命运的桎梏，将过往尽数抛弃，在获得新生后带着永恒的生命力走向未来。

(二) 中国女权意识的觉醒与解放

中国漫长的封建社会将人的性别与自然界的"阴阳"现象相对应,联想、映射两性之间的主从权力关系,把两性之间的社会权力的分配关系置换成天命的自然分工关系,并形成一套天经地义无需辩驳的权威理论体系,延续数千年。人从一出生开始,就被赋予了不同的性别、不同的使命与地位,作为人的自然角色被弱化。"男女平等"观念传入中国是在"五四"时期,并成为新文化运动中反封建的口号和旗帜,争取妇女解放就是五四运动的目标之一,最初出现在"五四运动"先锋期刊《新青年》的内页。与同时期欧美女权运动不同的是,中国的女性解放首先要求获得婚姻自主权,五四运动的旗帜性刊物《新青年》出版"易卜生专号"倡导妇女应该享有婚姻自主权,对儒家传统价值观念中的女性形象进行批驳和反抗。同时,鲁迅、李大钊、胡适、周作人等著书立说,掀起了中国历史上第一次妇女解放运动的高潮。洋务运动的器物制造是消化西方物质文明,戊戌之后转而学习西方的制度文明,及至五四运动,倡导妇女解放这类思想观念上的改革意识对传统社会体制产生巨大的冲击和影响,呈现出"物质、制度、精神"由简单到复杂的三个层面。西方的精神文明成为国家精英阶层学习的重点,成为有识之士的最终渴求。

图 3‑32 老上海穿旗袍的女人

20世纪20年代至30年代,经由上海都市与消费文化的双重洗礼,"新女性"的现代女性形象已遍布中国视觉媒体占据的公共空间。"伴随这次新文化运动对女性政治力量的更新——成为'政治意识觉醒的、爱国的、独立的以及良好教育背景的'。"[23]P115-147 20 世纪 30 年代的上海电台广告宣传策略是以新式家具、旗袍、自行车、汽车、马具、台球、香烟、台灯等各种西式或新中式的道具来塑造时代消费女性的自信形象。"女明星代表的时髦风尚迅速成为大众文化的符号,消费选择直接与自我形象挂钩时,美感、时髦、新颖、材质、风格、样式等成为中上层女性消费者主要考虑的要素。"[24]P141 于是,从观念到行为再到器物层面,关于女性形象的变革、文化更新从此一发不可收,出现了各种无法预估的新态势。现代化的都市文化中,女性成为消费文化的重要力量,"妇女的解放运动使更多的妇女走出家庭,以女性的视角看待人与自身、人与社会、人与他人、人与自然的关系,帮助女性发现自我、了解自我、认识自我,从而以新的姿态和心态进入新的生活方式,展示女性自身的韵致。"[25]P184 她们一方面主宰家庭类消费,一方面实现自我身份认同需求的消费,尤其后一种消费正逐渐苏醒向社会时尚方向发展。

中国女权意识下的新女性形象与其他国家的不同:在西方国家,新女性形象往往成为践行或呈现女性主义原旨精神的关键文本,跟随自己意愿诉诸自身的需求,具有鲜明的个性特点。而中国新女性往往被按照新的知识对象进行不断的规训,以社会道德模范的形象呈现给世人,她们不能表征出选择自治与意识独立,有明显的局限性。

(三) 女权意识在设计中的体现

在人类数千年的文化进程中,相比于男性,女性在日常生活、习俗、行为等诸多方面所受到的规范、约束甚至禁忌较多。在传统男权社会中,女性没有绝对话语权,其在社会、集团、家庭中所处的地位较低,甚至失去作为人的身体、人格的完整性。无论是东西方,出于体现男权、等级的需要,都存在对女性身体实施摧残、思想进行压制的文化现象,有悖于人类文明的发展。如在东方中国实施数百年的缠足习俗,西方自宫廷延伸到民间的束腰,皆是以男性的审美标准来要求女性做出的身体牺牲,或是女性为了迎合男权而不得不付出的代价,其呈现出的美是不健康的,其相关服饰设计对于女性来说是不善的、是有悖于伦理的。无论是缠足还是束腰,都是东西方特定历史时期产生的审美嗜好,是一种特定的意识观念,但是这种审美观念对女性身体甚至精神造成的伤害是无法挽回的。

到20世纪，宣扬妇女解放的呼声越来越高，女性被要求参与政治、经济、体育等各项社会活动和工作，骑自行车、打网球、户外运动、出入职场，相关的妇女服饰发生了巨大变化，从逐步改良到最终抛弃S形或A形服饰，把服饰的中心放到保护女性身体健康、突出女性自然美的形态上。如法国服装设计师保罗·布瓦列特打破了女性紧身胸衣的垄断地位，力求把女性从紧身胸衣的控制中解脱出来，以新时尚、新时装的思想理念启发女性、服务女性，关注女性身体的自然形态，倡导女性自然之美才是真正之美，受到法国妇女的喜爱而成为当时的时尚。时尚女王可可·香奈儿认为，作为女性不能成为男性的附庸，而应该创造一个属于自己的精神世界和生活空间。她认为：妇女的服饰设计要从妇女本身的角度出发，以女性自身的舒适和美观为核心，强调服饰设计要体现女性的独立性，没有独立性的女性服饰设计就没有女性的人格，没有人格也就摆脱不了对男性的依赖。她反对那些取悦男性的服饰设计，如各种累赘的皱褶，刻意应用在胸部、臀部的性感装饰，她甚至指出女性不仅仅要从身体上抛弃紧身胸衣的束缚，还应该从思想意识等深层面抹去对男性的依赖。她改变了时装设计的规制，改变了服饰的欣赏角度，尤其扭转了以男性为中心的设计立场。在她的影响下，服饰设计针对女性日常生活、女性参与的社会活动展开，甚至拓宽到为女性设计的其他物品，如专门为女性设计的洗衣机、家具、汽车等。

图3-33　保罗·布瓦列特及其作品　　　图3-34　香奈儿

美国女权主义在20世纪60年代提出关于女性的三大批评："形象批评""中心批评""身体批评"。"形象批评"指在父权世界里，女性的形象呈现两极分化的特征，要么把女性贴上天真、可爱、善良、美丽的标签，要么给女性冠以恶毒、淫荡、自私、狭隘的蔑称。美国学者肖沃尔特（Flaine Showalter）在女性文学批评与实践中揭露的"厌女现象"，即在作品中把妇女描绘成天使或怪物的模式化形象。从设计的角度来看，女性在接受设计产品时被看作消费者，以消费者的形象出现，有必要对女性消费者这一形象进行维护，以体现女性的尊严、焕发女性的魅力。香奈儿摒弃了当时花哨、繁杂的流行样式，在面料、设计细节与制作技巧上求新求变，设计出香奈儿小黑裙（little black dress，LBD），这款独特的时尚杰作享有百搭易穿、永不失手的声誉，在彰显了"现代经典"的同时，更赋予了一种全新自由的女性美。考虑到女性的消费者形象，在诸如超级市场此类女性经常光顾的公共场所，其设计相比其他公共空间更具有女性特质。通过购物、消费，女性争取健康、安全、无性别歧视和其他要求，即女性通过消费对社会施加影响，彰显女性的社会地位。

图 3-35　赫本经典小黑裙　　图 3-36　第一个穿裤子的女性
玛丽·爱德华·沃克

　　"中心批评"旨在挑战父权，从性别差异的角度凸显女性的优势，赢回女性自身的尊严，反抗以父权为中心的压迫，颠覆使女性失声的二元文化系统。1984 年，《建筑环境》（*Built Environment*）推出了主题为"女性与环境"的专号，其中"子宫"建筑小组（Matrix）的创建人之一约斯·博伊斯（Jos Boys）就对我们所处的环境发出这样的疑问："存在女性主义的建筑分析吗?"她撰文说道:建筑通过空间来界定人群,以物质形式、组织方式来表现人们对社会关系所持的观念。在传统社会习俗中,女性一直被束缚在家庭空间之内,这是社会赋予女性的"适合场所"(proper place),长此以往,当女性被置身于公共空间时,潜在的忐忑、不安,甚至威胁让女性缺乏归属感和安全感。约斯·博伊斯所呼吁的"不是要制定一个新规则,她追求的是一种崭新环境,在这个环境中,批判的女性主义能够开展关注女性的环境设计活动。因为,目前哪怕是再优越的厨房和居室设计所带来的所有好处,也不能真正解决女性被家庭束缚的问题,除非我们不再将家庭视为女性空间,而是将之看作是人类的居住空间。"[26]为女性的设计不应该受到逻各斯(Logos)和任何"中心主义"的约束,消除二元对立(binary oppositions)的思维模式,确定女性生命之源的地位。如 YCC 概念车设计,考虑到女性着装可能出现跨越车门的不便,因此在车门打开的同时,车门下缘门槛会向外翻出,车身底盘可以升降(60 mm),便于女性跨入。同时考虑到女性手拎物品,腾不出手来开车门,可以借语音识别技术对女性提供帮助。通过对男性话语的反驳,对父权体系的挑战,对女性身份、地位的重新定义,设计经由女性的视角获得了审视与解释人与人、人与社会、人与自然环境的新观念、新方法。

图 3-37 适合女性的 YCC 概念车设计

关于女性"身体批评"出自女性对于自身不证自明的性别、身份标志,在二元制性别社会里,他(她)都是从特定的文化、种族、阶级以及社会性别、所处时代所养成的立场、观点出发,从事各类文化艺术活动。在父亲与母亲、丈夫与妻子、文化与自然、白日与黑夜、阳刚与阴柔、理智与情感、主动与被动等一系列二元对立的标题下,改变其中对女性产生影响的负面定义。如农夫山泉矿泉水瓶设计,原先瓶装水的设计没有考虑到女性身体的尺度,不利于女性用手取出和把握。改进后的农夫山泉母婴矿泉水一升装瓶身较矮,重心下降,瓶身直径很大,为增加把握的稳定性,设计师在瓶身做了一个棱线处理,父亲的手较大,适合从背后抓取,母亲手较小,可以从正前方把握,这是一个考虑到女性用户体验的设计产品,给人以安全、可信、周到感觉,较好地体现了产品和人的关系。这款母婴水产品设计,从女性用户身体角度考虑,赋予两性同等地位,针对身体的区别设计传达给大众一个安全、可靠的人文关怀。

图 3－38　农夫山泉母婴矿泉水瓶设计

总有人把"女性主义"等同于男女平等,仿佛追求与男性一样的生活方式是其最终目的。其实,女性问题并不是要女性成为男性或像男性一样,女性主义和性别无关。正如日本性别主义研究学者上野千鹤子说的:"与其说女性追求平等,不如说女性更希望获得自由,能够想按照自己的意愿自由地生活。"[27]在信息化、国际化、多元化的今天,性别已经不是社会分工和职业岗位考究的重要因素,即男女性别差异弱化,社会分工趋同。当今,基于女性性别、身份标志的"身体批评"从不证自明到无需证明的社会发展阶段,从某种程度上意味着,摆脱男女不平等的价值观、建构具有两性特质的、包容的伦理认同体系的可能。即身体、性别因素模糊,工作、生活的环境不再固定,两性思维、行为趋同并呈现彼此接近的态势,给"中性"设计留出相应位置和发展空间。

(四) 设计中男权意识对女性的伤害

现实生活中,基于性别的不合理设计多是从男性的思考角度出发,从男性自身的利益考量,对女性进行规划和创想,为女性设计了一套从属、被动、依赖性的受用角色。正如非利帕·古多尔所说:"我们生活在一个由男性设计的世界里。所以用'man-made'指代那些用自然物质制造的大量物品不是没有原因的。"[28]P199相比男性,持有汽车驾驶执照的女性较少,尽管女性通常被认定为汽车的消费者,但汽车在设计上也很少考虑到女性的使用要求。整个 20 世纪汽车的设计和内涵主要都是男性化的,有强势的男权意识。用弗吉尼亚·沙夫的话来说:"美国大众文化将汽车视为男性生殖器,能穿越时空,它的速度和力度只逊于强壮的男性试飞员驾驶的飞机。"[29]P137在《男孩与他们的玩具》(Boys and Their Toys)一书中,许多作者分析了汽车工业不同部门内的劳动处境,结果发现这些场所存在着很强的男性文化。[30]可见,具有高科技内涵的男性化产品来源于工作场所的男性文化,这并不令人惊讶。此外,还因为女性被要求扮演着"工作挣钱、家务劳作、照顾小孩多面角色,需要面对比男性更复杂、更多样化的道路,但汽车却又是'男性化的交通工具'"[31],在公共交通中必须有针对女性的设计,以改善女性公交出行的便捷和舒适,当牵着儿童车、推着婴儿车的女性时常抱怨公共交通的运行状况时,不可漠视女性在交通工具和公共场所真正的需要。

图 3 - 39 电影"快把我哥带走"中的男权意识

男女"气质"的不同,是社会、文化和心理影响相互作用的产物,这种由父权文化训导、后天形成的"男性气质""女性气质"被父权文化解释成先天命定的东西,长期以来成为剥夺女性各种权利的借口。2023年,联合国确定"数字包容:创新和技术推动性别平等"为该年妇女节主题,日益扩大的数字性别差距正在影响从女性工作机会到网络安全的方方面面。联合国秘书长古特雷斯感叹:由于科技的发展,女性被落在后面,全球有三十亿人没有接入互联网,其中大多数是发展中国家的女性和儿童,他还引用了更多数据表明,在科技、工程、数学等领域性别差异巨大,历史上长期形成的父权制、歧视和有害的刻板印象在科技领域造成了巨大性别差异。[32]当今城市化发展迅速,交通成为联结家庭和工作的唯一纽带,城郊的空间变化使女性远离了职场,父权文化下的"男性气质""女性气质"导致在科技领域的性别差异,同时也让男性疏于子女教育、家庭事务,不利于夫妻和睦、社会和谐。女性被歧视、被压迫的历史命运正是在这样的父权话语背景下形成的,这不仅是女权主义批判男权的起点,也是女权运动的社会前提。

(五)女性消费心理与为女性设计

"为女性设计"是指"以女性为消费群体"开展的相关设计和针对女性设计提供的相关服务。就具体设计而言:一方面女性注重设计产品的形式与色彩等外部因素,从直观上认识产品形象,追求时尚美感;另一方面观察产品仔细,注重产品本身的实用性,在产品的细节上体现自我意识。

首先,在生理和心理上的感受与体验,男性与女性存在较大差异,设计必须从这些差异出发对女性给予关注,设计不仅仅要体现外在的样式与风格,还应当从内在的功能与品质上考虑女性的身心需求。女性在家庭中的作用以及处理家庭日常事务积累的经验决定了她们看待商品的角度不同。她们在购买日常生活用品时会仔细询问,本着货比三家、合理消费的原则,偏向关注于商品的实际效用,关注产品细微之处与日常生活的具体问题之间的联系,即对性能、功效、价格、使用等方面表现出更大的关切和更强烈的要求。

其次,从女性关爱的角度出发,从细节之中凸显女性的生理、心理尺度,体现设计的人性化诉求。广大女性消费者一般都有较强的自爱、自尊、自强心理,对外界的时尚、潮流及流行事物比较敏感。他们往往喜欢以自己的购买标准去评价他人的购买行为,也常常以别人的购买行为来审视自己的消费标准,总希望自己的购买是最明智、最便宜、最有价值的。对于一般商品的购买多以选择眼光,接受别人的意见,最终确定购买商品的内容,而对于自己钟爱的商品往往表现出极强的自我意识和自尊,甚至对别人的否定意见也不以为然。

再次,作为消费者这一角色,女性的消费心理具有广阔性和特殊性,易受外部因素影响,随时代的变化而变化。一般来说,男性较多地注重产品的基本功能,注重产品的效用,而女性比较注重产品外观以及形式表达的情感和时尚意义。即使在购置家庭耐用品时,如服装、鞋帽等商品,也偏向于对其包装、形象、情感特征方面的考量。即女性往往在外部因素的引导下,产生购买欲望。影响女性消费者的外部原因是多方面的,如商品名称、款式色彩、商品美感、商品品质、环境气氛等都可以促使女性消费者产生购买动机。相比男性,女性情感细腻、联想力强而理性弱,在给亲人购买商品时往往有冲动消费的趋向。

此外,现代职业女性既要工作,又要承担家务,所以她们偏向日常消费品的便利性,希望减轻、减少她们工作和生活中的劳动量、劳动时间。现代职业女性的工作和生活环境决定了需要从设计中体现对女性的关爱,在设计语言中增强女性化的成分以缓解她们的工作压力,设计形式与功用中关注女性身体和心理的健康。

总之,相较于男性而言,女性的心理较为敏感,设计的定位首先要超越产品的物性本身,延伸必要的意义和态度,凸显个性、品位等心理层面的服务需要,为女性提供一种更加积极、健康,充满温情的工作与生活方式。

参考文献

[1] 新浪网新闻中心.杭州日报[N].2007 - 07,20. http://news. sina. com. cn/w/2007 - 07 - 20/044612237420s.shtml.

[2] JIS S0021-2000 Guidelines for All People Including Elderly and People with Disabilities—Packaging and Receptacles [S]. Japanese Industrial Standards Committee, 2000

[3] 路透社.中国老龄化吸引投资者涌入[J].凤凰周刊,2015(7)

[4] 无障碍环境建设法.中国建设报[N].2023 - 06 - 30

[5] 〔美〕大卫·瑞兹曼.现代设计史[M].北京:中国人民大学出版社,2007

[6] 童芳.互动媒体设计[M].南京:江苏凤凰美术出版社,2019

［7］WWDC－APPle Developer. Designing Across Platforms. https：//developer. APPLE.com/videos/play/wwdc2017/806/

［8］陆江艳.设计的边界——设计标准的原理及构架［M］.南京：东南大学出版社,2017

［9］Billie Louise Bentzen. Detectable Warnings：Synthesis of U. S. and International Practice. US Access Board，2000

［10］楚永生.公共物品视野下农村扶贫开发模式研究［M］.长春：吉林人民出版社,2011

［11］〔美〕萨缪尔森·诺德豪斯. 经济学［M］.第14版.胡代光,等译. 北京：北京经济学院出版社,1996

［12］韩超,邵陆芸.“为贫困民众而设计”的伦理考量［J］.南京艺术学院学报,2015(3)

［13］〔美〕帕帕奈克.为真实的世界设计［M］.周博译.北京：中信出版社,2013

［14］王受之.世界现代设计史［M］.北京：中国青年出版社,2002

［15］李立新.设计价值论［M］.北京：中国建筑工业出版社,2011

［16］中国原创公益基金成立资助贫困地区传统工艺传承［EB/OL］. 新华网. http://news. xinhuanet.com/politics/2014－01/03/c_118822080.htm

［17］About TREVOR BAYLIS. The Inventor of the Windup Technology［EB/OL］. http://windupradio.com/trevor.htm/ January 6，2005

［18］奥尔多·利奥波德.沙乡年鉴［M］.侯文蕙译.长春：吉林人民出版社,1997

［19］Samuel Hay s. From Conservation to Environment：Environmental Politics in the United States Since World War Two［J］.*Environmental Review*，1982,(6)：21

［20］杨先艺,曹英,王昆.为弱势群体而设计——浅析设计艺术伦理学的新趋势［J］.美与时代,2009(11)

［21］〔美〕查尔斯·E.哈里斯,等.工程伦理概念与案例［M］.杭州：浙江大学出版社,2018

［22］〔日〕原研哉.设计中的设计［M］.济南：山东人民出版社,2009

［23］汪安民.文化研究关键词［M］.南京：江苏人民出版社,2007

［24］Louise Edwards.Policing the Modern Woman in Republican China. *Modern China*，2000,26(2)

［25］张黎.日常生活与民族主义：民国设计文化小史［M］.南京：江苏凤凰美术出版社,2016

［26］翟墨.人类设计思潮［M］.石家庄：河北美术出版社,2007

［27］〔英〕约翰·A.沃克,朱迪·阿特菲尔德.设计史与设计的历史［M］.周丹丹,易菲译.南京：凤凰出版传媒股份有限公司,2017

[28]〔日〕上野千鹤子.与性别无关,只想自由生活[J].参考消息·人物·先锋,2023-03-07

[29]〔英〕谢里尔·巴克利.父权制的产物——一种关于女性和设计的女性主义分析.见:〔德〕汉斯·贝尔廷,等.艺术史的终结.当代西方艺术史哲学文选[M].常宁生编译.北京:中国人民大学出版社,2004

[30] Scharff, V. Gender and Genius: The Auto Industry and Femininity. In: Martinez K.and Ames, K.L. (eds). *The Material Culture of Gender*, *the Gender of Material Culture*. Wintherthur, DE: Henry Francis du Pont Wintherthur Museum, 1997

[31] Horowitz, R. *Boys and Their Toys? Masculinity*, *Class and Technology*. America, New York/London: Routledge, 2001

[32] A.卡尔.迷途.卫报[N], 1988-03-08

[33] 古特雷斯.男女平等仍是遥远目标[J].参考消息,社会扫描,2023,3

新世纪以来，被称为网络时代、互联网时代、数智化时代。3D打印、虚拟现实、人工智能、量子技术、区块链、物联网等的出现，数字化计算力产生巨大生产力的同时，也推动了当代设计的发展与变革。这一时代人受互联网、即时通信、短讯、智能手机和平板电脑等科技产物影响很大，呈现三个消费趋势：从拥有更多转向拥有更好；从功能需求转向情感需求；从物理高价转向心理溢价。

尺度与温度的诉求使得人类的日常生活成为检验、丈量文化发展、文明进步的重要标尺，尺度与温度也成为现代乃至未来设计的要求与体现。

第四章　人与社会和谐关系的理智构建

设计解决的是人—产品—社会的关系,出发点或依据是现实生活中的具体体验和切实需求。借助于产品,在社会结构以及运行之中发挥提醒、引导、教化的作用,补充、完善、丰富社会文化诸形式,促进社会各环节的良性循环。社会是一个相互联系的共存体,不可分割,具有高度的整体性与契约性,社会的经济、政治、生产、道德、风俗等文化形式都影响着设计理念的更新,创作、审美标准的评定,甚至人与社会和谐关系的理智构建。

一、造物尺度与人的需求

当今人类生活在两个自然之中,一个是原生态的自然,她先于人类存在而存在,不以人类的意志为转移,她哺育了人类的成长、孕育了人类文明,我们称之为第一自然;另一个是人造的自然,是人类为适应第一自然、为满足人类生存生活的物质与精神需求,通过人类的智慧构建的一个服务于人类的"人造物"的世界,我们称之为第二自然。第一自然与第二自然都是人类尺度检验和测量的对象。

无论是第一自然还是第二自然,都有其维护自身正常运行、发展的规律和原则,相关规律、原则允许范围之内的尺度是维系自然平衡的基础,平衡不可以被打破,基础不可以被践踏,否则自然将会遭到破坏,所以遵守尺度是伦理的底线。人类赖以生存的自然存在多个尺度,如人的自然尺度、人文尺度、价值尺度、道德尺度、审美尺度等,尺度的综合构成和评价标准决定了人的观察、评鉴、接受方式与接受程度。

（一）自然尺度的遵循与突破

人的自然尺度指作为自然的人及其生物体的尺度,包括人体各部分的尺寸、体表面积、肢体体积以及人体肌肉、骨骼、结构组织的生物物理特性等。手长、肩宽、体重、身高等,决定了造物的尺度范围和设计极限,如在摩洛哥的聚落建筑中,"居民在确定建筑各个部分的尺度时,是依照人身体的相关部位的尺度而设定的,比如墙的厚度是依人肘臂的长度,窗框的宽度是四个手指并拢时的宽度,房间的高度是人直立时高举起手的高度。这样一来,人体的尺度和比例不自觉地移植和隐藏到了住宅当中。"[1]P6 "赖特设计了一系列以水平出挑的低矮大屋顶为特征的'草原风格'住宅,对此,他解释说,把建筑的层高降低,是为了适应一个普通人的感受,'依据人的尺度,我尽量把建筑的体量向水平方向延伸,强调宽敞的空间感受。曾有人说:假如我再长高三英寸的话,我设计的住宅将会是截然不同的比例。这也未可知'。"[1]P17

图 4-1　摩洛哥城市中的聚落建筑

理性科学体现这一尺度的学科是人类工效学即人机工程学,人类工效学即是在掌握和应用人体自然尺度的基础上,分析人机之间的各种组成因素,研究人与人造物之间的协调关系,寻找最佳的人机协调方案,为设计提供依据,从而为人类创造舒适和安全的环境条件。人类工效学充分了解人类的工作能力及其限度,使之合乎人体解剖学、生理学、心理学特征的一门科学，人类工效学是涉及生理学、心理学等的综合学科，也是现代设计学科中的重要分支学科。现在，人类工效学不仅应用于机械、工具等设计中，在环境、生产、安全等更广的领域也发挥着重要的作用。著名设计师亨利·德雷夫斯（Henry Dreyfuss，1903～1972）在产品设计中自觉关注人体尺度与产品结构的关系，他把人体尺度的相关数据运用于汽车内部空间设计之中，人类工效学与现代设计的结合使得产品更加注重人体的适应性和舒适感。如奔驰汽车公司20世纪90年代末期推出的V-CLASS汽车，车座设计充分考虑到人的各种尺度，具有折叠等多种功能的同时，设计更加精致、舒适。

自然尺度决定了人的观察与接受方式，如人的直立结构，拓展了人的视野、视觉机制，甚至改变了人的观察方式；自然尺度决定了人的评判与接受标准，甚至审美标准，如自然尺度中的对称、均衡等；自然尺度决定了人造物的基础，如身高、臂长决定了造物的尺寸和极限。自然尺度又是人力求突破的对象，如手工工具是人手能力的突破，车辆是人足力的延伸，都是借助设计创造实现人对自然尺寸的超越。人的自然尺度构成决定了人观察、接受或感受的指标，甚至审美的标准，是造物设计的基础，也是人力图超越、延伸、突破其制约的目标和意愿。人对自身的自然尺度既有遵循的一面，又有超越突破的一面。遵循的一面即设计中的"适用宜用""物尽其用"，超越的一面即"巧夺天工""科技创新"。

（二）人文尺度的层次表征

设计的人文尺度涉及设计的价值、道德、伦理、美学，以及设计与人和自然的发展关系等问题。在设计上，价值、道德、伦理的体现也有不同的层次、不同的尺度。如马克思所说：动物只按照它所属的那个种的尺度和需要来建造，而人却懂得按照任何一个种的尺度来进行生产，并且懂得怎样处处都把内在的尺度运用到设计上去。

尺度一：实用价值的满足与保证。人类造物的根本目的是满足人的物质与精神的需要，人与周围世界的一切关系的构建是以需要为根本前提的。人类生命活动的性质和方式，不仅体现在人类所特有的生命活动的需要，还体现在满足各种欲望的需要。为人设计的产品如果不能合其目的性、不能满足其需要，对人类来说即是无用之物。因此，从价值、道德、伦理意义上来看，人类价值意识中最基本的形式是物的功能需要，即实用价值，它关乎人类生存和延续,是人类生命本体价值最直接、最基础的产物。

尺度二:美、善价值形态的体现。道德价值是"善"的体现,"善"与"美"具有伦理意义。设计师从事产品设计离不开审美价值的创造和产品功能的实现,寻求"美"与"善"的和谐统一,最终才具有道德乃至伦理价值。中国传统文化中有"美善相乐""美善相通"的思想,高尚的道德称之为"美德","善"的即是"美"的,"善"与"美"是相通的并能够联系在一起。设计产品价值中还内含一定的道德、伦理、审美价值因素,即与审美价值紧密联系的"善""真"的设计是"好"的设计。

尺度三:具有长远意义的可持续价值。人类设计涉及道德与利益的相互制约,即所谓的"义利之辩""理欲之争",其实质是道德与利益之间的平衡与博弈。可以认为,当下最重要的是对生态和自然的尊重,有效利用、爱护和节约资源,一切"利""欲"都要遵循可持续发展原则,秉持绿色设计理念。合理有效利用自然资源,保护与维护生态平衡,坚持人类可持续发展方向。即以尊重自然和生态,最大限度地节约资源、爱护环境为基本伦理、道德原则。

(三) 人文尺度的价值体现

人类造物、设计为满足人的物质和精神需要而产生第二自然,是一种创造性的活动,具备使用功能即有效性,具有善的最初目的。设计产品的审美价值是在其功利价值的基础上产生的,一切产品的设计与生产直接表现为满足人的某种物质需要。功利价值作为人类社会中最早产生的价值形式,是由人造物的实用性与功能性所体现出来的。审美价值通过人造物外在的造型、形态和色彩来体现,并为人所主观感受,从这一点来看,产品的实用功能可以理解为审美价值的客观性。艺术设计的产品是美与效用、审美价值和实用价值的统一体,审美价值与实用价值一起构成产品的综合价值。

审美的价值尺度即审美尺度,属于精神价值范畴。通过设计过程、工艺加工、塑形和改造,改变原有对象的发生形式,产生新的形态和结构功能,创造新的"感性现实",即形成对象的外部形式变化、尺度大小、颜色亮度、表面特征等物理性质或自然性质。这种性质不仅为我们审美感知客体的纯自然现象所固有,也为具有审美价值的社会现象如艺术设计产品、艺术作品所固有。位于这种感性现实后面的价值体系来自人的认识与感受、人的审美感知、审美体验，即审美价值与道德价值的共建关系。

工艺美术和产品设计中，物的实用价值与审美价值的内在联系具有广泛性。但审美价值与道德价值是两种不同的精神世界，在现实中，有时善是第一位，美其次或不被考虑，如纯粹出于功能和使用目的的工具、器械，尤其是适用于特殊群体的设施、设备，善是设计考虑的必然因素，美往往退居幕后；有时美是第一位的，善其次或不被考虑，如有的艺术作品可能是纯粹的美，善不是其绝对必然因素，或直接缺乏道德价值。对审美价值来说，道德的价值有时蕴含其中，有时又独立于外，但总的来说两者并不形成矛盾，审美的和道德的两方面是互相适应的、紧密联系的，善适应美，恶适应丑，审美领域与道德领域交织而贯通。在产品设计领域，审美、道德具有较广泛的意义，具有相通、相同的价值表现。我们把体现实用作为合目的之"善"而与形式之"美"相通；把审美表达作为形式之"美"而与功能之"善"相同。因此，优秀的产品设计，一定是既有实用价值又具有审美价值的产品，是审美价值与道德价值统一的和谐产物。

（四）人类的需求、尺度与设计

心理学研究表明，人类的动机支配人的行为，而动机产生的根源是人的需求。所谓需求，主要是指人对某种目标产生的渴求和欲望，从根本上来说渴求和欲望是一种心理现象，与人类的行为紧密联系。人们的行为一般而言都带有目的性，常常是在某种动机的策动下为了达到某个目标而付诸行动，需要、动机、行为、目标构成了一个人类行为的活动关系，呈现无限循环和永恒发展的态势。

艺术设计的对象是产品、是物，但艺术设计的目的并非产品或物，而是力求满足人在现实生活中的物质和精神需要，即艺术设计是为人的设计，服务对象是人而非物。作为生物体的人，有来自生理方面的物质需要如饮食、出行、享乐、休息；又有来自心理方面的精神需要，如欣赏、陶冶、被尊重、被关爱等。需要是人类生活中的正常现象，人类的生存与发展过程就是不断发生需要、满足需要的过程，正如马克思指出的一旦人类满足了某一范围、程度的需要之后，又会游离出、创造出新的需要。如人类文明的初期，空间需要仅仅是出于实用目的，体现人的基本尺度需要，如依托自然环境规划祭祀场所、搭建祭祀建筑，体量、体积都相对较小；随着社会分工、阶级出现，城镇规划、城市建筑开始谋求与自然和宗教的统一，如古罗马时期建筑在体现崇高和震撼的同时,还凸显出绚烂、可贵的人文性质,体现出更高层次的需要。

人类的需要是多方面多层次的,具有阶段性和变化性的特征。亚伯拉罕·马斯洛(Abraham H. Maslow,1908~1970)认为:人的需要的层次是从最低级的需要开始,向上发展到高级的需要,呈现梯形状态,可分为五个基本层次。他对人的五种基本层次需要进行了解释:一、生理需要,这是人生存的最初需求,是人类需要中最基本、最强烈、最原始、最显著的一种需要。二、安全需要,这是生理需要得到满足后的进一步需要,安全需要包括多方面的安全,如心理上的安全、环境安全、经济安全等。三、社会需要,又被称作归属和爱的需要,在前两者需要满足后,社会性需要就开始成为人类强烈的目标动机。四、尊重需要,马斯洛认为人的尊重需要可以分为两类,分别来自两个方面,即自尊和来自他人的尊重。自尊包括获得信心、能力、本领、成就、独立和自由等愿望;来自他人的尊重即社会承认,包括社会威望、名誉、地位和社会给予的接受、关心、赏识等。五、自我实现的需要,马斯洛把人类的成长、发展、利用潜力的心理需要称为自我实现的需要。

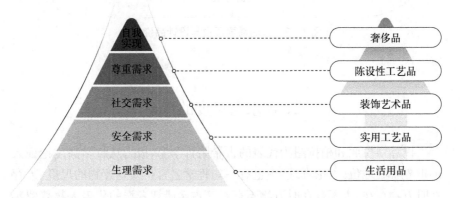

图 4－2 人的需要层次与设计工艺品

由于设计服务对象是人,是以人的需求为导向,随着人的不同需要的出现,设计也会针对相应的需要而呈现出三个发展阶段:生理的需求的第一阶段(实用与审美价值)、炫耀地位、科技含量、追求享受的第二阶段(附加值),以及节制、适可而止、品鉴、生存、可持续性(策略性)的第三阶段。按马斯洛的需要层次理论,我们首先把为满足人生存基本需要的造物品类,如生产工具、生活用具等放在第一位。为适应不同人、不同层次的需要,导致设计生产中诸如审美、装饰之类精神文化因素的发生,以及纯粹满足人的精神需要的陈设欣赏品类,我们可以酌情考量放在后几位。从实用工艺品到陈设欣赏工艺品类、宗教工艺品等众多品类的工艺美术品来看,正是迎合、适应了人类不同人群、不同层次的精神和物质需要的结果。可见,不同形态的产品,反映着人需求的阶段性变化和需要的多元化趋势。人的不同层次需要表明了人为满足需要所进行的劳动生产和创造,即人的设计行为和结果以及设计的本质特性决定了上述三个阶段、五种层次需要的内在规律。(如图)

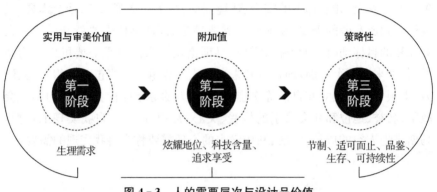

图 4-3　人的需要层次与设计品价值

二、需求与尺度的悖论

以苏格拉底和柏拉图为代表的古希腊哲学家,极力从哲学高度论证人的世界中心地位。《论真理》中也有一句哲学名言:"人是万物的尺度,人存在时万物存在,人不存在时万物不存在。"古希腊智者派的代表人物普罗泰戈拉(Protagoras de Abdera,公元前 480～408)宣称"人是万物的尺度(Man is the measure of all things),是存在者存在的尺度,也是不存在者不存在的尺度"。这说明衡量万物唯一的标准就是"人",一切都因服务于"人"而存在,服务"人"的程度,决定了存在的价值。设计也是如此,必须体现对人的尊重与关注,才能彰显其存在价值。设计是人类有目的的实践活动,在改造自然过程中体现出主动性和能动性,是人类对自然作用的印证,是人类自身文明进步的标准,人类的需求无不彰显着设计成就的光辉。

人在造物的开始不是为了享受而是针对自身的缺陷和不足，以及缺陷所带来的物质和精神上的"痛苦"或"需求"，而解决"痛苦""需求"的方式是将自身的身体构造、属性、情感的各种方式投射于物件之中。人类的"痛苦""需求"是无止境且循环反复、不断攀升的，而人类赖以生存的自然及构建的人造自然其运行、发展需要一定尺度的维系，不可避免地出现人的需求与造物尺度的矛盾。当人类无限制地满足自己的需求，无限制地扩张商业和消费，给自然的尺度造成巨大的压力。设计产品过分强调"功能"的齐全、丰富，漠视"形式"的变化，不顾大众文化、心理、情感的诉求，导致设计产

图 4-4　古希腊智者派的代表人物普罗泰戈拉

品的粗糙、僵硬、冷漠、单调的"同质化"设计产品现象；或一味突出"形式"的美观，工艺的考究，奢侈、炫酷，忽略了造型与功能之间的本质联系，背离了大众的精神需求，超越了社会、环境的承受程度，都是伦理失位造成的。

人类的无止境需求导致对工业化方式与方法在精神上的过度依赖和迷恋，形成了以物质丰富、经济增长、技术进步等为价值评判的标准和体系。物质化人格的形成、社会主导性价值坐标的确立，其直接后果是"以物取人"。人的物化和物的异化也影响到地球资源的过度开发和生态环境的破坏。设计需要重新调整人与自然的关系，尤其是伦理范畴的关系。1976年4月，由国际工业设计协会联合会主办，旨在探究设计的社会性质和设计师的社会责任的研讨会在英国皇家学院举行，最终出版了《为需求的设计：设计的社会贡献》(*Design for Need：The Social Contribution of De-sign*，1977) 一书，书中提出："在人类需求方面存在着一定的问题：人们是否能分辨真正的需求和虚假的需求？是否能区分真实的需求和现代营销广告的忽悠？"[2]P53 从人类自身的发展以及维护自然平衡的角度，有必要在设计中融入相应的约束标准、原则，倡导、执行健康、良性的生活方式，构建一定的价值体系，制定一系列决策和行动指导标准，即构建起设计伦理规范。只有基于价值、尺度、需要的基础，设计伦理意义才可以体现，设计伦理体系才能够构建。

从消费层次上来看，首先解决生存需要，即衣食住行等生活基本问题，

其次，满足共性需求，即流行、模仿等大众的安全和社会需要，最后，追求个性需求，即小批量多品种，以满足不同消费层次的需求。前面两个层次是大批量生产的生活实用品，"物"的附加值较低，后一个体现人无我有，人有我优，是高附加值设计产品。当下，高度发达的信息化，加速科技成果的转换，设计是创作高附加值的商品竞争的有效手段，设计时代是体现附加值时代，而设计师的艺术感悟是提升产品附加值的重要途径与手段。如果说设计是为了满足人类的物质和精神需求，那么设计伦理就是在此基础上协调好人与自然、人与人、人与社会的多种关系，其本质是对自然—人—社会系统科学的认知和开发，趋于和谐并获得价值和文化的认同，即人类不能以自身的需求挑战自然存在的底线，这是需求与尺度的悖论下最为现实的设计哲学。

三、设计的尺度与标准

设计是一种创新行为，但创新不能够无边无际、天马行空，需要标准进行规范、约束，设计标准既是设计的边界，也是设计的尺度底线。《考工记》开篇一句"知者创物，巧者述之守之，世谓之工"，"把百工之事的传承分成了'创''述''守'三个步骤，而其中的'述'恰恰是一种'标准'、一种'制度'与一种'价值的认同'，在这个'述'字中实际上包含着《考工记》真正的主题。"[3]20世纪80年代，社会思想家阿尔文·托夫勒（Alvin Toffler）在其《第三次浪潮》（*The Third Wave*）一书中预言：未来社会是"自由化的"和"自然产生的"，在信息化、服务业阶段，标准将不复存在。但时间证明，标准在今天不但无处不在，而且从伦理的角度来说，可持续发展的未来，标准更加重要。

（一）"标准"的理解与执行

就设计和产品的关系而言。有"标准化设计"和"设计标准"两个概念：国际标准化组织 ISO 对于"标准化"这一术语的定义是："为在一定范围内获得最佳秩序，对现实的或潜在的问题，制定可重复应用答案的活动。"[4]P15-16 毋庸置疑，标准为获得最佳秩序提供结论和答案，而标准化是制定这一类答案的一系列相关活动。"标准化设计"是关于工业化制造过程的规范性构想、规划，"标准化设计"的目标是对建筑环境、交通运输、公共设施、工业产品等实施"标准化大生产"，以理性的设计来实施生产与建设的过程。"设计标准"是实现这一设想、规划的必要前提，是实现这一目标可估算、可控制的手段和方法。因此，"设计标准"与"标准化设计"互为表里，都是现代乃至未来设计伦理的核心问题。

对设计而言，有两种意义和指向的"设计标准"：一是针对"设计行为"的标准，即对设计这一专业行为的规范和制约，其中包括"设计责任"和"设计指标"两个方面。"设计责任"指专业设计师的伦理责任，即设计师必须遵守的职业准则和设计工作的行业标准。如2002年，美国设计专业协会AIGA刊行的《设计商业与道德》(*Design Business and Ethics*)手册，在这部手册里明确了设计师对客户、公众、社会、环境所负的责任，也标明了相关设计的费用、宣传、署名等方面的权利和义务，可见"设计责任"是设计伦理层面上的"设计标准"；"设计指标"是设计参照的指标和必须注意的标准文件等考量内容，明确规定设计内容的范围，是设计道德和设计伦理的界限。如针对儿童玩具、食品、服装等的安全指标，使用材料必须达到什么标准、不能出现何种问题；再如针对老年人设计的包装、容器，其开启方式和警示标志必须符合老年人的视力局限和握力大小等。"设计指标"这一层面和"设计行为"密切联系，忽略"设计指标"必然给使用人群带来不便，很可能给社会带来隐患，所完成的设计成果即使产品形态美观、功能良好，也难以获得广泛的好评，不可能被社会所接受。

二是针对"设计产品"的标准，即设计成果和设计对象所要达到的水准，是从产品安全、品质等方面对其制定的相关指标、规范和原则，有明确的考量体系。[5]P24-26如索尼对于产品的开发、设计和质量管理都有极高的标准，在产品设计和开发方面拟定了八大原则：(1)产品必须具有良好的功能性。产品的功能必须在产品还在设计阶段的时候就给予充分考虑，不但在使用上具有良好的功能，并且还要方便保养、维修、运输等。(2)产品设计美观大方。(3)优质。(4)产品设计上的独创性。(5)产品设计合理性，特别要便于批量化生产。(6)索尼本企业的各种产品之间必须既具有独立的特征，同时又应该有设计特征上的内部关联性。索尼的电视机、音响设备等都必须各自清楚，又同属于一个体系。(7)坚固、耐用。(8)产品对于社会大环境应该具有和谐、美化的作用。[6]P258当整体的质量、可用性、成本等其中一个维度超出标准，即使产品已投放市场，也必须召回就相关

标准做出改进。（如图 4 - 5）

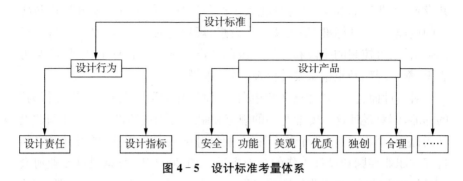

图 4 - 5　设计标准考量体系

　　考量设计产品的整体性指标可能有许多维度,对标准的理解也存在多重、多义性。当一个创新的设计出现时,当安全标准陈述比较宽泛或存在不止一种标准时,设计师该如何进行选择与应对,会受到伦理的反复诘问。20 世纪 60 年代后期,为了制造车重小于 2 000 磅、车价低于 2 000 美元的汽车,福特公司决定改换油箱的位置以腾出更多空间给行李箱,这就产生了涉及追尾碰撞的安全问题。一些工程师要求在油箱和突出的螺栓之间插入保护性缓冲装置,但福特公司认为该车型达到了现行标准,无须设置缓冲装置,但事实证明这是一个错误。毋庸置疑,设计师应该能够预见实践标准的负荷和极限,为安全考虑提供预留空间。五羊-本田摩托(广州)有限公司召回部分 WH125T - 11 型摩托车,梅赛德斯-奔驰(中国)汽车销售有限公司召回部分进口汽车等案例显示:尽管这将产生高昂的召回费用,但必须承担起伦理的责任,这也是伦理责任显示出的力量所在。

(二)"服务于人"的伦理本质

　　标准的发展经历了三个阶段,以针对产品品质标准为主要内容是标准发展的第一阶段;面向产品生产过程管理的标准是标准发展的第二阶段;对产品价值的管理,面向服务的标准是标准发展的第三阶段。第三个阶段与工业设计联系最为密切。"'现代营销学之父'菲利普·科特勒(Philip-Kotler)所提出的市场营销管理理论中,把产品分为三个层次,即产品的核心层、有形层和延伸层,三个层次互相结合才构成'产品'的整体概念。产品的核心层是指产品的功能和效用,是给消费者提供的基本效用和利益,是消费者需求的中心内容。"[7]P17 例如,美国 ASTM D 3475 - 2008 Standard

Classification of Child-Resistant Packages（防止儿童开启的包装用标准分类），英国 BS EN 862 – 2005 Packaging-Child-Resistant Packaging-Requirements and Testing Procedures for Non-Reclosable Packages for Non-Pharmaceutical Products（包装，防儿童拆开的包装，非药物产品用不能再次封闭的包装的要求和检验程序），法国 NF H00 – 202 – 2006 Packaging-Child-Resistant Packaging-Requirements and Testing Procedures for Non-Reclosable Packages for Non-Pharmaceutical Products（包装，防儿童拆开的包装，非药物产品用不能再次封闭的包装的要求和检验程序），德国 DIN EN ISO 8317 Berichtigung 1 – 2005 Child-Resistant Packaging-Requirements and Testing Procedures for Reclosable Packages（ISO 8317：2003；German version EN ISO 8317：2004；Corrigenda to DIN EN ISO 8317：2004 – 11；German version EN ISO 8317：2004/AC：2005；防儿童拆开的包装，可再次包装件的要求和试验程序）[8] 等。上述都明确表明产品的功能和效用以及产品的核心层面在现代设计中的基础地位。日本在设计领域对标准的研究起步较早、涉及范围较广，尤其是为达到通用目的而制定的设计标准非常细致且完善。如针对老年人和残障人士的日常生活用品设计，在操作、开封、危险识别等方面非常细致和明确。日本工业标准 JIS S 0021:2000《包括老年人和残疾人在内的所有人群的生活指南：包装和容器》具体内容包括：包装、容器如何识别开口和使用位置，如何把握容器。标准针对所有消费者，尤其关注包括握力低下或者视力衰减的老年人和残障人士。设计应该做什么？怎么做？在什么位置做？

　　国家标准化指导性技术文件，是为仍处于技术发展过程中（如变化快的技术领域）的标准化工作提供指南或信息，供科研、设计、生产、使用和管理等有关人员参考使用而制定的标准文件，发布后三年内必须复审，以决定是否继续有效、转化为国家标准或撤销。[9] 从属性上来看，我国的标准分为三类：（1）强制性标准，即强制性国家标准、强制性行业标准；（2）推荐性标准/T，即推荐性国家标准、推荐性行业标准；（3）指导性文件/Z，即国家标准指导性文件、行业标准指导性文件。从级别（执行标准的范围）来看，我国的标准分为四级：（1）国家标准，即需要在全国范畴内统一的标准；（2）行业标准，即没有国家标准，又需要在全国某个行业范围内统一的标准；（3）地方标准，即没有国家和行业标准，又需要在省级范围内统一的标准；（4）企业标准，即对企业自身的统一标准。[10]P265

设计是为了满足人类物质与文化的创造活动,只有通过服务才能达到设计的本质目的,服务必须予以规范,必须给服务品质提供可以量化的标准,只有在标准的约束和监督下,其他层面上的意义和要求才能在此基础上建立,"有用"的设计才能实现,日本著名设计师原研哉所说:"解决社会上多数人共同面临的问题,是设计的本质。"[11]P40"设计标准"所要构建的正是这一"有用""本质"设计赖以承载的基础。多年实践证明,标准化是企业增加收益,增强竞争力的有效工具,已然成为人类现代化设计的核心命题。但从伦理学的角度反思标准化设计,反思标准化的现代工业生产模式,必须回到设计的最初,即"为人服务"的原点位置。众所周知,疾病给人类带来的伤害和痛苦,我们无法避免,但针对相关行业中出现的如"黑肺痛""腰损伤""过累死"等职业病,借助有关设计参与改善工作和生活条件,强化预防措施、完善相关标准,降低伤害的程度是有必要的、可行的。尤其需要在标准中借助设计改进设备和完善程序,强化安全设计,避免安全帽不安全、护目镜不护目、劳动鞋不可靠等此类不安全设计而导致的不必要伤害。因为无论是工业生产模式还是标准化设计理念,其服务对象、使用对象是人,再完美的设计产品,再合理的设计过程,再有效的生产模式,产品的生产都必须遵从"为人所用"的价值取向,如果没有相关规范制约、标准要求,所有设计都是无价值的。

(三)标准化的发展趋势

进入后工业时代,标准化设计经历了关于产品设计本身的标准、产品生产管理的标准之后,已经不再满足于千篇一律的标准化设计产品,生活水平的逐步提升使大批量的生产方式转变为小批量、多样化的生产方式。"人们所需求的那些产品不是满足一般需要的产品,而是符合特殊的文化层次的产品,因此,产品有着明显的文化层面。"[12]"后工业文化是这样一种文化,它不再奉行那种一元论的产品政策,而以多样化、非集中化的方式制造产品。"[13]P111大众的日常生活是多元化的,既有个性化设计的需要,也有标准化设计的需求,其根本目的是服务于人。在当今信息化时代和服务型社会,"服务于人"的概念进入了"标准化"的范围,"标准化开始向人类活动的诸多领域渗透",意味着设计的发展进入了一个新的伦理辨析阶段。人类社会"需要标准和通过标准建立和维护其秩序的领域,已经不仅仅是技术领域和生产领域。由于标准所具有的鲜明的科学性和伦理性,使得它在社会生活中的权威性日渐增强。它对人们行为的规范作用得到广泛的理解和认同之后,标准化开始向人类活动的诸多领域渗透。可以预言,社会生活中的各个领域,只要哪里需要建立和维护某种秩序,标准化就有在哪里发挥作用的可能。"[14]P3 大众对标准的需求已经走向多元化、个性化,标准化成为"服务于人"的伦理标准时代已然来临。

后工业社会学学者、美国哈佛大学教授丹尼斯·贝尔(Daniel Bell)认为:现代社会是一个不协调的复合体,现代工业的高速发展使得政治、经济、文化三者之间出现了根本的对立,三个领域之间的价值观念和构造方面的矛盾越来越尖锐。他在《后工业社会的来临》中提出:"技术至上"原则在后工业时代不复存在,注重理论科学知识,以"智能技术"替代"机械技术",力求从商品的生产阶段过渡到社会服务阶段,改变人从属于机器的被动局面。阿尔文·托夫勒(Alvin Toffler)在《第三次浪潮》中把后工业生产称为第三次浪潮,相比第二次浪潮的工业,动辄生产数百万件、统一标准的产品,后工业生产的第三次浪潮呈现出生产周期短、个别定制的特征。"不久的将来,定做某些产品,并不会比今天小规模生产困难……我们正在走向完全定制产品的阶段……"[15]P200-201 体现尊重与关爱的个性化需求以及人性化消费思想的非群体性特征,使生产者和消费者合二为一、设计师与制造者再次重叠的历史现象将成为可能。

(四)人体工学是标准化设计的基础

在工业设计早期,机器的生产效率以及技术本身是人们关注的焦点,而对于使用机器的人却被长期忽略了,工业文明的高效和冷漠给长时间操作机器的人带来了身体的危害和心理的疾患。二次世界大战以后,人机工程学开始出现,至20世纪60年代逐渐完善和走向成熟。设计师开始考虑如何达到人、机、环境之间的最优化匹配,把人类造物的感觉和经验转化为科学的标准和精确的数据,构建现代理性设计的基础和依托,力求让使用产品的人舒适、便捷。人体工程学的创始人是美国设计师亨利·德雷福斯(Henry Dreyfuss,1903~1972),其所著的《为人的设计》和《人体度量图表》成为设计界普遍参考、执行的人机工学的主要数据和资料;他在设计中关注人的身体,倡导、体现人体的基本需求,主张适应人各项需要的机器和产品才是最有效的,即人机工程学。他与美国最早的职业工业设计师沃尔特·提格(Walter Dorwin Teague,1883~1960)合作,对人体进行测量,把人体工程学的研究数据、图表应用于波音707的设计中,最终设计出了舒适、可靠、安全、最佳的喷气式民用客机,受到广泛好评。随后,人体工程学应用于波音747、波音767以及波音777的设计之中,都达到了当时世界先进水平。

图4-6 亨利·德雷福斯与《为人的设计》(1955年)

图4-7 波音747

近现代,各类座椅的设计最能体现人体工程学的成果,也最能体现相关数据、标准对人本身的关注。无论是西方18世纪以前设计的椅子还是代表东方家具设计最高成就的明式座椅,多从古典艺术的审美角度或是体现人的尊严、仪态出发,设计力图体现使用者儒雅的文化气质和尊贵的社会地位。而人体工程应用于设计,座椅不仅仅注重艺术的美观和身份的体现,更多的是从人体健康、舒适角度考虑座椅的大小、高度以及各部件与人体的合理、和谐关系,甚至根据不同性别、用途而有更具体的针对性设计。如美国查尔斯·伊姆斯(Charles Eames,1907～1978)为办公室和接待室设计的软垫座椅;满足舒适、休闲需要,瑞典 IKEA 公司设计的波昂座椅;斯堪的纳维亚设计师汉斯维纳为腰疾患者设计的扶手椅。

图 4 - 8 美国的查尔斯·伊姆斯为办公室和接待室设计的软垫座椅

图 4 - 9 斯堪的纳维亚设计师汉斯维纳为腰疾患者设计的扶手椅

人体工程研究从人的自然尺度出发,改变了设计师的角度和设计的方法,由对物的关注转向对人本身的爱护,看待问题的新方式、新角度标志着设计的新价值、新思想。从产品转向人,以人为核心,以人的行为本身作为产品设计的基础,这种以人为中心的设计思想使工业设计的评价标准发生根本性转变,开启了可量化、可操作、可执行的伦理考量标准时代。

四、温度的体征与情感设计

近代西方伦理思想的人本主义传统线索主要有两条:第一条以感性主义为特征,强调人性中的感性层面,试图在个人利益的基础上,将个体与整体利益统一起来。这种感性主义的人本传统又经历了公开的利己主义、合理利己主义和功利主义三个阶段,从本质上看,它们都以利己为核心。如伯纳德·曼德威尔(Bernard Mandeville,1670~1733)提出的"私恶即公利"伦理命题、杰里米·边沁(Jeremy Bentham,1748~1832)的"最大多数的最大幸福"伦理追求,都是公开的利己主义的经典。另一条线索以情感主义为特征,强调人的本质既非感官的感受性,又非理智的思辨性,而是情感,道德情感是道德价值与人生价值的基础。情感主义人本传统的代表人物是英国伦理学家沙夫茨伯里(The Earlof Shaftesbury)、赫起逊(Fran-cisHutchson,1694~1747)和大卫·休谟(David Hume)。沙夫茨伯里被称为"人性鉴赏家",沙夫茨伯里的独特之处在于强调了道德行为和行为主体不仅要符合于"公众利益",而且要出于对公众利益的"情感"考虑。在他看来,只有出于正当情感的行为和行为主题才具有道德价值,理智本身虽并没有道德价值,但其间接地影响了道德的价值。他们试图以社会、个人与他人的关系问题以及功利与道义关系问题来建立道德理论体系,形成了近代伦理思想的人本传统。

现代设计强调"形式追随功能",倡导为大众服务,具有理性主义色彩,其最初的思想动机是为社会大众提供买得起的设计产品,改变以往设计为权贵服务的立场。实现这一诉求和愿望,具有曼德威尔和边沁的感性主义特征,毋庸置疑,显示出进步的历史意义和伦理价值。但单调的平面设计、简单的家具设计、刻板的工业产品,缺乏人情味高楼大厦,忽略了对使用者情感和心理等方面的考量,受到大众的批评、指责和抛弃。文丘里在20世纪70年代提出"少即是烦"的设计理念;查尔斯·詹克斯也宣告"现代主义已死"的设计观点,呼吁设计要体现人性,凸显装饰,提出"拥抱大众,拥抱通俗，拥抱大街"。此类迎合大众口味、大众文化的艺术设计口号推动了情感设计在产品中的重新定位。后现代主义力图修正现代主义、国际主义设计中的高度非人格化、高度理性化的风格趋向，对古典和传统艺术中的文脉给养，采用抽出、混合、拼接的方法，拓展设计的层面，赋予设计以时代意义，在玩笑、嬉戏、艳俗中形成了当代的具有文化个性的新样式，具有沙夫茨伯里等人的情感主义特征。"后现代设计思想的变化，反映出人们对过于理性、严肃的现代主义感到厌倦，希望利用新的装饰细节达到设计上的宽松和舒展；希望设计中有更多非理性的成分。"[16]P187可见，后现代主义关注受众的情感需求、心理需要，创造了新的设计观念和设计语言。相比现代主义、国际主义，后现代主义从使用者情感需要和心理功能出发，在设计中寻求人的心理需求、人的存在价值和人类的人文关怀，是自第一次文艺复兴后，人文主义在后现代主义设计中再次觉醒，具有积极进步的伦理意义。

埃托·索特萨斯（Ettore Sottsass，1917～2007）说："功能不是某种尺度，它是产品与生活之间的一种关系。""设计就是设计一种新的生活方式。"[17]P128索特萨斯在谈到灯具的设计时说："灯不只是简单照明，它还告诉一个故事，给予一种意义，为喜剧性的生活舞台提供隐喻和式样。"[18]P68

这位"孟菲斯"设计的发起人，力图打破现代主义的"优良设计"标准，在大众的日常生活中赋予设计以日常熟悉的亲和感。索氏的灯具设计不仅是简单的照明，更是一个可诉说的故事，给设计以新的阐释，具有人性关爱的伦理意义，被称为后现代设计的先驱。"功能只是产品和生活之间的关系，形式并不只是为了表现功能，它本身是一种隐喻符号，可以表达特定的文化内涵，材料不仅是设计的物质保证，也是一种情感的载体。因而一个形式与功能相矛盾的产品，只要它表达某种特定的情趣而令人喜欢，便有存在的价值。"[19]P82日本设计师津村耕佑

图4-10　索氏的灯具设计

曾经担任过三宅一生的助手,在成为独立服装设计师以后,创立了"FI-NALHOME"品牌。这个品牌不是简单意义上的时尚品牌,它极力探究的是人与服装之间的新关系。如对于尿不湿的设计,津村耕佑说他想通过自己的作品,为成年人找回穿着的尊严,同时也想证明尊严是可以通过设计来维护的。他的提案作品包括 T 恤衫系列和短裤系列。他在每件衣服的右下角都清晰地标出了其吸水指数,并且依据吸水性能的强弱,设定了三个级别:只能吸取轻微汗水的 T 恤衫、短裤为一级,尿不湿是吸水性最强的,被定为三级。再如纽约曼哈顿西侧 55 号码头 Little Island 人工生态岛上的系列公益设计,在产业密集的地方营造绿洲、搭建剧场,扩大人均公园面积的同时仍然不忘借助设计创造出新的生活趣味。

图 4-11　Little Island 人工生态岛上的系列公益设计

　　从索特萨斯的理论和津村耕佑的设计到 Little Island 人工生态岛上的系列公益设计,我们可以清晰地看到:设计为"人"而设计,设计更加注重人的情感交流、个性尊重、文化的认同,设计更加人性化、社会化,设计的伦理性要求变得重要起来。[20]P168设计与生活的关系紧密,设计回归生活且充满情趣才能彰显价值、焕发出勃勃生机。

　　体现温度的"情感设计"必然要凸显设计的"关怀"功能,诺曼博士在诠释设计与人类情感的对应关系时,划分出三个层次,并列出与之一一对应的产品特性:"本能层次的设计——外观,行为层次的设计——使用的愉悦和效用,反思层次的设计——自我形象、个人的满足、记忆。"[21]P27格雷夫斯自鸣式不锈钢开水壶设计,将水壶的自鸣哨做成小鸟式样以凸显幽默感,这些富有深情的名称,诙谐的样式,借助设计展现出特别的意义。Samulnoli设计的抱抱书架是一款非常生动的书架。它看上去就像一个被"钉"在墙上的小人儿,双脚弯曲,双手环绕,刚好可以抱住书本或其他杂物——拥抱知识。此类设计都已经超越了本能、外观层面,向具有愉悦导向的行为层面和更高层面迈进。(如图4-12)

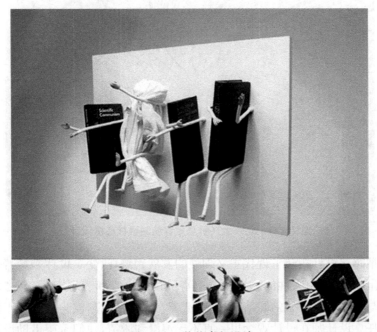

图4-12　抱抱书架设计

众所周知,现代主义设计的手术室,其室内和家具令人望而生畏,毫无亲切感,虽然基本医疗保健功能得到满足,但心理功能的满足度远远不够,甚至让人从内心里排斥。位于日本山口县光市的梅田医院,是一所妇科和小儿科的专门医院,这家医院的标识系统都是用布做成的。选择这种设计的第一个理由是通过柔化了的触觉空间传达出柔和的空间感觉。从伦理的角度,设计不能是没有情感的冰冷之物,需要在人格关爱的层面与用户建立关联,使用户在与产品互动过程中产生愉悦的情绪,给用户留下积极、正面记忆。"因此,设计所涉及的问题不只是单纯的尺寸上的合理、物理功能的完善。"[6]P17北京大兴机场旅客航站楼核心区设计有 8 个 C 型柱,这种"无柱感"设计可以为旅客提供最大化、通透性公共空间,在空间最大化的同时,也为旅客提供了最直接的通透视线,旅客可以清楚知道自己所在位置,找到想去的地方并目测出步行距离,整个建筑设计为旅客提供了非常友好的体验。对设计产品进行评判时,尤其需要关注使用设计产品的人,这个主旨必须在第一时间获得大众的伦理认同。

图 4-13 北京大兴机场旅客航站楼核心区设计

情感化设计扭转了现代主义理性的发展趋势,改变了设计领域普遍存在的沉闷气息,以人性的感情色彩丰富了设计语言和表现方式,努力发掘设计与人们内心深处的联系,为受众造梦、为设计许愿,成为设计师工作伦理责任。设计师在设计观念里一直不乏浪漫和激情,他们希望借助设计给身负巨大压力的现代人提供一个温馨、怀旧的亲情空间,进而缓解人与人在现代社会中的工作压力和信任危机。在国际工业设计协会联合会(ICSID)主题为"工业设计——人类发展的要素"的第十一届年会上,大会主席彼得罗·拉米兹·瓦茨贵兹(Pedro Ramirez Vaxquea)先生指出:"设计作为人类发展的一个重要因素,既可能成为人类自我毁灭的绝路,也可能成为人类到达一个更加美好的世界的捷径。"[22]P6大众期待着设计师担负起他们应该担负的社会和职业责任,借助设计为人类创建出一个"更加有温度的美好世界"。

五、设计文化中的情感表达

对于设计师而言,设计一件实物物品,与使用者在功能与情感上共同分享是绝对必要的,这意味着设计者对使用这件设计作品的人真正地负责和移情。情感体现必须借助设计的某种形式,感性、直观地预设情调氛围,营造感性基础,从而引发受众的注意,唤起共鸣。如我们为陶器选择适合的釉彩、考量衣着的装饰纹样、确定包装的繁复程度和工业设计中安全性、可靠性等因素。与川端康成、三岛由纪夫齐名的战后日本文学的巅峰人物太宰治在其《人间失格》中谈道:当自己知道横跨空中的天桥和饰以花卉、纹样的床单、枕套都是出于实用目的时,感到黯然失色、趣味顿失;甚至认为一家人日复一日坐在一起吃饭,就如同向蛰居于家中的神灵进行祈祷,是一种索然无味的仪式;相比地上的交通,太宰治觉得乘坐地下车辆显得别出心裁、趣味横生。为了应对人类生活中节俭、无趣的生活方式,太宰治选择的唯一应对方式和招数是"搞笑"。设计也是如此,如酒瓶塞蜡烛设计,将蜡烛做成酒瓶塞的形态,品尝时享受到一种富于香气的浪漫场景;再如温度变色杯设计,设计师 Sean Hsu 创意,根据水温变色,水温越低越透明,水温越高越鲜艳,借助视觉识别就能知道杯中水的温度。

"凡是超越本能的,人类有意识作用于自然界和社会的一切活动及其产品,都属于广义的文化;或者说,'自然的文化'即是文化。"[23]P26日本东京的 Klein Dytham Architecture 对建筑外观进行设计,把每个房子都套上一层绝美外衣,凸显表皮设计的非凡创造力。代官山茑屋书店是他们的代表作。书店的外表面是格子状的造型,由多个"T"字结构排列组合,"T"源自茑屋书店的名字。再如熊本县警察站表皮设计,以 FRETWORK(透射雕刻)的技法将日本传统工艺的美赋予一个老建筑的外墙,展现在大楼外装上,成为银座新的文化地标。文化情调的体现必须结合功能,并把情调落到实处,文化本身不作为吸引消费者眼球的噱头。瑞典宜家家具,造型丰富、简洁实用,不但具有合理的设计品质,还营造了小资情调和人文气氛;IPHONE 和 IPAD 系列产品,简洁的整体、圆弧状边角、可视化界面设计、经典的白色,成就"自然的文化",很好地体现了设计情调和文化功能。

这些设计完善实用功能、审美功能前提下,展现出良好的文化情调。

图4-14 "T"字书屋

设计理论界主张以满足人类本质需求代替满足市场的经济需求,由单纯的"商业设计"向"关怀设计"转变,这种"代替"和"转变"不是设计的乌托邦,而成为当今设计努力的方向。1992年,年轻的意大利设计师马西姆·约萨·吉尼(Massimo Iosa Ghini)设计的"妈妈"沙发颇具代表,该设计不仅仅是休闲、休息的沙发,更是具有保护、安慰如同温暖、舒适的妈妈怀抱一样的,甚至能给人提供梦想的设计,马西姆·约萨·吉尼直接称自己设计的扶手椅为妈妈。同样,盖当诺·佩西(Gaetano Pesce,1939—)设计的I Feltri扶手椅像花瓣一样高高的靠背给人以一个封闭的保护性空间,如同坐在一个温暖、安全的怀抱里。他们都在设计中充分考虑到精神、情感的需要,使

图4-15 马西姆·约萨·吉尼
设计的"妈妈"沙发

人在一把舒适、体贴、安全、放松的椅子上得到身体的休息和心灵的慰藉。

正如《论真理》里"人是万物的尺度"一样,一切都因服务了"人"而存在,服务"人"的程度,决定了存在的价值。设计必须体现对人的尊重与情感的关注,设计本质正在从"经济关系"过渡到"情感关系"。对此,我们有

必要认识到椅子的设计、制造不仅要安全、舒适,更要使孕妇或老人都能从坐着的椅子上优雅地站起来;包装设计应该考虑到常态使用时不需要特殊或专用工具来开启,更不能使人在开启的过程中弄断指甲或划破手指;工具和餐具拿起来要很方便。机械设备必须便于工作且能长时间运作;编织物不应纠缠在一起,也不该褪色。把对贫困及特殊群体的关心内藏在设计之中是设计伦理的主旨和要义。

物质本是没有生命的,可一旦与人建立起"情感联系",便被人类赋予了情感,就有了生命,这类生命不是短时的而是长期积累的,不是无根的而是有源的,不是单向的而是互动的。摄影就是这样一个绝好的例子,现在可以收集的相机和相关器械非常丰富,随着时间、精力的投入,达到的境界不同,或"嗜好"或"癖迷"。摄影过程使人联系到传统的射击、捕获、猎物,从而激发出人的本能因素。此外,操作相机感受到的重量与肌理,拆卸镜头发出的声响,器械部件滑动时金属的撞击和摩擦等互动情节。此外、部分人对哈雷机车、可口可乐饮品等的钟爱与痴迷,反映了人对原来无生命的物的崇拜和恋物程度。设计一旦给产品定义一个性格,也就给目标用户定义了一个性格,用户与产品之间的交互也如人与人之间的交互一样,时刻体现出关爱和尊重。如借助屏性媒介的阅读、导航、检索,模拟纸质翻页效果设计、人性化的图标定位,幽默、温情的图文提示等,强化物化痕迹的同时,为数码产品注入了人化意识。尊重与关爱是人性化设计的重要体现,借以实现产品与人的情感交流,进而凸显设计的叙事、娱乐,提升设计的价值。

当今大众日常生活中,除商业设计以外,出现了很多不是为了金钱目的或不仅仅是为了商业目的的"关怀设计"。艺术家李伟,创作了一件雕塑作品"你就是……",与其说这是一件雕塑不如说是一件设计,作品高约90厘米、宽约70厘米,与人的形体尺寸相当,在观看这件作品时,佛的轮廓能够把人包容进去,产生人与佛的形象重叠。瞬间顿悟的同时,也让人体会到温暖、宽容和关爱。佛的轮廓形象有极好的文化符号感,极强的视觉识别性,以佛的形象为创作载体,借佛学的博大,挖掘人的内心,关注人的命运;以这一禅宗文化符号形式来表达在当今复杂而冷漠的现实世界,力图为我们共处的社会贡献一丝情感温度,彰显情感的重要意义。

情感既可以体现在设计之外,又可以蕴藏于设计之内。设计是需要不断完善的艺术,在此过程中需要用户的积极配合、参与并持续使用,也就是

图 4 - 16 李伟作品"你就是……"

需要用户在使用过程中遇到诸如功能不便、释义模糊等细节问题能有一定的容忍能力，即以设计之外的人性关爱来弥补设计不足。正如微笑服务，即使店面狭小、简陋，但依靠店员耐心、周到的服务，仍然获得极好的口碑和赞誉；而如果店员的态度冰冷、麻木，即使硬件设施一流、产品质量出众，也难以获得较好的经济效益。对于职业的设计师而言，要为各种各样的人服务，就必须关注群体的标准与个体的差异，以真切的情感处理好个性设计和通用设计这一对矛盾。此类情感的体现是人与自然生态、社会生态的平衡。

众所周知，手工造物中浓缩着手工艺人的情感，与大机器生产产品不同，它是情感的产物。如扇面表设计，将普通表盘上的刻度替换为一张手工折叠的黑色纸质扇面，均匀分布的折痕类似喷气式飞机发动机的喷口，虽然不能精确地识读时间，但却有满满的亲切感和时尚感。因此，在现代设计中提倡传统工艺，在现代大机器产品设计中考虑人在使用中的情感因素，是现代设计的重要方法。进入后现代或信息社会，汲取传统造物中的非物质成分是虚拟设计、数字设计、情感设计的重要特征之一。

六、共享设计：和谐关系的理智构建

众所周知，"人文主义"在现代文化研究的语境之中，关乎"人道""人本"，与"人类中心"的思想核心密不可分。其前行的方向与目的就是紧随时代发展的脉络,找寻、提供满足人类需求的思想方法和实践途径,从某种意识上说,现代意识设计就是"人文主义"研究、实践的成果形式,是围绕"人本""人道"认同的具体表现。"现代设计的工作重心不得不从之前为某个特殊群体的针对性服务转变到为更广泛的消费群体服务上来。这些拥有不同社会地位、身份、教育程度、认知能力和消费能力的消费者开始就对同一个设计物进行使用评价,在他们的评价结果中,我们可以看出影响评价结果的重要因素是'认同'的程度。"[24]如麦当劳、肯德基等快餐店,以少年和儿童这一群体为服务对象,其设计必须从这一族群的生理和心理发展出发,分析族群的群体特征,谋求这一族群的认同。所谓"认同"即是对同一种理念、原则、方式的接受与理解,是对自身所处环境的肯定和相关诉求的表达,"它关系到一个人或一个群体的存在以及他们的延续,关系到他本身而不是其他某人或某物……认同的问题集中于统一性原则的主张,它与多元论和多样性相对立……(个人认同和集体认同)问题的出现乃是与全球化密切相关的社会和文化变迁的结果"。[25]P231个人认同和集体认同上升为消费族群,基于不同族群特定的行为、习惯、时尚要求、生活品质,提供精准服务。当族群接受这一服务的同时也进一步巩固、强化了本族群的特征,吸引更大族群消费。自工业革命以来,现代设计带来了生产方式和消费方式的改变,产品在标准化、批量化和科技化的支持下,把消费者细分为不同的购买群体,有不同的消费需求,真正实现了为大众所需求的设计需要,越来越多的人以消费的方式认同并使用这些设计产品,接受此类新颖的获取方式。

1978 年,美国得克萨斯州立大学社会学教授马科斯·费尔逊(Marcus Felson)和伊利诺伊大学社会学教授琼·斯潘思(JoeL.Spaeth)发表论文 Community Structure and Collaborative Consumption:A Routine Activity Approach,首次提出"共享经济"的概念,即以"租借"而非"购买"为特征的模型机制。共享经济改变传统的"购买—使用—抛弃"为出售产品的服务期限和使用权限,延长产品的使用周期(Product Life Extension),通过产品最大量的反复使用,达到最大的应用价值,又被称

图 4-17 马科斯·费尔逊

为"共享原则"和"共享经济"。共享经济是人们共享社会资源，各自以不同的方式付出，共同受益，这一名词最早由美国社会学专家马科斯·费尔逊(Marcus Felson)和琼·斯潘思(Joel.Spaeth)于1978年提出。其主要特征是借助一个第三方平台，个体在这个平台的支撑下交换物品、分享知识和理念。从狭义角度来说，共享经济是指以获得一定报酬为主要目的，基于陌生人之间，进行物品使用权暂时转移的一种商业模式。1988年，第一个汽车共享(Car Sharing)案例诞生于柏林的Stattauto，相关程序和工具是电话和纸笔，实现预订、支付、打开车门等。如今，汽车共享已经成为社会公共资源环节一个重要的应用领域，汽车共享过程中，出现各种针对性的技术方案以支持所需的各种不同的使用功能，相比最初汽车共享概念发生了巨大变化，在世界各地出现了多种形式的相关公司。如当下的共享单车、共享汽车、共享充电宝、共享雨伞以及建立在共享模式下的京东、淘宝、美团、携程等APP营销模式。大众可以获得产品的使用权，享受产品的使用功能，同时，又能降低大众购买、保养、维护、维修的成本，减少产品的闲置率。当下，共享经济在第三方平台和互联网技术的支撑下可以提供更多的服务，降低了能源的消耗，增加了产品的利用率，减少了产品生产和资源消耗所带来的环境压力，同时开启了一个新的、健康的生活方式。

21世纪以来，由于信息技术和智能技术的发展，共享成为大众普遍接受的生活理念进入到设计领域。"共享"从字面上看，有公共、集团和统一的意思，也有对物质和精神高标准的诉求，是共性与个性的统一。在《现代汉语词典》中对"共"字的解释是："相同的，共同具有的，共同具有或承受的，在一起。"[26]P388,1258可见，一切基于"共享"理念的设计、经济，其运行模式的前提条件就是其"共有性""共用性""共同性"，即这一"共享"理念的设计、经济等，其出发点和归宿都是为在同一地点同一时间满足同一使用群体的需求。只有在实现"共"这一前提条件下，才可以对物质和精神提出个性诉求，即凸显"享"的本质含意，"使用某种东西而得到物质上或精神上的满足"[27]P388如数字媒体互动设计"分享屋"，这款iPad应用在快速消费社会里，针对2~6岁儿童的家长提供了一个免费共享平台，在家长圈中分享儿童淘汰的玩具书籍等生活用品。应用菜单分为使用年龄、物品类型、我要礼物和我要分享四个部分，家长可以把孩子生活中不再使用但功能完好的儿童用品拍照上传，并和他人免费分享物品。[26]P86现代设计中，基于理念、原则、方式的接受与理解，在大众消费群体中寻求"认同感"是设计意识、设计物得以被"共享"的前提条件。

图 4－18　加拿大多伦多地区的共享单车

谈到"共享设计"这一当下热议话题，指"物"的具体实用价值被公众分享的设计，其背后关键事实是共享设计对当下大众的生活方式提出了新的构思和规划并正在逐步实施。"因此，需要通过一定的手段将这些独立的人紧密地联合在一起，同时又不忽视他们对设计物的个性使用诉求，使他们在一个更为舒适和宽松的环境下享受设计物为他们带来的便利。"[21] 即迎合社会发展趋势，在一定群体中构建"认同感"，在设计中体现群体的包容和个性的彰显。

现代人虽身处不同背景，但在日常生活中需要应对的问题越来越多，有改变自己生活方式的强烈需要。"我们把社会创新定义为关于产品、服务和模式的新想法，它们能够满足社会需求，能创造出新的社会关系或合作模式。换句话说，这些创新既有益于社会，又增进社会发生变革的行动力。"[28]P13 个体是一个浓缩版的社会，而社会则是一个放大版的个体，由多个家庭、团队构成合作互利关系，如身体各部位各尽所能、协调统一，以共享某些服务来减少经济支出。类似团购、拼单以及现实中存在的各种形式互助行为，在供给端整合线下资源，在需求端不断为用户提供更优质体验，形成了新的生产销售方式、新的人与人之间的协作关系。在住宿、交通、教育、生活、旅游等服务领域，优秀的共享经济公司、运行模式不断涌现，宠物寄养共享、车位共享、专家共享、社区服务共享、导游共享、度假共享,甚至空间共享,新模式层出不穷。信息与通信技术的发展,促进了社会结构新形式的出现,为改变原有的社会组织关系提供了可能。如年轻人和老年人合作式社会服务形式、时间银行、社区货币和网上拍卖等新的交换形式;共享汽车、共享单车、拼车,代替私家汽车的交通系统等,都具有互相协助的新型福利概念意识。基于共享原则的经济、设计及社会关系将成为社会服务行业中最重要的一股力量。

共享经济倡导共享互利、集约利用、创新发展的先进理念;强调所有权与使用权的相对分离,促进消费使用与生产服务的动态融合;深化供给侧与需求侧的弹性匹配,实现及时、精准、高效的供需对接。共享经济是信息与智能技术发展到一定阶段后出现的新型经济模式,是以人为本、可持续发展理念下新的消费观和发展观。在共享理念及经济基础上,无论是政府主导下的公益性社会服务共享设计,还是市场经济导向下商业性的共享设计,其目的都是为了降低生活成本、降低生活对生态的影响。"共享设计"崇尚最佳体验与物尽其用,不受性别、年龄、受教育程度及经济基础等因素的限制,为现代大众描绘了一个低成本的理想化社会生活方式。

参考文献

[1] 贾冬婷,黑麦.理想的居所[M].北京:中信出版集团,2019

[2]〔英〕约翰·A.沃克,朱迪·阿特菲尔德.设计史与设计的历史[M].周丹丹,易菲译.南京:江苏凤凰美术出版社,2017

[3] 许平.解读《考工记》的视角与方法[G]/"设计研究方法"课程资料.中央美术学院设计学院研究生课程讲义,2007

[4] 李春田.新时期标准化十讲——重新认识标准化的作用[M].北京:中国标准出版社,2003

[5] AIGA(美国专业设计协会).设计商业与道德[G].杜钦译.AIGA宣传册,2008

[6] 王受之.世界现代设计史[M].北京:中国青年出版社,2002

[7] 陆江艳.设计的边界——设计标准的原理及构架[M].南京:东南大学出版社,2017

[8] 详细资料参见中国知网国内外标准数据库

[9] 中国标准化研究院.2006中国标准化发展研究报告[M].北京:中国标准出版社,2006

[10] 中国标准化研究院.国内外标准化现状及发展趋势研究[M].北京:中国标准

出版社,2007

　　[11]〔日〕原研哉.设计中的设计[M].朱锷译.济南:山东人民出版社,2006

　　[12]〔奥〕图恩·霍亨斯坦.人与客体之间的一个新的情感关系[J].维也纳应用艺术大学季刊,1984(10)

　　[13]〔德〕彼得·科斯洛夫斯基.后现代文化:技术发展的社会文化后果[M].北京:中央编译出版社,2006

　　[14]李学京.标准化综论[M].北京:中国标准出版社,2008

　　[15]阿尔文·托夫勒.第三次浪潮[M].朱志焱,潘琪,张焱译.北京:北京新华出版社,1997

　　[16]翟墨.人类设计思潮[M].石家庄:河北美术出版社,2007

　　[17]朱铭,姜军,朱旭,董占军.设计家的再觉醒[M].北京:中国社会出版社,1996

　　[18]梁梅.信息时代的设计[M].南京:东南大学出版社,2003

　　[19]韩巍.孟菲斯设计[M].南京:江苏美术出版社,2001

　　[20]荆雷.设计艺术原理[M].济南:山东教育出版社,2002

　　[21]〔美〕唐纳德·A.诺曼.设计心理学[M].北京:中信出版社,2012

　　[22]D. Pedro Ramirez Vaxquez. Industrial Design as a Factor of Hunan Development. In: B. B. Vauques, A. L. Margain(eds). *Industrial Design and Human Development*. Excerpta Medica. Amstenlam-Onfont-Princeton,1980

　　[23]冯天瑜,等.中华文化史[M].上海:上海人民出版社,1990

　　[24]余剑峰.共享设计:现代设计中的人文关怀因素研究[J].艺术评论,2016(11)

　　[25]周宪.文化研究关键词[C].北京:北京师范大学出版社,2007

　　[26]童芳.互动媒体设计[M].南京:江苏凤凰美术出版社,2019

　　[27]中国社会科学院语言研究所词典编辑室.现代汉语词典[M].北京:商务印书馆,1985

　　[28]〔意〕埃佐·曼尼奇.设计,在人人设计的时代——社会创新设计导论[M].北京:中国电子工业出版社,2017

在社会经济发展和工业化进程中的最初阶段，设计曾被肤浅地认为是时尚、享乐的工具或者是创造利润的手段。但随后人类中心主义对欲望的放大，有计划的废止、一次性消费等观念的盛行，大众逐渐意识到不良、不当的设计不仅浪费资源，更给环境造成了巨大伤害，迫切需要在绿色、生态、可持续、低碳理念支撑下，借助设计与科技理智构建人与自然的和谐关系。

第五章　人与自然和谐关系的理智构建

现代设计是针对为人类服务的产品、机械、工具以及设施的研究活动，其活动作用于环境、自然，并对其产生直接的结果，而这些结果必然又对人类正常、有序、和谐的发展产生极为广泛的影响。维克多·帕帕奈克在《绿色律令》一书中指出："除非我们学会保护和保存地球上的资源，并改变我们最基本的消费、生产和循环模式，否则，我们可能没有未来，"[1]P13无节制的消费带来的危机以及设计带来的负面影响引起人类的重视。人类逐渐意识到设计应该成为人类的需求、文化和生态之间的桥梁，构建人与自然的和谐关系，而不是沦为危害环境的手段、工具和"帮凶"。人类力求降低、减弱对自然环境的影响，从未来发展的角度给现代设计以适当的制约和正确的引导，为此，各种基于规范伦理学之上的设计理念和设计实践相继出现。

图 5-1　维克多·帕帕奈克与《绿色律令》

一、绿色设计：影响人类生活方式的积极理念

19 世纪末 20 世纪初，世界各地，特别是欧美国家的工业技术发展迅速，新的设备、机械、工具不断涌现，极大地促进了生产力的发展，对社会结构和社会生活带来了巨大的冲击，改变着我们赖以生存的地球环境。设计和制造的分工、标准化和一体化产品的出现，新能源、新动力、新材料的更新换代大大超越了手工业时期，人们利用更为强大的动力和先进的机械来提高设计生产的效率。生产力的解放、人类向自然索取无限扩大的同时，也导致了能源危机、气候危机、环境危机甚至人类生存危机。可见，绿色设计的出现并非人类主动的行为，而是在伦理的警示与批判下不得已为之。

（一）"绿色设计"观念的提出与发展

绿色设计（Green Design）是指以环境的可持续发展为目的和特征的设计。通过设计，在产品设计和产品服务的整个生命周期过程之中，包括从材料选择、生产加工、制造过程、包装运输、使用回收以及再利用等整个过程，降低人类生产和生活对环境的不利影响。其主要思想是：在设计阶段必须把环境因素纳入到整个设计之中，将环境因素作为设计活动的出发点和立足点，并制定、规划相应的预防污染措施，力求使设计对环境的影响降到最低。设计不仅要减少对自然资源的消耗，减少有害物质的排放，而且要使设计产品能够最大限度地被分类回收，并可以再生循环或者被重新利用。

"绿色设计"是环境伦理学与环境保护主义的产物，从 20 世纪 80 年代起，作为一个广泛、新颖的设计理念引起了公众的高度关注。美国学者 G.P.马什（G.P.Marsh,1801～1882）于 1864 年在《人与自然》这本书中提出技术、工业、人类活动对自然可能产生的破坏，并反思技术、人类的生活方式给环境带来的负面效应。梭罗（H.D.Thoereau,1817～1882）和美国人 J.缪尔（John Muir,1838～1914）对西方传统的反自然的观念进行了批判，否定了人是自然的主宰，抨击了人类中心主义的人生价值观，倡导自然而俭朴的生活方式，开启了保护环境的伦理意识。美国海洋生物学家蕾切尔·卡

图 5-2　卡逊与《寂静的春天》

逊(Rachel Carson)在其著作《寂静的春天》(Silent Spring)一书指出了人类的环境危机,唤起了生态保护意识,这是一部真正意义上的关注生态环境的著作。当人们长期以来高举"向自然宣战""征服大自然"的无畏旗帜,蕾切尔·卡逊以翔实的数据分析和实物采样对人类这一错误观念进行了质疑和批驳,并预言农药的使用将危害环境,指出人类企图控制大自然是极其愚蠢的想法和行为。美国另一位环境

保护学者丹尼斯·L.梅多斯(Dennis L Meadows)在 1972 年出版《增长的极限》(The Limits to Growth)提出不合理的经济增长模式将会给地球环境和人类带来毁灭性的灾难。随后,西方多所大学成立"罗马俱乐部",发表《增长的极限》报告,科学家首次从伦理的角度对工业化生产发出警示。1973 年,德国和美国从资源保护的角度出发,成立绿党,关注工业生产的环境危害,提出"绿色工业""绿色技术"等具有规范伦理学特质的先进理念。同年,英国学者罗宾·克拉克(Robin Clark)号召全社

图 5-3　《增长的极限》

会以最小的限度干扰自然,减少非再生资源的开采,即"AT 运动"(Alternative Technology),为后来借助"控制技术"保护环境和可持续发展理论奠定了基础。尽管蕾切尔·卡逊、丹尼斯·L.米都斯等人较早提出环境保护的观念和意识,但由于没有得到当时社会层面的广泛认可和有力支持,在同时期设计界也没能引起普遍重视,没有形成较为显著的影响。

20 世纪维克多·帕帕奈克(Victor papanek,1927～1999)在其 1973 年的著作《游牧家具:如何制造以及哪里可以买到便于折叠、压缩、堆积、膨胀或是能够抛弃和再循环的轻型家具》(合著)(*Nomadic Furniture: How to Build and Where to Buy Light Weight Furniture that Foids,Collapses,Stacks,Koncks-down, Inflates or Can Be Thrown Away and Recycled*)和 1995 年的《绿色紧迫:设计和建筑中的生态学和道德规范》(*The Green Imperative: Natural Design for the Real World*)中,就绿色环保等方面,对设计提出具体的伦理要求。他认为设计师应该从地球资源方面考虑设计的绿色意义,在具体的设计实践中倡导低成本、简易的多功能设计,无疑具有生态保护的环境意识。他还指出:设计不应该只追求商业价值、经济效益,更不是一味在包装及设计风格上作表面文章,而应该创造、引领一种适当的社会变革元素,体现出社会道德秩序建构的伦理价值。他把设计中的生态环境保护意识上升到道德的高度,试图从伦理学的规范层面要求设计给人类一个安全、美好的未来。英国学者奈吉尔·威特利(Nigel Whiteley,1953)在《为了社会的设计》(*Design for Society*)一书中指出:工业化设计推动大量生产、大量消费导致地球资源受到严重危害,作为现代设计师应有清醒的认识和觉悟,即在设计与社会、自然环境中,设计师应该明确具备怎样的思想理念和凸显怎样的地位角色,着重强调设计在社会及自然环境中应承担相应的伦理责任和道德意识。

图 5-4 《为了社会的设计》

20 世纪 70 年代发生的世界性的能源危机,助推了广大民众和各国政府对设计伦理的关注,作为设计伦理一部分的"绿色设计"开始被普遍认可和接受。环境保护概念也逐渐被各国政府所接受和重视,并被纳入国家政策和发展规划之中。20世纪末,联合国在斯德哥尔摩举办了人类环境大会,大会签署了《人类环境宣言》,"绿色设计"最终被世界公认为是引导设计发展的根本原则和未来设计的发展方向。1999年,第20届世界建筑师大会在北京举办,与会代表探讨了20世纪人类如何降低对环境的破坏、如何建设我们的新家园等可持续发展问题,并发表了旨在建设新世纪的"北京宪章"。2000年,以"人·自然·技术——一个新世界在诞生"为主题的世界博览会在德国汉诺威举办,会上提出了怎样借助技术力量实现人类与自然的和谐相处,"绿色设计""环境问题"逐渐受到社会各阶层高度关注。毋庸置疑,"绿色设计"是基于人类对工业化进程中,生态失衡、环境恶化、资源危机等提出的现代设计理念,旨在保护我们的自然资源和人文资源,实现可持续发展和人与自然环境的和谐。在此理念的倡导下,各国政府启动产业绿色化行动,检验、监控产品设计制造的全过程,管控产品对自然环境的危害,甚至把"绿色设计"纳入政策法规和制度的保护之下,进而上升到国家战略发展高度。

(二)"绿色设计"概念的确定

"绿色设计"把伦理概念纳入全社会的绿色文化意识之中,提倡"满足环境目标"的伦理观念。首先,"绿色设计"从设计规划的整体过程入手,从产品生产、制造、设计、宣传、营销到服务的多个相关环节开展考量;其次,在产品生产、使用、消耗、毁弃的整个生命周期内,设计师有责任担负起伦理责任,尽可能降低设计对环境造成的不利影响;此外,在不影响产品使用功能的同时,尽可能延长产品的使用周期,提倡产品的可拆卸性、可维护性、可重复性、可回收性。随着工业化文明发展程度越来越高,人类创造的新物品、新材料越来越多,自然消解这些废弃的产品、材料消耗的时间越来越长,人造物正逐步超出自然界的正常承受能力。从保护环境的角度来看,绿色设计正是规范设计的一把评价标尺,将设计行为纳入生态系统之中,即生产—消费—分解的自然界循环程序之中,当设计行为、设计活动、设计产品对环境的影响不造成伤害或伤害程度较低,我们都称之为绿色设计。当地球资源趋于贫乏、环境日渐恶化的形势下,绿色设计成为设计师必须考虑的问题。

"绿色设计"的核心要素是"3R"和"1D"原则,即少量化(Reduce)原则、再利用(Reuse)原则、再生化(Recycling)原则，以及可降解(Degradable)原则。少量化(Reduce)原则从克制消费的角度，尽可能减少物质在生产、流通、使用过程中对环境造成的影响，即节能、减排、戒奢崇简的价值观念。再利用(Reuse)原则从使用过程着手，尤其针对产品某些功能依然完好的部件，进行重新装配、组合，发挥使用功能；或者在不需要消费资源的情况下，老、旧产品重复使用。再生化(Recycling)原则从消解过程考虑，即对回收的材料进行再加工，使其能够被反复使用。可降解(Degradable)原则着重于材料的可降解、可分解度，降低对环境的污染。如一款派盒用于Seven Eleven 的冷冻食品，现卖现热，在不同情况下，它又有着不同的用途，首先它是一个普通的具有保护功能的包装，加热时，它又是一个容器，因为它采用了耐高温的特殊纸张；尤其在食用的时候，把拉链撕开，它又成为一个碗。这款包装的设计充分体现了"SAFE"的标准，即"简洁、美观、实用、经济"的设计观。

众所周知，在应对"SAFE"四项评估标准之一 Economic(经济)的有效方法就是再生利用，再生利用也是解决废弃产品等固体废弃物的好方法，更是拓展材料来源、缓解环境污染的有效途径。正在建设的北京大兴机场旅客航站楼工程是目前世界上最大的耦合式浅层地温能利用项目，该项目每年可节约 8 850 吨标煤，减少二氧化碳排放 2.2 万吨，相当于种植了 119 万棵树。机场实现场内通用车辆 100％新能源，是全国乃至世界可再生能源利用最高的机场。再如 2008 年 6 月 1 日起，中国告别了免费塑料袋的时代，这一绿色举措不仅考虑了销售方的成本核算，还考虑了消费者使用的便利等多项评估指标。随着 2019 年起，《垃圾管理条例》开始在重点城市实行并将逐渐推广，绿色、环保、可持续等设计伦理观念也逐步深入人心，一个新的设计、制造、使用的时代正在全国开启。

(三) 绿色设计的危机意识

1. 节约资源是绿色设计的前提

随着社会发展，人类生活越来越精致化、复杂化，其生活必需品由食物、居所、服饰拓展到各类器具乃至更多，即生活成本越来越高。固然，生活中的舒适和便捷离不开以上物品的支撑，但新鲜的空气、纯净的水源却是人类最基本、最重要的生存需要。所以从资源危机角度看，节约资源是绿色设计的前提。如深圳大梅沙万科中心项目水系统的构成设计，当降雨时,600 m² 景观水池收集屋面雨水,600 m² 地下雨水池收集地面雨水,再通过渗蓄等措施控制雨水径流的污染;当景观水池处于常水位时,中水经两级湿地处理后补充景观水池的渗漏及蒸发损失,同时作为道路浇洒和绿化用水。这项水系统设计将所产生的中水和污水全部回收,通过人工湿地进行生物降解处理,以用作本地灌溉及清洗等其他用途,可节约50%自来水。节约资源是保护自然资源和生态环境的重要举措,是绿色设计的基础内容。首先,充分利用资源,争取在设计到生产的整个过程中,材料和能源得到最大限度的利用,杜绝设计和使用过程中的浪费;其次,设计要本着珍惜资源的理念,尤其是不可再生资源,在设计中推荐使用可再生、可替代资源;再次,要有资源危机意识。当前,我国人均资源占有率低,不可再生资源消耗严重,因此,为了可持续发展,节约资源是每一个社会成员的义务,防止资源浪费更是每个设计师必须坚守的社会责任和使命。

2. 减少污染是绿色设计的底线

节能减排、减少污染是一个系统的工程,设计不能被狭隘地理解为某一个阶段或过程,而是关注设计产品周期性问题。现实生活中,有很多设计违背了绿色设计的原则,甚至就在我们身边。如牛仔裤的生产商为了达到出口质量检测标准,会通过反复的洗涤,一条牛仔裤出厂前要经过反复20次脱水打磨,然后磨破、漂白、重新上色。为了洗得尽可能干净,水里会添加大量的表面活性剂,之后这些污水基本上不经过任何处理,就直接排出。丙烯酸树脂、黏合剂、漂白粉,酚类化合物,偶氮化合物,次氯酸盐,钾金属、偶氮染料,高锰酸钾,铬、镉等重金属原料都是让牛仔裤变得"时尚"的必需品。此外,牛仔裤背后的非法生产方式,摧毁的不只是工人的健康,更是人类赖以生存的环境。短时间内把崭新的牛仔裤做旧,其后果是加重危害工人健康的程度和加速环境恶化的进度。当每周时尚品牌推出新的流行款式,大众在享用这一流行风潮、消费时尚时,生产地的人和他们的自然环境却承受着巨大的压力和痛苦。"绿色设计"秉承"从摇篮到坟墓"的产品设计、使用、分解原则,关注设计产品的生产、消费、回收这一整个周期,任何一个阶段都必须认真对待,力求在设计的各个环节都能保证设计的"绿色"性质。从根本上消除污染是绿色设计的目的之一,也是设计师的重要责任。

3. 保证效益是绿色设计的结果

从绿色设计的角度来看,中世纪时期驰骋在大洋上的帆船和20世纪早期跨越大西洋的齐柏林飞艇无疑是"美"的，它们在技术支持下实现了远航交通，并有利于自然环境的稳定与平衡。以道德为出发点，以伦理为考量标准，中世纪大帆船和齐柏林飞艇是合理的设计，构建起一种友好的生活方式，只是经济与社会效益相对低下。任何时候，效益最大化、经济合理性是绿色设计重点考虑的因素，所谓绿色设计一定是综合效益最佳原则的体现。设计构思、方案、策划、实施，最后走进市场，一定是对企业经济效益、生产成本以及消费者可接受的价格进行慎重考量的结果。设计要考虑企业效益和可持续发展问题，要考虑对自然环境、人类社会的影响，要权衡社会效益和生态效益的得失。换句话说，绿色设计必须协调好环境、经济、生态等多方因素，力求实现经济效益、社会效益综合最佳。

二、生态设计：实现人际和谐的必然选择

现代设计活动关乎人与环境之间关系的梳理与构建，协调、有序、均衡的良性生态环境是人类生存、发展的基础。虽然人类对生态环保意识的认识、觉醒，最初来源不是一种主动、自觉的行为，而是环境对人类敲响警钟之时，人类对现实的因对和无奈之举。但地球是我们共同的家园，针对全球的环境保护意识和生态维护意识已经被世界普遍接受。某种程度上说，维护生态平衡、秉承生态理念是当下乃至未来设计师必须具备的伦理意识和社会责任。

（一）生态设计的概念

生态设计（Ecological Design）是将生态问题作为设计的主旨，以对环境的保护为基本限制条件而进行的设计活动。概念提出者是生态设计之父英国人伊恩·伦诺克斯·麦克哈格（Ian Lennox McHarg，1920～2001），他在其1969年著作《设计结合自然》（《Design with Nature》）中提出：设计的核心是要"转换主角"，即从基于"人的空间使用需求"做设计，转变为基于"生态原理"做设计。"生态设计是将生态学这一认识付诸实践的设计，是为人和自然统一的设计。"[2]P154 其内涵在于：一是从"生态功能"出发，园林绿地应最大限度发挥其环境效益，如吸附pm2.5、调节碳氧平衡、净化水源、调蓄雨洪、物种多样性保护等；二是从"生态美学"出发，在"荒

野""野趣"中构建自然、社会及人自身的生态审美关系,体悟"生态美";三是从"生态技术"出发,注重生态工程技术和环境友好材料的应用,强调节能减排、循环利用等环境保护意识,以及对自然资源的合理利用等。生态设计是研究人类如何在设计领域解决生态问题的思维观念和实施方式,换句话说,是从"人"与"物、环境"关系的角度,研究人类物质生产和消费活动的可持续发展的一门学问。

生态设计(Ecological Design)是基于"生态学"(ecology)的创立和发展而来。"生态学"由近代科学的博物学孕育而出,ecology 一词源于希腊文 oikos 和 logos,意指"住所"或"栖息地",因此从词根上讲,生态学是研究生物的聚居地或生活、生存环境的学科,是关于居住环境的科学。1866年,德国生物学家海克尔在其《普通生物形态学》中首先使用"生态学"这个学科名词。早期"生态学"限于生物学内部的发展,主要聚焦于动物有机体与其他动植物之间互惠或敌对的连锁反应。无论是达尔文的《物种起源》,还是丹麦植物学家瓦尔明、波恩大学教授希姆普,都重点研究生物在其生活过程中与环境的关系。直到 1935 年,英国植物生态学家坦斯莱创立"生态系统"这一概念,生态学逐渐打破了动植物的界限,并超出生物学领域。尤其是美国生态学家奥德姆(Odum E. P.)在其著名教科书《生态学基础》中,把生态学定义为"自然界的构造和功能的科学",大众才进一步认识到,生态学是研究生物与其环境的相互关系的科学。毫无疑问,生态学是关于生物与其环境相互关联的理解和研究,天然地属于整体论。随着 20 世纪整体论的勃兴,兼具理论与现实意义的"生态学",为整个新科学开辟了概念平台和广阔的发展空间。自 20 世纪 60 年代以来,人类意识到自然环境的改变、居住环境的污染、自然资源的破坏和枯竭,已经威胁到人类本身的存在。因而,生态学开始成为人们关心和注目的焦点,进入大规模立体发展的现代生态学时期。

自人类诞生以来,地球就是人类生存的温室和提取资源的仓库,提供给人类所需的各种物质资源。人类开荒种地、劈山筑路、钻井采油……自人类越过地球表层、深入内部大量开采煤炭、石油、天然气及各种矿藏资源,地球开始了其不可逆转的质的改变。煤炭、石油、天然气等应用于现代机器中产生的废气、烟尘对地球的大气环境造成了严重破坏。20 世纪中叶,西方发达国家工业污染不仅仅危及自然环境,还危及人的生存本身,一系列"公害事件"导致相关地区居民身体健康受损。生态环境的不断恶化影响到人类的良性发展，而设计是造成环境污染、生态失衡的重要原因，作为设计师对生态环境有着无法推诿的责任。设计师不仅要力求设计不伤害环境、不影响生态，还要构建起人与环境的平衡与和谐，既要保证经济利益，又要履行设计师对自然、社会所承担的义务。

生态设计从本质上看是以生态学的方法介入设计学，并将这一认识借助生态技术付诸设计实践，是达到人与自然和谐统一的设计。"纵观 20 世纪生态科学的发展，从研究对象上看，层次越来越丰富，包括单种生活环境研究、群落研究、生态系统研究、各生态系统之间相互作用研究，以及生物圈和全球生态学研究，研究对象更加宏观。从研究方法上看，系统科学被大量引入，系统方法和数学模型用于生态学，诞生了系统生态学。用计算机模拟生态系统的行为，成为常用的方法。另一方面，生态科学的应用性更强、交叉性更强，出现了像生态经济学、工程生态学、人类生态学、城市生态学这样的新兴交叉学科。"[3]P686-688美国学者巴里·康芒纳（Barry Commoner）指出：生物与其生存环境构成一个不可分割的整体，任何生物均不能脱离环境而单独生存，这被确定为生态学的第一定律。生态设计基于生态学的科学成就，使用稳恒态、反馈、能量流、系统论等概念，在整体论思维的支配下，解决生态系统间的相互作用和关系建构，重视在生态群落中开展个体设计。"生态设计既是一种实践形态也是一种理想形态，它涉及的首先是人与自然的关系。在生态学中，这是一个具有哲学意义的命题，也是生态哲学的根本问题。"[2]P54为应对日益严重的环境与生态问题，保护自然生态，形成相应的生态技术，力求有效控制环境污染，化解生态危机，如智能化技术、清洁能源、可降解材料。生态设计是生态技术发展过程中逐渐产生、成长起来的，是一种全新的设计方法，从生态技术到生态设计，从生态原理到设计伦理，以生态学方式思考设计问题，以生态学方式从事设计实践，维护生态平衡是设计的核心。相较于传统技术，生态技术不以经济增长为唯一目的，力求满足人正常需要的同时，又能有益于生态平衡，它把人与自然当做一个整体来对待，以生态产业作为社会的中心产业，以综合性的技术指标把自然原则应用于生产、工艺，谋求人类可持续发展。

（二）生态设计的途径探索

20 世纪自然保护的代表人物 Muir 确信，自然才是人的精神源泉，要成为一个身心健全的人，就必须不断地与自然保持密切联系、亲密接触，只有在自然中的人才能真正恢复自我。"在上帝的荒野中,存在着世界的希望。"[4]P28正是受到这种信念的激励,他极力呼吁保护荒野,反对一切形式上带有功利主义的资源保护与环境开发。要帮助人类找到解决生态问题的方式方法,必须坚守敬畏自然、尊重自然、维护生态平衡以及共享共用原则,坚持"明智使用,科学管理"的政策,使设计营造出人、自然、环境的和谐共生关系。

1. 敬畏自然与法治建设相结合

敬重自然,就是要敬重自然规律,顺其规律而为。自然是人类生存的物质基础,自然可以独立于人类之外而存在,但人类必须依赖于自然才能生存。自然遭到破坏,人类就失去了生存、生活的空间,人类不是自然的主宰,人类与自然是相互渗透、相互影响的平等互动关系。近现代以来,人类对自然的过度索取、野蛮开发而无视自然本身的承载能力,虽然享有了巨大利益,但也开始承受自然给我们的严峻教训和惨烈回馈。受到破坏的自然生态给人类带来巨大的伤害,而且这种伤害大有愈演愈烈之势。当今,环境污染、生态失衡、自然危

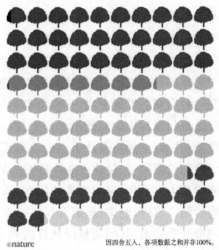

"全球树木评估"项目汇总了5.8万余种树种的信息,认为约1/3的树种面临灭绝威胁。其中约13%树种缺少足够的数据评定濒危等级,这些树种仅在相对探索较少的小片区域有已知植株,且很有可能面临灭绝威胁。

■ 灭绝 0.2%　　■ 受威胁 29.9%　　■ 可能受威胁 7.1%
■ 无危 41.5%　　■ 数据不足 13.2%　　■ 未评估 8.2%

©nature　　　　　　　图四舍五入,各项数据之和并非100%。

图 5-5　面临威胁的树木

机已经影响到人类的正常生活,如人类面临的水资源危机、食品安全问题、温室效应现象以及恶劣气候、自然灾害等。"人类以掠取的方式人为地改变了地球的'血脉'与'肌肤',同时也污染了地球的呼吸系统。"[5]P68东方的哲学思想把自然看作与人类相同、相通、互感的有机体,河流、湖泊是自然的血脉、是生命的源泉;森林茅草是其毛发,调节身体的温度;山脉矿藏是其骨骼,遮风避雨。可见,秉承东方传统哲学思想,敬畏自然、尊重自然、关心未来、保护生态,增强环保理念,至关重要。

生态环境保护与建设,除了设计师需要秉承生态环保的理念,自觉践行设计伦理之外,还需要通过相关的法律法规来加大制约力度。在面临生

态环境保护的严峻时刻,仅仅依靠道德伦理约束是不够的,在现实利益面前,道德伦理缺乏强制力。要保护好我们的生态环境,加强相关方面的立法保护尤为必要。生态法治建设既是对生态环境的保护,也是对设计师设计行为的监督,只有把设计师自身的道德约束和政策、法律紧密结合,我们的环境保护和生态文明建设才有可靠的保证。生态保护是事关子孙后代生存、发展的大事,重要性不言而喻,设计师有责任和义务以未来的名义对社会生态和环境负责。总之,现实中没有理想的生态设计环境,甚至依靠道德和伦理约束也远远不够,必须借助立法或法制干预产生的强大约束力对设计进行限制和规范。只有建立健全、完备的社会生态保障体系,才能真正实现全社会维护美好生态的理想状态。

　　2. 经济发展与生态平衡相结合

　　生态设计体现了一种新的自然观、价值观,它不仅仅关注人的价值,还关注自然界中其他存在物的价值,并将设计的价值建立在有益于人和有益于自然的价值之上,即设计的价值要兼顾人与自然的和谐关系。生态设计是一种全新的发展方向,它以生态学理论为基础,反思当代生态环境危机以及现代设计中的问题,如"温室效应""能源危机""有计划地废止""一次性消费"等,必须将设计重点引入真正具有意义价值的创新和发展上。尽管我们借助科学、设计不断改进燃料的成分,减少污染物的排放,但仍然不能避免大气恶化、温室效应的出现,不能阻挡冰川消融、海面提升的趋势,物种消亡、良田消失、恶劣天气威胁着人类的生产环境。对此,设计有必要与全社会协力,共同调整设计目的和方法,对当前河流、湖泊、海洋、大气、森林、土地等造成的污染和伤害以未来的名义负起伦理责任。一方面要加紧科学研究,从技术上寻求资源、能源再生的途径,另一方面应从道德和法律的角度来解决生态问题、维护生态平衡。即在生态危机面前,实现经济发展与生态平衡相结合。

　　众所周知,经济利益和生态环境保护是我们面临的一个现实矛盾,也是最棘手的社会问题。经济的发展,依赖于对自然资源的开发和利用,而环境保护则希望我们放弃对自然资源的索取。一方面人类面对经济利益的诱惑,另一方面还要加强对环境、资源的保护,这必然是一个两难的问题。但应该清醒地认识到:利益是眼前的,而环保则是长远的,事实证明急功近利、杀鸡取卵的短视经济必然会让人类付出惨痛的代价,今后乃至未来的发展必将被和谐、持久的生态经济所取代。生态设计要充分考虑自然的承载范围,合理挖掘、利用自然资源,并且应用生态学理论改善生产和消费方式,建设合理、和谐、健康的文化生态环境。生态经济是实现经济发展与环境保护的桥梁,是自然生态与人类生态的指针,是文明建设与物质建设的统一目标。生态经济提供经济和发展的动力,不仅能为当今的世界创造财富,还能为未来的世界创造财富,是可持续发展的经济,是未来经济的发展趋势,生态经济拥有极高的价值。

3. 全面、整体、系统性相结合

生态哲学把人与自然的关系作为研究的根本内容,"它在观察世界、解释世界和改造世界时,不是单纯以人为尺度,也不是单纯以自然为尺度,而是以人与自然为尺度。"依据人—社会—自然复合生态系统整体性观点,即从人的角度考察自然界,又从自然界的角度考察人。"当从人与自然关系研究人时,是用生态学方法研究生物圈中的人,人在自然界中的地位,人对自然的作用,以及人类的未来。在这里,人作为感性实体是自然的一部分,他具有生物本性,服从生物学规律;人作为感性主体,是有意识的能动存在物,在对自然的作用中表现为社会存在物,服从社会规律。"[6]P34-35生态问题的重要性不言而喻,其成功实施在于全面地确保设计对生态系统和生物的整体、综合、多维地考虑。以全面、整体的生态设计系统观念取代单一、孤立、教条的设计观念;尽可能减少对自然环境的影响,力求生态设计与自然环境的有机融合;依托高科技减少污染物的排放,最大限度地减少垃圾的生产,同时为保护自然立法,加大环境整治力度。

生态设计是整体设计,人—社会—自然是一个完整的体系,人、动植物以及各种环境因素都有机地组合在一起,相互沟通、互为作用、整体关联。法国思想家米歇尔·福柯(Michel Foucault)提出一种以主体技术为基础,建构自我道德的解决方案,"个体能够通过自己的力量,或者他人的帮助,进行一系列对他们自身的身体及灵魂、思想、行为、存在方式的操控,以达到自我的转变,以求获得某种幸福、纯洁、智慧、完美或不朽的状态。"[2]P479-471福柯的这套自我技术治理理论可以涵盖整个艺

图 5-6　福柯

术设计实践领域，我们在观察、思考那些被评为"美"的作品时，不难发现，作品中都存在尊重传统、发自本心、顺应市场、和谐环境、自由创新等特点，而这些特点正是创作主体诸美德的显现且具有普遍性和共同性。在作品的设计过程中，主体自我以及与他人的关系共同构建了伦理的本质内容。主体自身秉承怎样的态度？与周围构建怎样的关系？上述决定了个体构建自身行动的道德标准和伦理尺度。

从生态设计的作品来看，并不注重多余的、独特的美学表现形式和设计语言，而是使用再生材料、可循环材料，力求减少消耗，将设计构想、制造、使用、废弃纳入设计的全过程之中。如法国设计师菲利普·斯塔克（Philippe Starck）设计的日用家居、电器产品等，被赋予了"少就是多"的设计生态新思想、新意义；从生态设计发展来看，

图 5-7　斯塔克

它是一种设计新形式，更是一种设计新方向、新理想，处于设计师认识的较高层面，是设计师的社会责任感和伦理意识的长远体现。生态设计的实施与发展在于有一套系统而完善的生态保障体系，围绕生态建设从道德伦理、政策法律层面进行系统构建，生态保障体系以科学技术为动力保证，坚持全面、整体、系统性原则。

三、可持续设计：人类生存与发展的基础保障

设计应该"为人类的利益设计"，这里说的"利益"是指关于人类全面的、长远的利益，而不是暂时的、可见的利益，不是仅有益于这方面而有损于另一方面的，更不是仅有益于今天而有害于将来的利益。例如商业设计中的"一次性产品设计""用后即弃"，从商家和使用者的角度来看，它是成功的，给商家创造了利润，也给大众生活带来了便利，但从人类的长远发展考虑，从人类未来的生存环境角度来看，"一次性产品设计"和"用后即弃"的消费模式是有害的，是不当的设计，是有悖伦理的设计。

（一）可持续设计的概念

可持续性是指长久维持人类社会正常发展的一种过程或状态，涉及经济可持续性、生态可持续性、社会可持续性三个相互联系不可分割的部分。可持续的概念不仅包括针对环境与资源的可持续，还包括满足社会、文化消费需求的可持续。早在 1972 年，可持续发展的概念就被正式列入联合国人类环境研讨会会议讨论主题。到 1980 年，《世界自然资源保护大纲》中明确提出："必须研究自然的、社会的、生态的、经济的以及利用自然资源过程中的基本关系，以确保全球的可持续发展。"可持续发展是人类针对一系列环境、经济和社会问题，特别是全球性的环境污染和生态破坏，人类做出的理智和必然选择，是人类对工业文明进程进行反思的结果。

可持续设计是以构建可持续解决方案为前提的设计活动，全面考虑经济发展、环境生态、伦理道德及相关社会问题，满足当前和未来发展与均衡的动态化、长期化的设计。尽管环境恶化、资源危机等问题的主要原因十分复杂，但作为普遍存在于大众社会中的工业设计，显然要承担伦理的责任。即设计师和策划人员不仅要对相关的产品和工具负有责任，也要对环境负有不可推卸的责任，不仅要对设计中的"优良""善"负责，还要对没能履行的"责任"负责，即对没有执行可持续性设计、没有做到伦理约束下的设计自律负起责任。

（二）可持续设计的品质分析

可持续发展是以保护自然环境、维护生态资源为基础，以合理开发经济为条件，以改善和提高人类生活质量为目标的发展理论，已经上升为国家政策和战略高度。可持续设计是一种新的发展观、道德观和文明观，是现代艺术设计发展的理念和必须遵守的原则。

1. 长期使用的功能品质

可持续理念要求设计的产品、服务和系统既能满足当代人需要又能兼顾保障子孙后代发展需要。要求当代人在考虑自己的需求与消费的同时，也要关注人类未来的需求与消费，并以未来的名义认真地担负起历史的责任。日本设计师长冈贤明特别指出，商品能持续被使用是很重要的价值，因此能够被修理并重复使用，是设计理念中不可或缺的要素。长冈贤明创办 D&Department Project 二手店并重新思考"设计"与"商品"之间的关系，从经济效益、社会效益反思商品的价值，提出好的设计可以历久弥新，可以使用很久（Long Life Design），甚至提出设计不再需要继续。在生产过剩、浪费浪潮的当下，以"不生产"的方式反思消费文化，为世人传递可持续设计的正确理念。正是这一反思与实践，对现下社会中大量消费、不良生活习惯形成一种强力反制。

可持续设计这一概念用在设计中时，呈现出生态系统的完整性、消费模式的健康性、能源消耗的清洁性，达到改善人们生活品质的目标。其具有典型性的作品如著名的 POÄNG 扶手椅，被称为陪伴一生的设计，它的原型来自芬兰设计大师 Alvar Aalto 的 Paimio 休闲椅，最初名为颇具诗意的（POEM），设计之初就考虑到为使用者终生使用。优雅的角度与曲线、优质的材质，使其自发明以来，每年能售出 150 万把以上。在这把椅子 40 岁生日的时候，宜家专门以它的设计师——日本人中村登为主角拍了一组介绍视频，让这把（一生伴侣）椅子历久弥新、更为亲切。

图 5 - 8　POEM 椅

2. 和谐共存的关系品质

人类与自然的关系，经历了恐惧、敬畏自然的第一阶段，到征服、改造自然的第二阶段，直到如今力求实现与自然和谐相处的第三阶段。"'可持续发展'这个词已成为关系到人类能否长久生存在地球上的严峻问题。设计师应该为人类的可持续发展做出贡献，这是时代赋予设计师的历史使命。国际工业设计协会联合会、世界设计博览会、国际设计竞赛等以'设计和公共事业''为了生命而设计''信息时代的设计''灾害援助'等作为会议或竞赛的主题，就是这一使命的体现。"[7]P212 汶川地震，有一个叫金田村的小村庄遭到整体破坏。恢复重建工作和设计由一位香港大学的教授负责，他着重考虑村庄未来的发展和环境保护、居民的真正的科学使用等环境问题，尤其考虑以低碳设计推进地区发展的问题。如拓展屋顶的使用功能，充分利用太阳能种植花草和蔬菜；分类处理垃圾和粪便生成沼气产出燃气,提供可持续清洁能源的同时减少环境污染。低碳设计把人和自然很好地融合在一起,形成一个真正的可持续发展整体,该项目获得了世界民居设计奖。可持续发展不是一种和谐的混合状态,而是构建一种和谐体系,协调好资源、经济、技术及社会各方面因素,是人、社会、环境在现在和未来的发展中相互协调的创造性过程,和谐性却是可持续发展的最终追求。

3. 合理需求的内在品质

可持续发展有别于传统经济发展模式,秉承公平和长期的可持续性发展原则,立足于人的真实、理性的良性需求。可持续发展要满足所有人的合理需求,为所有的人提供实现美好生活的机会。最典型的案例是1996年宜家的设计——仅售5克朗的BANG系列杯子。只有白、蓝、绿、黄四种颜色(因为红色成本太高);为了在货架上摆放更多杯子,设计师多次改变杯子的高度与把手角度;一系列措施只为不断挑战成本的极限。不必要的设计、不合理的需求,其创造是无益处的,甚至是有害的,如剥香蕉器,电动开瓶器等浪费资源和能源的设计。据统计,2015年我国消耗99.22亿个包装箱、169.85亿米胶带以及82.68亿个塑料袋。2016年中国快递业务量首次突破312亿件,相当于年人均快递使用量近23件。清除掉相关信息,分类有序存放,借助大数据实施循环再利用,快递纸箱、塑料泡沫、包装的回收再利用无疑将成为可持续设计的焦点。我们应该秉承可持续性原则,批判、拒绝此类有悖伦理的、不道德的设计在大众生活中出现。可持续设计需要我们依靠科技的力量,坚持合理需求,建立健康的生活方式,可持续设计是未来社会的趋势和方向。

图5-9　仅售5克朗的BANG系列杯子

四、低碳设计：构建人居环境的有效方法

科学发展观指出：要促进人与自然的和谐，实现经济发展和人口、资源相协调，必须把社会全面协调发展和可持续发展结合起来，坚持走生产发展、生活富裕、生态良好的文明发展道路。从忽略环境保护受到自然界惩罚，到最终选择以低碳设计进行可持续发展，是人类文明进化的一次历史性重大转折。

（一）低碳设计的概念

低碳设计（Low-Carbon Design）是指把减少温室气体的排放纳入设计考量之中，要求设计师把节能环保、可持续循环发展的思想精髓融入设计环节的全过程，是一种节约型设计理念，其核心就是节能与减排。节能是最大限度地减少污染能源的利用，倡导不可再生能源的应用，同时加强对新能源的开发和使用，这是未来发展的趋势。如中国企业主导的太阳能价值链的每一个环节，从加工太阳能电池中使用的多晶硅到组装太阳能电池板，中国太阳能电池板不仅仅是最便宜的也是最高效的。此外，中国企业为电动汽车提供动力的大容量电池也取得突出成就，其先进的电池技术成为汽车制造中的关键部分。减排就是减少污染物的排放，减排同样必须加强节能技术的应用，以避免出现社会效益和环境效益的不均衡发展现象。低碳设计和绿色设计、生态化设计、可持续设计是一脉相承的，它们之间有共通之处。

（二）低碳设计的初衷呈现

自工业革命以来，由于人类大肆开采和使用煤炭等化石能源，使得大气中的二氧化碳气体含量急剧增加，导致全球气候变暖，所以现代设计应该优先选择太阳能、风能等清洁能源和可以重复利用、可再生、可降解材料，提高资源的利用率，减少和不利用易污染和不可再生能源。低碳设计要以人为中心，以可持续发展为主旨。

1. 低碳化选用原则

20世纪后期，一些先进国家就开始考虑汽车制造中的节能减排问题，

大力开放新能源和替代能源,力图节省能源减轻对环境的污染。在汽车制造和设计中,努力寻找替代能源是目前工程师和设计师致力研究的方向之一,如电能和太阳能汽车的出现,为减轻对城市的污染,更为有效地节约地球资源做出了大胆尝试,迈出了可贵的一步。日本丰田公司最早研制出油电混合汽车,在搭载一系列高智能科技支持下,实现了发动机和电动机协同驱动,在减速、制动和下坡时能及时回收能量以供再利用,同时油耗和尾气排放也得到了进一步改善。

　　在环境和建筑设计领域,提高能源和材料的使用效率是设计师考虑的重要课题,在建设和使用过程中最大限度地减少对环境的污染。1995 年,在日本福冈设计建成超生态楼,这是一座集购物、办公等多个功能为一体的综合性大楼。建筑的总体布局把维护生态平衡放在首位,尽可能利用好朝向,获取太阳辐射的能量和照明,充分利用自然通风透气、植物过滤空气,设置屋顶花园、空中庭院,合理调节室内外气候。其建筑外墙采用了阶梯式的绿化带,实现隔热、保温等功能的同时,还模仿自然山水景观,花草、树木、清泉,创建出可供人休息、散步、健身、娱乐等都市园林,成为一道新的城市风景。利用自然通风和绿色植物来调节室内环境,是节约能源的典型例子。

图 5 - 10　日本福冈超生态楼外观

2. 简洁化设计体现

在满足设计产品功能性的前提下，以简洁的设计结构、合理的运行方式满足大众最本质的需要。即尽可能减少材料和资源的使用，降低制造成本，减少对环境的污染。如宜家平板包装家具——LOVET 茶几，桌脚可以拆除，原本只想避免运输时候的损坏，却也因此减少了运输和储存的空间，秉承了宜家的反三傻包装原则，即运输多余的空气是傻的，让消费者为过度包装而付费是傻的，无法当日将家具送货到家是傻的。因此，这种（平板包装与运输）法则也成为宜家的一个最重要理念。再如"Orangex Ojex"手动式厨房榨汁机，采用杠杆原理，操作简单，造型可爱，没有任何电子能源和复杂的程序设置，获 2000 年美国工业设计卓越奖。此类节约能源、有利环保

图 5 - 11　LOVET 茶几及包装后

的新产品在日常生活中已被大众广泛认可和接受。

3. 制约化功能设置

设计师须把低碳设计理念引入产品设计的全过程，把节能环保理念融于设计的功能之中，在产品的使用功能中设置低碳警示、限制指标，借助产品智能应用彰显伦理道德的善意，并在使用产品的过程中，培养大众形成低碳生活方式。如无印良品是日本西友公司的自有品牌，为对抗原有品牌概念，田中一光等人提出"无品牌的商品"这一设计概念，立足节能、环保的理念，尽可能减少生产工序，节缩设计成本，摒弃花哨、烦琐，体现自然、淳朴，以简洁统一的方式力求减少垃圾排放，节约资源。产品具有的基础功能是受众认可、关注的着重点，设计师要充分考虑产品功能及其使用过程中的低碳问题，注重产品使用的能量消耗，即对长时间和高能耗使用功能进行一定的限制和制约，从伦理道德角度设置明确、具体的量化标准，倡导、引导合理、环保的生活理念，进而推进良好生活方式在大众日常生活中的形成。

五、理智构建和谐关系的伦理要求

绿色设计、生态设计与可持续设计，虽然它们的内容、方法各有不同，但是它们的本质都有共通性，它们的策略也都极为相似，我们可以从可持续设计的自然属性、社会属性、经济属性、科技属性等方面进行深度分析，探究人与自然和谐关系的构建之路。

（一）遵循循环利用与再回收策略

就自然属性而言，寻求一种最佳的生态系统以支持生态的完整性，使人类的生存环境得以持续发展。尊重自然规律，合理地利用自然，追求人与自然的和谐，维持自然资源与人类生存的平衡。既满足当代人生活的需要，也要满足子孙后代发展的资源需要，实现人类长久的幸福愿望。好的设计不仅仅是对实用和审美功能的追求，更是建立在绿色基础上的新技术、新观念的体现，产品在整个生命周期中消耗的资源最少，符合设计伦理的设计才是真正"好的"设计。要有效做到循环利用与再回收，一是批判、杜绝不可持续的设计和营销模式；二是要求设计师关注产品自然使用的生命周期，减少设计材料的使用，实现功能和效益的最大化；三是设计不仅考虑创造阶段，还要思考产品报废后的再回收、再利用问题，最大地发挥产品消亡后的价值，尽可能地降低设计产品对环境的伤害，这是设计师必须思考和解决的问题。

产品生命周期有自然使用消亡和人工干预消亡两种形式，其生命周期长短与设计目的、材料质量、制造手段有直接关系。如"有计划废止制度"就是典型的在人为干预下结束产品生命周期的商业营销模式，不惜增加大众的消费成本，消耗社会更多资源，通过人为的力量，使生产商经济效益得到最大化，是与绿色宗旨背道而驰的设计。众所周知，成立于1856年的英国高端奢侈品牌 Burberry 是最有代表性的时尚标识。优雅、简洁、奢华，代表最正统的英伦风尚，这是 Burberry 给人们留下的品牌印象，多年来，该品牌一直深受英国皇室、各界明星名流的喜爱。据英国《泰晤士报》报道，Burberry 一年就烧掉了超过2 800 万英镑（约合人民币2.5 亿元）的自家各种产品，相当于烧掉了2 万多件标志性的 trench coat 风衣。1 400 英镑的大衣的实际生产成本很低，但顾客要为它的排他性付钱，奢侈品的价值在于品牌本身，而不是衣服本身。对奢侈品商而言，零售价和实际成本无关，这些品牌不希望自己的产品落入"灰色市场"，或者在其他地方低价出售，更不希望被"错误"的人买到，从而导致品牌贬值。烧掉这些卖剩下的做工精致、面料上乘的衣服，就是为了保护自家的知识产权和品牌价值。这些都是人工干预消亡的极端方式，应被可持续设计摒弃，在产品的实用和审美之前，产品的可回收和无污染是第一位的。设计师在材料、工艺、技术等环节的选用必须考虑对社会、环境的多方面影响，既要考虑经济成本、安全成本，还要考虑社会成本、环境成本，更要考虑可回收利用和减少环境污染等问题。一个有责任感的设计师不仅要对产品功能负责，更要对产品的节能、环保负责，在自然使用消亡的基础上，设计合理的产品结构、功能、工艺。

产品的终端应该是回归自然，设计师在设计的开始就要考虑到产品今后的回收与再利用问题。日本第四代建筑师的领军人物隈研吾提出："建筑物最终的归宿必定是大地"，作为2020年东京奥运主场馆的设计者，他强调"木与绿"的概念，建筑整体使用钢与木结合，在椭圆形体育场里种植了很多树，印证了他一贯的"负建筑"风格，让建筑"消失"在环境中。毋庸置疑，从产品制造、消费、使用到最终报废，这是一个系统工程。在进行方案设计的时候，设计师必须坚持节能减量、循环利用的绿色设计原则，把绿色理念纳入设计全过程。

图5-12　隈研吾　　　　图5-13　位于杭州的中国美术学院民艺博物馆

（二）坚持以科技力量为支撑原则

人类的科技发明服务于人类的生活，但如今服务的人文环境发生了变化。以往，人们只是在从事工作或某项事情时才使用到科技，日常生活中科技参与度不高。如今，和科技密切联系的互联网、智能手机、电子产品为我们营造了一个看不见的高科技场域，限制、规定着我们的交流、沟通及行为方式。自人类进入以机械为主要工具、科技为主要动力的大生产时代，人类的造物被深深打上了科技的烙印，甚至产生一种全新的美学风格和艺术设计方式，机械美学和高技派。科技不仅仅决定设计的功能也影响着产品设计的艺术形式，一部现代设计史实际就是一部科技与设计融合、创新、应用的历史。

随着人类社会的发展，对能源的依赖和需要越来越大，不可避免地面临能源消耗、资源开发和生态平衡、环境保护这一矛盾。低碳环保、减少污染、节能减排、科技创新成为当今设计密切关注的主题。除了更新观念、改善合理的生活方式以外，必须借助科技的力量，为设计提供更多的新能源、新技术。新技术的开发和研制，是推动设计发展的重要动力，设计师的职责就是利用现代科技的成果，在降低消耗能源、减少污染的前提下，使大众能够享受设计的服务。如科学家在研究利用非食用植物或无用废弃木材、农副产品来代替纤维或木质素，生产可降解的塑料，既可以产生效益又可以缓解环境污染危机。科学技术是第一生产力，人与自然和谐关系的构建离不开科技创新力量的支持。

世界上许多国家都在技术控制主义约束下重视开发新技术和新材料，如瑞典等国开发出一种灭菌洗涤术，使 PET 饮料瓶和 PE 奶瓶的重复使用达 20 次以上；瑞典 Filltec 公司研制的 TＰＲ 绿色包装材料，由碳酸钙经过特殊工艺与加入光解剂的聚丙烯复合而成，其成分与鸡蛋壳极为相似，对环境几乎无害，可以加热成型、吹塑成型、注塑成型及挤压成型等，不同厚度的膜在光照下经 4～18 个月即降解成粉末，现已用于黄油、冰淇凌等包装。"技术控制主义将道德和生态价值引入技术的设计和应用过程当中，强调在技术、工具和人类以及道德之间追求一种正当的、巧妙的匹配。这种观点主张抛开过度集中的技术，转而去应用那种能够保存社会共同体价值的、分散的、具有人性尺度的技术。"[8] 再如，基于区块链技术，IBM 公司开发了一款用于食品工业的平台 FOOD TRUST，这项技术的使用可以在数秒之内追踪到被污染的食品源头，以更好地监控食品质量、安全。Timestrip 英国和 Visab 国际各自开发出标签式的传感器，通过标签上呈现的颜色帮助消费者辨认实物是否变质，此类追踪与包装技术可以减少包装物品中毒，也避免食物浪费。每一个新材料的创造、新技术的发明都可能成为设计造物的新元素、新动力，同时，设计师对新材料、新技术的使用，也必然会进一步促进科技创新和设计完善。新时代的绿色设计一定是以科技创新为动力源泉，每一步骤的实施一定是建立在技术控制和科技创新基础之上。

就社会属性而言，自然资源的存在不仅在于满足人类生存的需要，还在于满足人类发展的需要。在不超越生态系统正常承载的前提下，努力改善人类生活品质。这就需要我们借助科技手段和设计智慧，提供足够的资源，合理利用资源，创造出更大的社会价值。就经济属性而言，在不破坏自然资源的前提下，使经济利益发挥到最大。经济发展是生活质量的保证，但如果以牺牲自然资源来提高生活水平是不理智的，这种利益是得不偿失的，改善和修复自然环境必将使我们付出更大的代价。就科技属性而言，尽可能减少能源和其他自然资源的消耗，转向更清洁更有效的技术，建立极少产生废料和污染物的工艺设计系统，开发持久性能源等技术工程。可持续设计、生态设计、低碳设计、绿色设计都力求降低消耗，建立极少产生废料和污染物的设计体系。需要发挥我们民族的传统美德，更需要科学技术的力量的支撑，创造出新材料、新技术，同时需要设计师的投入，把绿色设计、生态保护、可持续概念和科技的力量运用到现代设计中去，这才是杜绝或减少污染源的根本所在。

（三）倡导进步的理念与生活方式

自人类依托第一自然借助造物活动构建起第二自然，开启人类的历史和文明，但随着人类力量的不断强大，人类中心主义的过度膨胀，逐渐给第一自然带来了不可逆的负面影响，陷入人类发展的困境。当对人类个体持续关怀的社会的意识形态发挥到极致，把个体当做潜在病人来护理的社会就出现了，即鲍德里亚在其《消费社会》中所提出的"疗养社会"。面对这一难题，设计师、建筑师、城市规划师都自封为社会关系及社会环境的魔术师，是时代的创世神，是社会人际关系的治疗师。设计与理想的关系、设计与未来的关系，关键在于人类存在及生活的方式，在于设计为大众提供应当如何更好生活的理念和提案。"我们需要以'去中心化'思路作为基础意识形态,去构建一种跨物种的命运愿景、合作逻辑和行动框架。非人类中心的伦理系统不仅有助于修正设计师'唯我独尊'的人类中心主义以及盲目的技术乐观主义,也将有助于推动形成一种以不确定性为价值驱动的新的设计策略。""人与非人共同作为物主体,从而,既为解决新兴技术伦理困境提供了新的认知模型,也将为后人类时代的设计实践提供了重要的价值框架。"[9]从某种意义上说,设计师、建筑师、城市规划师都是现实主义者,为当前人类生活方式建构微观方案和活动指南;他们也是理想化的未来主义者(futurist),承担着建构未来理想世界人与物、人与环境交流的重任。

图 5‐14　人类的城市建构

"人类世"(anthropocene)概念来自地质纪元的指称,最早由诺贝尔化学奖、荷兰大气化学家保罗·克鲁岑(Paul Crutzen)在 2000 年提出。针对地球的地质和环境,这一概念试图消解人作为地球主体的唯一性,打破主客二元对立,即去"人类中心主义","人类不是地球上唯一能动者",也被译为"人类纪"或"人类期"。现代设计的发展,围绕大众的日常需要、大众的消费观念、大众的文化觉醒,设计改变人类的生活方式的同时也在追求新颖、别致、刺激的设计体验,波普设计、反设计、激进主义设计等思潮先后在设计中占有一席之地。但"人类不是唯一的能动者""人类不是唯一被关照的对象",人与物构成一种去中心化的、扁平的伦理共同体。以严肃的态度,从设计本质、设计目的、设计服务的对象等伦理角度来看,认同去"人类中心主义"的"人类世"概念,去除了"人"的绝对中心状态,体现"人类世"阶段的实在价值,构建跨物种的伦理"共同体"是实现设计理想与设计未来的可行路径。

绿色设计、生态设计、可持续设计、低碳设计,关乎所有的设计产品和大众生活,是长期而系统的设计发展之路。因此,设计师不仅要把相关概念作为设计造物的思想基础,把相关理念融入每一件设计产品之中,注重产品的每一个步骤、每一个细节;还要把相关生活概念融入大众的日常生活之中,倡导健康、良性的生活方式。如2023年,中国车企比亚迪设计的SUV ATT03电动大巴被日本购买,迈出全面进入日本乘车市场的重要一步。在全球脱碳浪潮推动下,低碳设计给中国车企提供了一条赶超日本乃至世界同行的机会的同时,也在向世人倡导一种健康的、绿色的出行方式。设计师有责任、有义务科学引导大众树立低碳生活、低碳消费的价值理念,在日常生活中的方方面面都要践行环保、绿色、健康的生活方式,坚决抵制如一次性筷子、塑料盒、包装盒等不可持续产品的设计和使用,拒绝不利于生态保护的不良生活习惯和生活方式。

改革开放40年,制造业给我们的经济发展做出了巨大的贡献,但也让我们承受生态环境污染的代价和风险,不同程度地影响着我们生活的健康与质量。当前,我国正处于从"制造业为主体的经济体制"向"创新为中心的经济体制"过渡的关键时期,国家及各级政府加大对污染防治的力度,倡导生态文明建设理念,把绿色发展提高到前所未有的高度。在这样一个历史挑战和机遇共存的时期,如何让我们国家由"制造"到"智造"再到"创造",同时做到"山青、水美、天蓝",实现"金山银山不如绿水青山",这将是新时代摆在现代设计面前的一个非常重要的历史任务。设计必须坚持循环利用与再回收、以科技力量为支撑、倡导健康的生活方式,才能构建起人与自然的和谐关系。

参考文献

[1]〔美〕维克多·帕帕奈克.绿色律令:设计与建筑中的生态学和伦理学[M].周博,赵炎译.北京:中信出版社,2013

[2]李砚祖.艺术设计概论[M].武汉:湖北美术出版社,2020

［3］吴国盛.科学的历程［M］.长沙:湖南科技出版社,2020

［4］侯文蕙.征服的挽歌［M］.北京:东方出版社,1995

［5］姜松荣.设计的伦理原则［M］.长沙:湖南师范大学出版社,2013

［6］余谋昌.生态哲学［M］.太原:陕西人民教育出版社,2000

［7］尹定邦.设计学概论［M］.长沙:湖南科技出版社,2004

［8］zhc41232,https://wenku.baidu.com/view/a9c5d743cf84b9d528ea7ae0.html

［9］张黎.人类世的设计理想与伦理:非人类中心主义与物导向设计［J］.装饰,
2021(1)

在人类文明进程中，"伦理"始终制约着社会的发展，也制约着每个社会人的行为。英国哲学家约翰·穆勒（John Stuart Mill，1806～1873）说："约束是自由之母。个人的自由，须以不侵犯他人的自由为自由。"设计以"不伤害"为基本原则，"不伤害"是必须遵守的基本规矩法度，更是"自律"和"他律"的伦理底线。

　　对于设计师来说，"自律"不仅仅指现实生活中的自我道德完善，还在于自觉地为受众、为社会、为生态发展负责的意识和行为；"他律"指设计师在从事设计的始终都必须接受来自社会文化的影响，行业协会、权威部门的监督和制约。

第六章　设计伦理的执行与反思

　　人在使用设计产品，表面上是和产品接触，其实从深层次上看，是和设计产品背后的生产机构、营销理念、商业计划、售后服务、经济利益和消费文化发生密切关系，设计师正是沟通作用的中间环节。价值观、世界观决定了设计师对待人与人、人与社会及人与环境的态度，也决定了设计师职业素养的最终价值。当今，设计对大众生活的影响，发展到历史上前所未有的程度，设计不仅规范了人类的日常生活，也在很大程度上规范着人类生活的未来。

一、设计与设计师文化

　　进入现代社会，人类处在一个文化、思想、意识的变革时期，一方面，推翻了封建等级制度和政教合一的统治模式，建立起现代民主政治，精神和思想得以解放；另一方面，随着现代科技的发展、新材料的出现，人类的能力越来越大、越来越强。人本意识的觉醒，物质生产方式的变革，使人类的生活方式和价值标准发生极大变化，导致人与人、人与社会、人与自然之间的矛盾紧迫而严峻。旧有的伦理道德体系、日用规范受到冲击和挑战，新的伦理秩序与道德标准尚待构建与完善。所以，在探究设计伦理这一问题时，我们必须厘清"设计""现代设计""传统设计"概念的演进与不同。

（一）设计的演进

1. 设计（design）的初衷

所谓设计，指的是把一种计划、规划、设想及问题解决的方法，通过视觉的方式传达出来的活动过程。设计(design)源于拉丁文,本意指徽章、记号。在艺术与技术尚未明确区分时期,Design 与色彩、构图同列为绘画的基本要素,可以理解为素描,多用于艺术领域。Design 在初版《大不列颠百科全书》(1786)中的解释为:艺术作品的线条、形状,在比例、动态和审美方面的协调,与构成同义。工业化发展以后,design 在第 15 版《大不列颠百科全书》中的解释为:进行某种创造,是计划、方案的展开过程,即头脑中的构思。一般指用图样、模型表现的实体,但最终完成的实体并非 design,design 指为产生有效整体而对局部之间的调整,多指计划和方案。

Design 在现代汉语中的对应的表达是设计,但这是设计就其西语词源学上的含义,在古代中国的文献中,设计相应词义是计划、谋划、规划、打算、经营、构思、设想、运筹等。且中国古文献中对设计的理论与实践是分开表述的,《周礼·考工记》将设色之工分为画、锺、筐、㡡等部分,《管子·权修》中记载"一年之计,莫若树谷;十年之计,莫若树木;终身之计,莫若树人"。《三国演义》中,有"吾为汝设一计谋"的话语。在这里,"设"指预想、策划,"计"指方法、策略,包含了丰富的语言含意。在中国传统造物制器中与设计概念相应的词意当是"造物""制器""经营""谋篇布局"等词语。

"设计初衷"囿于历史范畴,其内涵与意义在不同的时代语境有不同的表达形式。但其本质诉求都是试图落实科学、技术与艺术的和谐统一,构建与生产方式相匹配的审美范式与生活逻辑,最大化体现民众生活中的现实价值。

2. 现代设计与传统设计

(1)"传统"与"传统主义"

相对于"现代""现代主义",须对"传统""传统主义"进行甄别。对传统主义的认知和审视决定我们对传统的视角和态度,直接影响我们能否达到客观理解当代设计文化的目的。从人类学的角度来看,传统是一个中性词,"用于指上一代传给下一代的活动方式、爱好及信仰等,因而可以延绵不绝;另一种理解是将传统视为一种行为方式或标准,乃是群体的产物,可以用来加强群体的意识和团结。"[1]P241 历史上传承延续下来的非物质文化都是传统,它是延续的变迁的、可变的、积淀的、发展的、有生命与温度的。所以,传统无所谓"正当"与"不正当",最好的和不好的。而好与不好,正当与不正当,须经由批判的程序或理性的丈量,秉承开放的心态和格局对传统进行反思、鉴别而后创新、发展。而"传统主义"乃是一种态度和哲学,主张接受、尊重及支持由过去传下来的社会制度和信仰,因为它们被认为是正当的和最好的,它可以说是建立在传统上、适当权威上的一种信仰和体系,与批判态度和理性主义成对比。[2]P219"传统主义"是农耕群体中发展起来的,根植于狭小而孤立的生态环境之中,各自的生活环境彼此熟悉,内在的精神交流、情感沟通、知识传递也易于达成。其心态是封闭的,相对保守和僵化的。以家庭及村落为中心,以农耕为主,手工业为辅,过着自给自足的生活。除附近村落之内的姻亲联结和集市交易极少与外界联系,其生活环境是一个没有陌生感的世界,村与村之间、人与人之间相互了解,共同的风格、习惯对每个人的言行都有自然的约束力,共同文化价值观、宗教信仰注定了传统文化极高的共通性和同质性。

传统与传统主义在设计中首先体现在观念上,再由观念影响到方法应用、材料选择、工艺方式等设计诸方面。如工艺美术运动虽然倡导为大众服务的理念,但仍然被中世纪设计风格所束缚,要求回到手工艺时代,其指导思想带有传统主义的成分。随后设计不断发展,传统与传统主义在设计中交错、碰撞,形形色色的设计流派和风格此起彼伏。其中后现代主义设计借鉴历史,注重传统,突出地方色彩,强调装饰的应用,从历史样式中去寻找灵感,注重传统、文脉、历史情景的再现,表现出对传统的充分肯定和高度重视。

(2) 传统社会与工业社会

传统社会里,人与人、人与自然的关系是建立在情感基础之上的,大自然被赋予人类的生命和感情,一切规范在传统社会中都不能摆脱情感的因素。如梁漱溟先生所言:"在中国,社会和历史是相重叠的,为了实现传统社会的特殊性质,往往称为伦理社会,即传统中国是一个以伦理为本位的社会。"[3]相比传统社会,工业文明建立在数量化、标准化、专业化基础之上,而且人也从自然中分离出来,个人的意识和精神活动必须适应其基本规范和原则,不可动摇。工业社会中人们遭受着时空压力、人际疏离,其单调刻板的生活、工作是人生常态,是英国诗人托马斯·艾略特(T.S.Eliot)"空心人"真实化写照,人们内心缺乏共通性而紧张不安,整个机器化的社会把人变为机器的一部分。工业社会中的诸多问题不是个人能抗拒的,"空心人"现象也并非全是现代人的堕落写照,现代人是工业社会的肇创者、实践者,也是工业社会的获益者和受害者。传统文化具有惯性和封闭性，工业社会以来的现代文化具有创新性和兼容性，无论是传统与现代的整合还是东西方整合，都是在矛盾中完成的，其完成整合的过程就是消解矛盾，融合适应，形成新的现代文化。

1887年，德国人腾尼斯（F.Toennies）在"通体社会和联组社会"一文中，提出"通体社会"的概念，即以小乡村为代表，共同拥有实质上的文化相通性。体现出亲密的、无间的、排外的、与世隔绝的共同生活，与中国的传统社会有较多的吻合之处。腾尼斯分析现代社会认为：城市生活是个人主义和自私自利的，甚至相对敌对的，即"联组社会"，其特征是理智的、机械结合的且工于心计的社会联结体。传统社会的模范人物主要是圣贤之士、侠义豪杰，走的是精神情感路线，以德操为唯一衡量标准。现代社会的伦理典范需要在继承的关系上有创新和转变，其最重要的衡量标准已不仅仅是德操，而是高水平的专业知识和创造力，以及改变现代生活方式的影响力，如科技贡献者、民主斗士等。对传统社会特性的了解，有助于我们对传统伦理的深入理解。

传统社会与工业社会表现在设计上最显著的特征是技术选择与材料的应用不同。传统技术即传统手工技术，借助人力和畜力对自然材料的加工、提炼、创造技术。现代技术指工业革命以后，借助机器生产和电力、石油等高效能动力实现的革新技术，两者之间有着许多差异。首先，对待自然的态度不同，传统技术受制于自然所能提供的物质和能源，而现代技术针对并试图掌控自然，自然被打上技术的烙印；其次，提取材料的途径不同，传统技术应用的材料是自然提供的，其造物的形式与自然紧密联系，而现代技术将自然材料减化成小的成分，再融入设计的结构中，形式上尽量脱离自然所赋予的可理解形式；再次，应用能量的来源不同，传统技术能量来源于动物和人类提供的拖力和肌肉力量，而现代技术能量来源除自然的风力、水力，还来源于原子能、太阳能等新能源；最后，传统技术时代，产品的生产制作基本上是由掌握传统技术的匠人独立完成，而现代技术中，设计、生产不仅仅分开，而且进一步细分，各自作为一个独立的过程而存在。

（3）"现代主义"与"现代主义设计"

"现代主义"一词一般被用来表征19世纪末到二次大战结束这半个世纪的文化运动，率先从文学、艺术、音乐、建筑等领域开始，涉及印象主义、后印象主义、象征主义、未来主义、达达主义、超现实主义等。"现代主义"

一词往往有肯定与否定两层含义,肯定的方面多指在美学与艺术领域的新颖、激进和创新;否定的方面多指艺术风格的拙劣、古怪、异端,正如"哥特"式建筑和"印象主义"名称的由来,最初被用来批评对传统的背离。在历史实践过程中,现代社会的特征构成了现代生活的主要内容,现代主义这一非人格特性也逐渐被大众所看清。从人的内心体验角度来看,"现代主义"之中的现代体验与传统体验相比有巨大变化,在时间、空间方面,以及在工业文明和现代社会的成就方面,"现代主义"代表流变、短暂、偶然、分裂、碎片;而传统农业社会给人的体验是稳定、统一、永恒和整体。正如美国学者丹尼尔·贝尔(Daniel Bell)指出的,现代主义是西方文化史上最大的一次文艺创作高峰,其成就涵盖了几乎所有文艺领域,包括艺术与设计的各种实验,但由此也导致文化的一致性,引起大众对传统文化标准、道德伦理的怀疑,艺术生活之间的界限模糊,艺术评判标准的日趋"民主化"。

　　我国的现代社会意识形态和民主精神发展相对滞后且曲折,1915年,陈独秀在《青年》杂志第一期(第二期改名为《新青年》)发表"现代欧洲文艺史谭"一文,该文主要介绍了当时象征主义思潮在欧洲的传播。在"五四运动"前后,胡适、闻一多、鲁迅、郭沫若和茅盾等在翻译介绍印象派、象征主义文学和未来派方面做了不少工作,对亨利·柏格森(Henri Bergson)的生命哲学和弗洛伊德(Sigmund Freud)精神分析法的介绍也在这个时期取得了一定的成就。"五四"以后,民主意识得以提高,现代社会意识逐渐觉醒,被国人赞誉为"德先生"和"赛先生"的西学东渐受到文化精英的顶礼膜拜,试图借现代之力改革社会和经济,实现现代的本土化设计尝试。及至中华人民共和国成立以后,以科学技术为引导,初步实现大机器生产,即今天我们称道的工业现代化、农业现代化、国防现代化、科学技术现代化四个现代化。改革开放以后,现代科技、现代生产理念的介入,现代社会意识进展程度获得了空前提升,当今中国在现代化科技上取得了辉煌成果,已让世界为之瞩目。

　　"现代主义设计"是20世纪期间发展起来的设计活动,艺术设计创作过程展现出物质层面的非人格性。一批建筑师、设计师和艺术理论家在20世纪初引领了一场追求新的审美观的运动,目的是追求理性的、有秩序的设计方式。其内在特征是理性主义以及19世纪以来出现的客观精神;其口号是"形式服从功能";其代表人物有密斯·凡德罗(少就是多),柯布西耶（把房子描绘成供人居住的机器）。现代设计运动的突出流派如荷兰风格派、俄罗斯构成派、美国的流线型设计等。[4]P137-139 笛卡尔的理性主义奠定了现代主体哲学，以理性主义为根基的现代主义站在自然界的对立面，许诺以理性的解决方案把人类带入一个自由世界，力求对自然进行掌控和驾驭。相反，自 20 世纪 60 年代以来，后现代主义倡导将传统符号和现代手法相结合，才能使设计为时代所接受，艺术设计的特征走向了多元化。此外，由于不同国家或地区发展进程不同、文化背景存在差异，其社会性特征在现代设计中呈现出来的风格也各不相同。

（4）"现代"与"现代设计"

"现代设计"这一概念是相对于"传统设计"而言，其概念的界定具有明显的时间性。首先，从时间的纬度来看"现代"一词，西方自文艺复兴之后，文化逐渐摆脱封建思想的束缚，倡导民主、科学，抗拒神权、君权，标有"人本主义"精神的文化形式是进入"现代"这一时期的重要标志。其次，现代设计并非一种风格或流派，也不是一股学术思潮，确切地说，现代设计是相对于传统设计而言的，是一个时间的概念。它包括 19 世纪后期以来，设计发展中出现的一系列活动和实践，如工艺美术运动、新艺术运动、装饰艺术运动、构成主义、风格派、德意志制造同盟、包豪斯、孟菲斯、现代主义设计、国际主义设计、后现代主义设计等。

"现代"一词的使用就是为了突显一种时间概念，意味着同过去的某个时间段区分开来，意味着与过往的割裂而放眼未来，具有时间的界限感。其实，"现代"一词早在公元 5 世纪的欧洲就出现过，当时的目的是同异教的罗马社会相区别，以巩固基督教确立不久的精神和意识统领地位。从与时间断裂的意义来看，"现代"一词主要是针对中世纪，多指 16 世纪以来首先出现在欧洲的社会事实，以文艺复兴和宗教改革为标准。人文主义的觉醒，宗教对人思想束缚的减弱以及教会在社会中地位的下降，宗教和教会二者所起的作用开始式微，个人主义、世俗生活逐渐被社会广泛接受和重视，成为现代主义的发端。此外，受进步主义和发展主义的欲望所驾驭，"现代"一词还有另一个含义：越是新的就越是现代的。这种现代性体现出明显的时间紧迫感，时代快速发展，社会瞬息万变，现在是新的转眼就是旧的、过时的，较之过去，现在更为先进、更为成熟。这种对留驻时间的渴望和当下的紧迫感裹挟着现代人不断地品悟、回味历史发展过程中的现代性浪潮。对此有人支持，对现代性的历史进程持肯定态度；有人反对，认为现代性进程引发了社会大众的不安、焦虑、暴躁和恐惧。毫无疑问,自 16 世纪,当"现代"思想驶离完全由宗教宰制的码头,迈出中世纪开始,人们就不断地拷问"现代"一词的内涵与外延。现代社会与古代社会的区别,现代技术与现代经验的争执,现代文化与传统文化的冲突,概念的突破与完善,逐渐孕育出反理性、反现代性的文化思潮,即后现代主义,今天各种各样的艺术设计形式与潮流是反抗现代性的最新、最激进的表达。忧郁的、怀疑主义的、自我批评的思想在精英文化中传播、流行,反叛传统和挑战权威成为现代文化精英追逐的学术精神。

即使设计发展到今天,我们还是对当下的生活和设计的界定是现代的,具体体现在"现代设计"创作过程展现出物质层面的非人格性。与传统设计相比,两者的根本区别在于:(1) 现代设计与大工业生产和现代文明密切相连,与现代社会生活联系紧密;(2) "现代设计"指在现代建筑、现代工业产品、现代平面设计等方面呈现出的新理论、新方法和新思想;(3) 现代设计符合现代人的生活习惯,能给人类提供良好的人机关系、方便的交通工具等,为人类提供舒适、安全、美观的生活环境;(4) 现代设计为现代人、现代经济、现代市场、现代社会提供一种服务的积极活动,以及促进人类在现代社会中方便、自然交流的重要手段。

(二) 设计分工及职能细化

传统艺术设计中,艺术与手工艺匠人被割裂开来,"希腊化和罗马时期出现了自由主义(Liberal Arts)与奴隶艺术(Vulgar/Servile Art)的区分,欧洲中世纪将奴隶艺术改称为机械艺术(Mechanical Art)等。"中国传统社会中有文人画与工匠画之分,这与西方自由艺术和奴隶艺术相类似,其性质无关行业的差异,都是一种阶级和文化的划分。[5]P32 14 世纪文艺复兴早期,没有所谓"高级"美术与"手工"的等级对立,美术即高级的手工艺,手工艺即美术。"无论是就出身而言,还是就专业技能操作方法的性质而言,或是组织方面就他们所参加的行会而言,造型艺术匠师都是和手工艺人息息相关的。"[6]P303 文艺复兴时期艺术理论家瓦萨里(Vasari)认为:"disegno"在实践活动中意指"绘制",是所有视觉艺术的基础,通常被称为"设计的艺术"。此时的"disegno"是指在进行绘画、雕塑创造等艺术活动之前,概念化阶段的草图。所有艺术家都必须掌握"disegno",这是他们从事艺术设计创作活动的一部分,此时设计尚未成为专业人士的专

门职业。相比中世纪,手工艺匠人更能表现自己的个人风格、体现个人
艺术特色,一些翻铸匠师和珠宝工艺匠师凭借其精湛的工艺水平和高超
的设计构思而青史留名。如佛罗伦萨斯特罗茨府邸里的壁灯,是卡帕拉
地区的匠师尼科洛·格拉索按照宾湿杰托·达·麦迦诺的图样,在 15
世纪末叶设计的。

16 世纪,"大美术"的概念开始出现,手工艺匠人与美术师之间的社会
地位也逐渐有所区别,但两者的关系依然紧密。进入工业化时期,民主主
义推动西方社会率先进入现代工业文明。19 世纪末 20 世纪初,欧美国家
的工业技术发展迅速,新的设备、机械、工具、材料不断涌现,极大地促进了
生产力的发展,对社会结构和社会生活带来了巨大的影响与冲击。设计与
制作、生产与销售彻底分离,设计师成为独立的职业,设计成为独立的行
业。传统设计,设计者与制造者是统一的,没有明确的分工和职业界限,机
器化大生产,使得现代设计成为一个独立的活动,虽然设计与制造紧密联
系,倡导设计与艺术、技术相结合,但设计与制造的社会分工明确、职业界
限清晰成为一种不可逆的趋势,设计者与制造者分工是现代设计的重要特
征之一。设计师是接受专业训练,受聘或受委托于制造商的专业人员所开
展的专业活动,设计者通常不会参与设计产品的生产与制造活动。可见,
设计师的出现是职业日益细分的结果,是 18 世纪和 19 世纪工业革命成果
的一部分。

设计及设计师的历史发展脉络

图 6-1 设计及设计师的演变图

在工业化进程的初期,设计师对工业化大生产是持抵触甚至是拒绝
的,如威廉·莫里斯、约翰·拉斯金等,以不合作的态度反对工业化产品。
设计师希望回到中世纪时期的创作风格中,希望设计能如艺术一样被社会
所接受。随着工业化水平的不断提升、时代的发展,设计师意识到自己处
在由科技文化和市场价值所构建的世界中,设计师对工业文化的积极态度
不应是抵触、回避,而是应该有效地利用。如 1907 年成立的德意志制造同

盟(Deutscher Werkbund),由设计师、艺术家、建筑师、企业家和政治家组成,同盟积极推进工业设计,力求使工业制品质量达到国际水平。进入工业化时期的现代设计,新能源、新材料、新动力逐步应用到新的生产方式之中,应用到大机器生产之中,导致设计与制作、生产与销售的彻底分离,设计师成为独立的职业,设计成为一个独立的综合性行业。要求设计、设计师在制作产品之前对产品的功能、造型、装饰、材料选择、生产流程、资本应用有明确的市场定位,必须符合规范化、标准化、机械化和批量化的社会生产原则。设计超出了国界、阶级、地域、民族,在保证功用的前提下,应该符合大众的审美观念。此外,设计在适应工业革命带来的生产方式的同时,还必须担负起推进人类生产方式的发展和变革的任务,创造和改良人类的不良生活方式和审美惯性的责任。随着社会的发展,无论是设计还是设计师,都开始被要求独立担负起伦理的责任。

(三) 设计师文化反思

关于设计师文化现象的解释为:这一现象表明消费者通过消费获得一种商品的身份标志,即大众清楚使用该商品的人拥有高雅品位,处于社会特定地位。类似定制人工制品中反映出的个性主义,它们在工业化之前确保了上层阶级的社会地位,以及生产和消费的分离。购买与设计师机密相关的产品的人"不仅表现出自身的购买力,也展现出自身与设计师或艺术家们同步的审美教育,能够将自己与他人区分开来,从而实现皮埃尔·布尔迪厄所谓的'区隔'。"[7]P225 设计是设计师利用现有技术创造的新物品,设计师在新物品、制造商和消费者之间起到联结作用,实现了更大的社会意义,创造出设计文化并实现了设计文化的附加值。

1. 设计师的研究领域

现代设计立足于现代社会、现代生活的可计划、可实施的项目内容,涉及现代社会标准、现代经济和市场、现代人的需求(生理与心理)、现代技术条件、生产加工条件等几个大因素。"设计解释科学,设计为科学寻找意义,设计是将科学技术变为一般人可以理解和参与的东西"[8]P24。它的核心内容包括三个方面:首先计划构思的形成,其次设计方式的决定,即把计划、构思、设想、解决问题的方式利用合理方式传达出来,最后是计划的具体应用。第二次世界大战以后,大众旅行、新通信技术、平装本出版的发展和企业认同方案的兴起,社会提供的工作机会成倍增加,"平面设计师"这一专业名词开始取代"商业艺术家"。随着艺术设计学科理论和实践的不断发展和完善,其学科专业内涵与其专业之间的相互关系处在不断的变化中,"平面设计师"也及时让位于另一术语——"视觉传达者"。伴随着新职业的自我界定,"视觉传达者"也在某些环境中担任了更主动积极的角色,在实践中进行现代设计实验,试图去推动它所服务的设计而不只是被设计所推动。

现代设计的计划、构思受到现代市场营销、普通心理学和消费心理学、人体工程学、技术美学、现代技术科学等因素制约;传达这种计划的构思方式可以从传统的手工绘图、模型,到电脑设计表现来完成;最后的设计应用则与生产方式和技术条件密切相关,具有高度目的性和实用性。有学者研究,"在现代社会生活中,一个成年人至少拥有 30 000 件供其使用的物品"[9]P12,并且物的种类会随着人类文明的演进越来越多。如订书机、回形针、信纸、剪刀、大头针、铅笔、胶带等,这些物品各有各的功能,在人类的生活中发挥着重要的作用,同时也在随着人类的发展而不断变化。从这一方面讲,"在对设计进行分类时产生的困境并非仅仅是因为物的种类丰富,更多是因为物的形态快速变化,物与物之间的关联模糊,以及设计在非物质领域的开拓"。[10]P33

我国由最初的工艺美术、实用美术发展到染织、装潢、装饰,进而演变为如今更为精细的专业分类。早期我们把设计分为平面、立体和空间三大类,而后把设计划分为视觉、产品、空间、时间和时装设计五大领域,但都存在争议。而目前设计师和理论家倾向于按设计目的不同进行分类,如视觉传达设计(为了传达的设计)、产品设计(为了使用的设计)、环境设计(为了居住的设计)。不管哪个时期哪种分类,都力图分清艺术设计各行业之间的关系,厘清各自的研究领域,但显然每一种划分都不可避免地有矛盾和遗漏存在。(如图 6 - 2)

2. 设计师的文化形式

设计师因为拥有专业知识和艺术技能,他们的名字与相关产品、形象结合,可以借助"艺术家"身份实现产品的附加值,即把自己名字用于促销产品的设计师,其自身也在这个商业过程中一同被消费。可以这么说:设计师的艺术技能和主导地位赋予设计以文化角色,这一角色就处在生产和消费的交界处,这一文化角色创造的价值超出了设计师日常从事的工作价值。换句话说:所谓设计师文化就是认为设计师身上蕴藏着现代性的精神

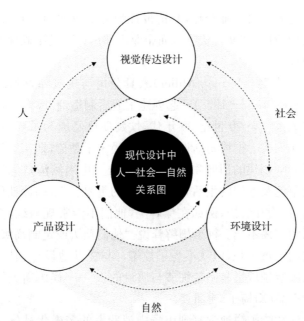

图 6-2　现代设计中人—社会—自然关系

和文化来源,设计师在确保制造商的经济利益同时也满足着消费者的精神需求和文化渴望。

（1）顾问设计师

顾问设计师模式于 20 世纪 20 年代末在美国出现,因为其探索设计与新兴工业相结合的方式,能够增加大众的消费需求,很快为其他国家所效仿。20 世纪 50 年代,意大利家具制造商卡西纳(Cassina)与佛朗哥·阿尔比尼(Franco Albini)、吉奥·庞蒂(Gio Ponti)及维科·马吉斯特蒂(Vico Magistretti)合作,放弃了为意大利海军生产批量化、标准化的家具,转入"设计师家具"设计行列。这种家具是产品制造商与设计师的联合产物,采用以设计师群体或者个人名字来推销设计的新消费模式,既确保了产品的创新性和现代性,又使所设计的产品能以"艺术"的名义销售。同时代还出现了设计师作为顾问角色与制造商的合作模式,如意大利的艾契烈·卡斯提奥尼(Achille Castiglioni)与弗劳斯(Flos)、布莱维加(Brionvega)合股的公司,马尔科·扎努素(Marco Zanuso)与阿尔弗莱克斯(Arflex)、卡特尔(cartel)合股的公司。埃托·索特萨斯(Ettore Sottsass)也和规模庞大的奥利维蒂公司合作,就艺术与设计为其提供广泛的咨询。公司或制造商十分看中与外部设计师合作,聘请设计师为企业顾问,为公司产品提供了高水平的创新性与"文化资本",而企业内部设计人员则确保设计的可行性和执行力度。

赫尔曼·米勒(Herman Miller)家具公司与建筑师查尔斯·埃姆斯(Charles Eames,1907~1978)一起创建了战后制造商/顾问设计师之间最著名的合作关系。至20世纪50年代,埃姆斯已经成为重要的国际人物,大众甚至向往购买一把埃姆斯设计的赫尔曼·米勒椅,期望这把椅子能把他们带入设计师创建的田园生活。埃姆斯夫妇也当然清楚他们身上具有的社会文化角色及他们的生活方式对大众的重要意义,因此他们非常注重自己的语言、行为和装扮,例如在穿着上,他们不走常规路线,喜欢保持并凸显艺术家的放荡不羁。柯卡姆解释说:"他们购买或定制高级服装,选衣服……重实用也重美观,但从不为了炫耀。与在其他设计领域中一样,埃姆斯夫妇在服装领域里是坚持细节与质量的人。"[11]埃姆斯夫妇清楚设计文化比设计产品(新椅子)更重要。

顾问设计师能敏锐地觉察到市场中消费者的多样化品位,例如:诺尔曼·贝尔·格迪斯(Norman Bel Geddes)通过对消费者进行大量问卷调查来了解市场,他为菲力柯无线电公司(Philco Radio)设计了四款不同的收音机:"高脚款""矮脚款""无脚款",以及收音机与电唱机组合款,每一款都使用不同的设计以适应不同的市场,涵盖最保守到最新潮的样式。"它是

图6-3 诺尔曼·贝尔·格迪斯

一个大得多的社会文化'增值'过程的一部分,这种文化和商业上的'增值'借助向'设计师产品'中注入创意个性而使其区别于批量生产世界。"[12]P201因为物品、形象和环境与著名设计师的名字建立了关联,这一物品、形象和环境被人为赋予了文化和经济价值,设计师顾问以此效仿重要艺术作品的价值,丰富设计师文化,获得更大的附加值。

（2）签名设计师

二战以后,设计师名称与他们设计的产品开始关联在一起。战后早期,在时尚领域就出现了用设计师的名字来销售产品的文化现象,尤以法国、意大利盛行的依靠少数著名人物名字建立声望的高级女装屋、精英时尚设计公司等,如克里斯汀·迪奥、皮埃尔·巴尔曼、让·巴杜和让娜·朗雯。20 世纪 40 年代到 50 年代,企业以设计师名字来推销产品的商业模式成为一种文化特征,如美国的 IBM 公司、诺尔家具公司 Knoll、德国的布朗公司 Braun、意大利的阿特米得 Artemide。可见,如同绘画与雕塑艺术家,署名成为一种商业设计师文化现象,强化了设计产品的文化价值。至 20世纪 70 年代,文化名人走向前台的"名人效应"、大众文化中的"个性崇拜",成为设计文化的主导力量,明星、球星联袂占据主流文化的一席之地。在媒体主宰的 20 世纪最后几十年中,设计"名人"扩充了两次世界大战之间及战后几年的好莱坞"明星体系",放大了 20 世纪 60 年代"流行偶像"概念的范围,即将设计师纳入大众消费文化之中,依赖媒体的支撑与宣传,形成、巩固了一套明星文化发展的新体系。"签名设计师"具有非常的社会影响力,他们一旦将自己的名字用到设计中,这些人工制品便立刻拥有了"附加值"。如在时尚领域,从可可·香奈儿到伊芙·圣罗兰,其女性服饰作品中体现的个性崇拜、明星效应,衍生出的"附加值"清晰可见。

意大利设计师埃托·索特萨斯意识到自己在当代文化中的影响力,借助媒体的巨大力量向广大民众传播其激进的设计主张,提出现代主义已经不能满足当代社会的文化需要。索特萨斯还借助大众复制和模仿手法,将代表设计师的图案复制在手提袋、宣传册、杂志、广告等民众日常用品上以形成"设计师明星效应"。意大利阿莱西公司结合设计师文化,开发了一批文化意义上超越实用功能的产品设计,如迈克尔·格雷夫斯、查德·萨帕、菲利普·斯塔克,他们都成为媒体钟爱的超级明星设计师,冠以他们名字的产品都实现了附加值的增长。

与传统产品设计、装饰设计不同,汽车设计与制造领域的设计师或造型师名字多不为人知,设计主角的名字总是被藏起来,"展示的是制造公司的名字,这一领域甚至避免使用'设计'这一词语,而用汽车'式样'来指代设计,这种为了与汽车工程区分开来的名称一直持续到20世纪最后几年"[12]P191。20世纪80年代后,少数意大利汽车设计师如巴提斯塔·平尼·法瑞纳(Battista Pinin Farina)和吉奥加罗·乔治亚罗(Giorgio Giugiaro)并不为人知晓,民众只知道菲亚特、通用、大众、雪铁龙、路虎等汽车制造商的名字。在美国、德国、英国、日本等汽车制造大国,汽车设计师或造型师的名字也只为很小的专业群体所知。20世纪90年代末,这种情况发生了变化,汽车设计师首次走向公众,在电视及杂志的商业广告中推销他们的设计,如奥迪公司的彼得·希瑞尔(Peter Schreyer)是最先露面的人物之一,随后福特汽车设计总监J.梅斯(J. Mays)负责收回和更新著名的"雷鸟"车型。J.梅斯还着重提出2002年汽车设计师的任务是"讲故事",把叙事概念引入卓越的高科技产品。以设计师的名字来推动产品的销售,开启签名设计师的另一种形式。

图6-4 福特汽车设计总监J.梅斯的雷鸟车型

20世纪50年代,设计师被提升到"英雄"的高度,并被赋予高深、时尚、文明的角色暗示。但"明星设计师对于消费的推动毫无疑问是一把双刃剑,甚至在消费文化的批评者眼中,他们就好像是广告商一样成为厂家的'帮凶'"[7]P223,随着设计师文化的商业化和泡沫化,这种"明星制度""明星设计师"逐渐被大众淡忘,"慢慢让人生厌了"。[12]P167虽然如此,知名设计师因为其在设计界的突出地位,对文化、商业价值的影响依然强大,甚至以私人定制等形式出现,尽可能放大设计产品身后的附加值。

(3)"品牌"设计师

随着汽车和产品融入设计师文化,设计师与人工制品同一化的文化现象在设计领域出现,如詹姆斯·戴森(James Dyson)取代了"胡佛"成为全新吸尘器的设计者;时装领域如卡尔文·克莱恩(Calvin Klein)、古琦(GUCCI)及范思哲(VERSACE)等以设计师命名的时尚"品牌"也流行起来。此类大批量制造的、具有品牌名称的设计师文化迅速普及并很快突破服装范围,吸纳了装饰品和香水,创建了生活方式情节以吸引寻求新身份认同的市场。"人们既属于群体,也是个体,基于这种基本矛盾,'设计师'一语可指一个工艺和奢侈的世界,它远离机械化批量生产和以媒体为导向的大众消费的现实。"[12]P201在这一文化现象中,"品牌"设计师一词获得了新的意义以激发大众需求。(如图6-5)

图6-5 品牌Logo设计

法国社会科学家皮埃尔·布迪厄(Pierre Bourdieu)描述的"文化资本",在20世纪30年代可以通过物质人工制品来消费,物品的外观出自著名的工业设计师。产品与设计师的名字相结合可以将无名产品个性化,即向消费者暗示批量生产的标准化产品是面向他们个人的,这是在批量产品中重建个性主义的一种方式。"正是亨利·凡·德·费尔德在1914年与穆特修斯所争论的,当支付得起的标准化产品成为标准时,对于消费者和制造者来说,在产品中保留或者重新注入某种个性化的元素变得极为重要。"[13]P80 20世纪末,巴塞罗那的品牌重塑完全依赖于文化资本含量相当高的设计概念,如奥斯卡·图斯奎特(Oscar Tusquets)把自己设计的一把椅子命名为"高里诺"(Gaulino),即将巴塞罗那本土的现代主义建筑师英雄安东尼奥·高迪(Antonio Gaudi i Cornet,1852~1926)和20世纪40年代意大利文化重建中的重要设计师卡罗·莫里诺(Carlo Mollino,1905~1973)这两个名字结合起来。

伴随着设计师的地位前沿化、公众化,在设计师获得了与影视名人和体育明星同等地位的同时,设计师文化也完全融入 20 世纪 90 年代的大众消费文化之中。设计师文化发挥着巨大的力量,推动大众的消费,当设计师名字进入到广泛的大众消费群体,设计师名字就成为一种无形的文化资本,既维持着经济运转又维持着社会文化体系的构建,并通过不断开创新的需求和商业模式推动消费。进入 21 世纪,设计师与制造业的联系逐渐减少,而与商业领域的联系快速增加,设计师文化充斥于大量通俗杂志的页面,出现在推销各种商品和服务的电视广告中。传统设计各专业间的界限不断被打破,不同设计领域结合、协调、合作成为设计师文化发展的大趋势。

工业化时代,设计与商业联手,消费不再按照公民身份,而是按照消费群体或"品味文化"的成员身份来界定。国家的概念由借助产品中蕴含的文化和习惯来界定,如通过 Burberry 雨衣来界定英国形象,意大利面食界定意大利形象,奢侈品、香水与女装界定法国形象。应该清楚只要工业化文明继续推进,科学技术仍然以惊人的速度发展,主张艺术自由、回归自然、承传传统,体现人性的存在价值,就必然受到工业社会和技术规范的洗礼,所谓对现代主义的各种抵抗、变革只不过是换个角度和立场使现代主义逐渐完善而已。

3. 设计师文化的理想与现实

设计师有别于工程师,也不同于早期的手工艺劳动者,他们受过良好的艺术培训,倾向于艺术家的身份认同,力求借助设计实现自身的艺术理想与自由。随着科技的发展、对科技的倚重,人们开始对理性主义的设计持矛盾心态,对设计在市场、企业以及生产流程中的地位持抵触情绪。具体表现为:设计师同企业或雇主的矛盾,设计师同社会考量标准的矛盾,设计师同自身艺术追求的矛盾。

(1) 设计师同企业或雇主的矛盾

设计师与商业的结合可以追溯到两次世界大战之间,"商业艺术家"一词被广泛用于描述大多数接受过艺术训练,以多种方式将艺术设计技能应用于商业的个人。"设计师作为现代产业角色,因为承担着将参与市场经济活动各方的利益意志转化为利益事实的职能,所以同时也发挥着开发其利益来源,设计其利益额度,满足其利益需求及为此协调其利益竞争,平息其利益冲突的作用。"[14]首先,设计师接受企业、集团的委托,都必须对委托方负责。设计必须达到预期的目的,为受众所接受,否则,无论是出于商业的目的还是公益、文化宣传的目的,都是人力、物力和财力的巨大浪费,对委托单位的生存、发展、经营产生不利影响。其次,设计产品传递、销售到消费者或受众的手中,必须有利于改进他们的生活条件、改良他们的生活方式、改善他们的生存环境。作为设计的主体,设计师设计的产品必须对大众生活的社会和自然环境负责,必须为广大的民众创建更好的生产条件和环境服务。不然,设计产品进入社会大众的日常生活,但却不能达到预期的效果,不能给使用者带来利处,甚至损害了受众乃至其他社会公众的利益,就是设计师的严重失职。

设计师是沟通雇主和设计项目之间的桥梁,既要考虑到雇主的利益、情感,又要考虑到项目的实施和自身的设计理想,往往处在一种两难的状态之中。此外,设计师和设计都是社会性的,设计师要考虑到来自自然、群体等多方面的要求,来自雇主和多方面的压力常迫使设计师妥协,往往在实施设计时采用折中的方案。

（2）设计师同社会考量标准的矛盾

设计师同社会考量标准之间的矛盾反映在设计师的职业道德这一问题上。职业道德涉及"自律"和"他律","自律"为约束自我的规律,即从主体内在道德观中引申出来的道德原则;"他律"是来自设计主体之外的规律,指不以主体意志为转移的外部原因,如社会法则、道德原则等,两者都是西方伦理学中的重要概念。马克思主义伦理学认为:道德不依赖于主体意志而存在,对人及人的行为具有约束和规范功能,道德的主体把社会的道德标准内化为自觉的道德信念作为自身的道德准则加以遵守,即道德的他律性。

道德是他律性和自律性的统一,职业道德是社会道德的一部分,同样具有他律性和自律性的统一特征。职业道德首先表现在从业者必须遵守的道德规范,外在的必然性对从业者的限制和支配,即道德的他律性。"从职业的现实基础看,职业道德规范的他律性表现为客观的职业道德关系和道德要求,对从业人员职业实践活动的基本节制和约束;从个人利益和集体利益的关系看,职业道德规范的他律性表现为社会整体利益和职业团体利益对个人利益的适度节制和约束;从职业理性的角度看,职业道德规范的他律性表现为职业理性对从业人员的欲望或情感的控制和掌握。此外,职业道德规范的他律性还表现为它的价值导向性,职业道德规范在约束从业人员行为的同时也有对从业人员行为的引导作用。"[15]P346换句话说,职业道德规范的约束力体现在不但要明确应该做什么和不应该做什么,更要知道约束某种行为和激励某种行为。设计师必须服从、遵守社会的考量标准,即"他律"决定"自律","自律"涵盖"他律"。

（3）设计师同"自身"艺术追求的矛盾

从艺术与设计的理解来看,有众多的说法与理论:艺术是一个复杂的现象,兼有精神与物质的参与成分,艺术可以分为美的艺术和实用性艺术两大类:美的艺术即纯艺术,是精神性的,创作纯艺术作品过程中使用的技术、肌理、材料等表现语言,都是为增强艺术的感染力;而实用艺术则是物质性的,虽然也有审美需求,但它的主要功能依然是实用,是物质化的。实用艺术曾被称之为"次要艺术""小艺术"或"羁绊艺术",实用是一个大概念,它既包括现代大机器生产的工业产品设计,也包括手工艺制作的实用艺术作品。纯艺术与实用艺术是艺术范畴中不同的艺术形态,"艺术类型不过是内容和形象之间的各种不同关系。"[16]P95从本质上看,艺术关注的中心在于"自身",注重个性的表现,而设计更多地关怀"我们",力求获得群体之间的认同和关系构建,纯粹艺术家是小众的,而设计师是大众的。纯艺术更多体现艺术的一面,而实用艺术既有艺术的一面,又有非艺术的一面,它是纯艺术与日常生活的中间地带。

艺术设计是艺术与实用的结合,与大众的日常生活密切相关,要使艺术设计不迷失于功利层面而真正成为艺术,必须从功利和审美的层面上升到伦理境界。现代社会,"物质欲望"的过度膨胀,导致道德失范、金钱至上、资源浪费、生态失衡等一系列社会问题,伦理约束缺位的设计打破了人与自然的和谐关系,与人的全面发展背道而驰。设计亟待伦理回归,亟待人文关怀,要求设计肩负起伦理的责任,以人文关怀为己任,从人、社会、自然的高度全面考虑物欲、人性、资源、环境等因素。设计师通过对物质的人工设计,实现设计的本质目的,即实现群体关注个体、个体遵从自身、个体与个体之间的关怀,乃至从伦理标准和道德观念上关怀其他生命形式甚至整个生态环境,谋求人类社会的共同生存、平等、进步、秩序和安全。可见,艺术设计具有的历史使命感是纯艺术不能比及的。当代艺术设计在纯艺术、实用艺术,现代设计和手工艺术几个概念之间构建了一个相互区别又相互联系的关系,有一定的层次性而没有大小、高低之别,更没有贵贱之分。

二、设计师的伦理要求

赵江红先生在《设计的生命底线——设计伦理》一文中提到:"伦理是指我们根据一定的价值体系决策和行动的指导标准,设计师尤其希望将自己的工作建立在某种复杂的价值判断和意义判断的基础之上。"[17] 而实现这一设计伦理目标就是:设计师面对人与社会、人与自然环境时表现出的责任意识,设计师对人类未来发展具备的人文思考,设计师遵循自我约束和外部规范,即设计师素养和职业责任中体现出的"自律"和"他律"。

(一) 设计师的专业素养

现代设计已经发展成为一门综合学科,其复杂性、跨学科性、时代性对设计师的要求和评价标准提出了更高要求。如果设计仅被视为实用美术,产品设计仅被当做功能实现或造型创建,则无法满足大众的需要、不符合时代的要求。时代要求设计必须符合规范化、标准化、机械化和批量化的社会生产原则,为此,设计师不仅仅要了解产品的功能、造型、装饰、材料选择、生产流程、资本应用,还要在设计制作之前对市场有明确的定位和掌控。可见,现代设计师不仅仅是为设计提供一个良好的功能、美观的形式,还要求设计师能够理解、把握并有效应用社会道德标准,具备环境保护理念与素养,同时接受来自诸多伦理因素的综合考量。

1. 设计创新

创新是一个民族的灵魂,是国家发展的原动力,创新取决于人的综合素质。设计中的创新不同于创造,也不同于发明,而是构建多种元素的复合关系,即"集成创新"。设计师是创新的主体,设计师的素养决定了创新的品质,影响着企业乃至国家的未来和发展。设计师的素养无疑立足于深厚的文化基础之上,从而具备绝对的自信心,以及在现实生活环境中综合驾驭的良好心态和冷静思考的能力。设计师的创新既需要科学、务实的精神,还需要怀疑、批判的态度,集好奇心、想象力、自主性,以及灵感、悟性、独立品格的形象思维能力于一体。从这一点来看,设计的内容与范畴极为宽广,设计具有科学的一面,又有艺术的一面,科学的本质规范设计的创造性逻辑定向,而设计的造型、审美要求设计携艺术思维前行。任何一种单独的思维方式都无法解决设计问题,只有综合性、集成性的创新设计才能符合设计的需要,解决现实的设计问题。

企业的发展依赖于市场竞争力的提高,由技术创新转向设计创新必定是企业实现宏伟战略的重要手段。设计师有责任对市场、产品、目标消费群体以及竞争对手进行分析、谋划,制定出能说服消费群体的有效策略,通过视觉化的形态,借助视、听、触、嗅觉等多种感官影响消费群体的情感和行为。这个影响过程不仅仅是"告知",更多的是"关注",在告知、关注目标消费群体生活方式的基础上,实现与目标消费群体的沟通。设计不仅在于外观、功能,还在于正常消费市场的开拓,大众社会品质的引导,设计创新必须根植于生活,不可为创意而创意。当下,产品高度同质化,消费者已不满足于从产品利益为出发点的说明书式的设计。现代设计师必须结合产品利益和消费群体的诉求,协调人与人、人与社会、人与自然之间的关系,从人的社会属性中寻找出与自然相和谐的设计创意契机。

"设计与现存作品关联,称为改良性设计;当与未来、幻想关联,即为创造性设计。无论前者还是后者,设计师总是离不开生活的积累,它是理性与感性的交融体。不能否认,优秀的设计作品源于设计师具有'良好的心态+优越的生活+冷静的思考+绝对的自信+深厚的文化'。"[18]这里的"文化"主要包括来源于自然的文化、来源于传统的文化、来源于经典的文化、来源于民族文化等几个方面。设计师需具备独特、敏锐的目光,需要有高雅、精辟的创意,还需要有缜密、拓展的思维,这些都基于深厚的文化功底和全面的艺术修养,对"创新"的深层认知和灵活应用。

2. 设计诚信

"诚"重在主观的修养和追求;"信"重在客观的要求和反映,两者表述不同但内在理念合而为一,要求人们语言与行为真实、恪守诺言,在政治、经济、文化生活中无虚假、无欺诈。"诚信"是儒家理想人格的典型表现,是儒家伦理规范中最重要的考量范畴,其内涵和外延具有深远的意义和广大的张力。设计诚信主要体现在诚与信两个方面,设计中真诚传达自己的思想观念,即"心口如一";设计中传达与实际行动相符合、相一致的行为信息,即"言行一致"。在设计领域,诚信是设计师形成独特的人格魅力、凝聚力和向心力的必备条件。设计师诚信与否,对社会的影响很大,设计师罔顾设计伦理,不讲诚信,其后果是可怕的。

　　设计存在多种形式、思维及相关认知与理解，但都避不开模仿、改良、完善、发明和创造等标准的界定，对产品的外在形式、内部功能进行调整、改变、革新，我们称之为产品的设计改良、设计完善；而根据生活的实际需要，发明一种样式、创造一种功能，实现从无到有的质变，我们称之为设计发明，是创造性设计。至于在生活中因为"学习""崇拜"而产生的"模仿性设计"可以理解并适度接受，但只能限于作品中留有被模仿对象的痕迹、元素、线索，最终必须保持设计师的个性独立、设计的原创品质，绝不能重复、雷同，即设计可以学习和借鉴但不能抄袭和仿制，这是设计的职业操守所在，也是伦理的必然要求。毋庸讳言，设计不诚信行为在设计领域却屡禁不止，而且有愈演愈烈之势。近期微信公众号"抄袭的艺术"发布文章，称某美术学院一位青年教师的作品"Open Air Cinema National Museum"荣获德国红点奖最高荣誉奖至尊奖，另一部作品 Brain Art Museum 荣获红点奖。文章称其作品涉嫌抄袭英国插画师拉塞尔·科布 2011 年的作品 Newldeasll 和 Notetalking，并给出了作品对比图。诸如上述这些出于经济、社会因素，附庸风雅、追名逐利、浑水摸鱼、随波逐流等不诚实、有抄袭嫌疑的设计必须抛弃，从伦理的角度必须断然制止。

　　曾有学者撰文评述当今玉石行业的乱象，注胶、改色、造假、以石乱玉、以赝充良，部分专业人士唯利是图编造"真"的环节，这一社会现象不仅仅考验世人的鉴别能力，更是以消解大众信任为代价。2013 年，第六届"中国工艺美术大师"的评审细则及实施过程首次加入了"德艺资历评分"项，在总分(100)的比值中，德艺占 15 分，作品 85 分，这一分值的设定反映了权威群体对当今手工艺价值评定的道德考量。[19]P453 德胜洋楼的技术工人接受"诚实、勤劳、有爱心、不走捷径"的思想教育，以"匠人为匠，忠于手艺而非金钱，择一技而终老"为宗旨。注重专业人才的培养、提倡遵守规则和程序；讲求诚信人品的塑造、突出人性的经营，其木制别墅在国内市场处在领先的位置，其施工现场可以和日本同类企业施工现场一样整洁、有序，房屋标准已经超越美国标准的公司。可见，诚信依然且永远是设计师重要的专业素养之一。

　　3. 设计协作

　　设计师的社会属性决定了设计师在设计过程中的特殊位置，即担任制造商与公众之间的"中间人""协调者"。正是设计师角色的特殊性决定了设计师工作受到来自客户和市场方面的经济、技术、时间、美学等因素的影响和制约。首先,设计师多受到社会上相关艺术设计院校的专业培训;第二,设计师是当代社会生活的个体,受到当代社会文化的影响,也就是说,其不受同时代团体或设计潮流与发展趋势影响是很难想象的;第三,设计师很大程度上依赖前人的成就和积累,即受传统中大量文化因素的影响与熏陶;第四,设计师使用的"语言""代码""样式"都具有社会性质,即设计语言来源于社会团体和社会阶层传承多年的结果;第五,设计师所服务的对象是社会性质的客户和消费者,没有他们的加入与配合,设计将无从开展。就设计行为方面来看,作为团队协作,现代设计要善于在相应媒介和平台中努力探寻最佳的成果和形式。无论我们选择怎样的媒介、使用何种材料,都必须意识到,我们不只是为自己而设计,设计是一种协作性质的社会行为。

进入 20 世纪,设计往往由团队合作来完成,设计也非个人成就,多位设计师和建筑师联手建立代理机构、合作公司共同开展项目实践,如此,可以为客户提供更多的专业技能和知识,更全面的服务。如由五位设计师创立于 1972 年的五角星设计事务所(Pentagram),五位设计师分别是西奥·克罗斯比(Theo Crosby)、科林·福布斯(Colin Forbes)、阿兰·弗莱彻(Alan Fletcher)、默文·库兰斯基(Mervyn Kurlansky)和肯尼思·格兰奇(Kenneth Grange)。再如,迈克尔·米德尔顿(Michael Middleton)的著作《设计的小组实践》(*Group Practice in Design*,1967)是专门论述团体实践活动的一本专著。20 世纪 80 年代和 90 年代,设计师需要具备更加广泛的能力,包括品牌策划、软件应用、艺术指导、多媒体技术,甚至对大众日常生活的引导能力,个人的投入不如团队的协调工作,许多大型跨领域设计公司鼓励团队成员积极思考、大胆创新,如艾迪欧(IDEO)、青蛙设计及想象设计。

现代社会中,设计师需要在协调各方面关系中进行妥协,通过大型项目的开展、协作,小的建筑设计活动可以发展得很大。"以理查德·罗杰斯建筑事务所(Richard Rogers Associates)为例,在设计伦敦的劳埃德大厦时,他们就雇用了 30～40 位建筑师和工程师。团队设计的结构,当然不能归功于某位具有创造力的个人设计师——罗杰斯——尽管他起着主导作用。人们认为首席设计师的作用是提出总体理念,之后在设计活动中进行综合协调。"[20]P54一些大的企业也拥有自己的设计团队,就设计项目开展协作,"如美国通用汽车公司曾拥有五个设计工作室(服务于公司的各部门）。如斯蒂芬·贝利在《哈利·厄尔与美国梦想机器》（*Harley Earl and the American Dream Machine*）(1984)中所记录的，厄尔管理着 50 人的部门，当时他是艺术与色彩部主任，当他在 1959 年退休时，该部门人数上升为 400 人。[20]P55

　　自现代设计产生、发展以来，团队协作精神就逐渐成为设计师必须具备的重要素质之一，设计师不仅需要具备扎实的专业知识和技能，还必须具备与设计相关专业、部门、人员沟通、合作的能力。设计师需要拥有专业技术水平、组织管理能力，以及协调、处理人际关系的素养，应具有群体合作意识。现代设计呈现多学科交叉、多专业协同、多技术支撑等特征，作为设计师，只是整个设计过程中的一分子、设计系统中的一部分。设计师必须具有协同精神、合作意识，以整个体系的一部分自觉地服务于整体，自觉地与其他方面协同、协作，并将其作为内在的品质之一。社会是由全体人类行为构成，必然包括优良行为和不良行为，"顺应社会的行为"和"反社会的行为"。设计产生于社会、来源于社会、服务于社会，设计师有必要鉴别有益的设计和不良的设计，甚至"反人类的设计"与"反社会的设计"。

（二）设计师的职业责任

　　设计师的职业责任是由其在社会中充当的身份和角色决定的。设计与特定社会、特定时期的物质生产、科技水平联系紧密，设计的文化性、历史性使得设计本身具有意识形态色彩，是当然的物质文化行为，其发展必然受到社会伦理的规范与制约。

1. 设计师应当树立正确的价值观

　　设计师借助价值工程寻求设计功能与成本之间的最佳配比，以尽可能小的成本获取尽可能大的经济和社会效益，价值工程以最佳资源配置来提高设计对象的价值。如产品使用年限为 10 年，那么其组成元件部分也相应与之对应，避免资源浪费。设计师必须有经济敏锐性，树立增强功能成本比意识，仔细分析、核算产生费用的每一个环节、每一个步骤，价值工程作为设计方法可以解决成本难题，获得多方认可。借助设计追求商业价值和经济利益的同时，设计师必须考虑设计的伦理道德问题，即设计必须为大众服务、为人类的发展服务，包装过度、过分装饰、一次性消费等有悖于可持续发展原则的设计产品，以及奢侈消费观念，是不符合设计伦理的。

伦理是价值实现的必要条件，价值是伦理的呈现形式，设计的价值只有通过公众认可、伦理检验才能体现。业界和学界提出"适度设计""优良设计""健康设计""美的设计"原则，意图重新定位设计目的和设计行为，防止物质化人类社会对人类发展的危害，防止传统文化的失落和人情人性的异化，试图强化设计对生态与环境的积极作用，使人类能够健康地、有序地、艺术地生活，也使"为人类的利益设计"这一概念和理性诉求不再抽象和空泛。

设计师必须清醒地意识到：设计关乎人类生存观念、生活状态、生活方式，它不仅着眼于现在，更放眼于人类的未来。设计应该有意识、有智慧、有灵感、有创意地满足社会大众的需要，在伦理的规范下，积极、主动、努力、完美地实现设计的价值才是设计师本身价值的体现。设计师首先要树立正确的价值观和责任感，即设计的职业道德，这是履行社会职责的基础。

2. 设计师必须具有社会道德责任感

社会责任是每一个社会人在一定的社会关系中所要具备的道德行为和责任义务，设计师是社会人，必须具备社会责任心；设计是为社会服务的，设计师担负着为社会服务，促进文化、经济发展的社会责任。设计在为社会服务过程中，搭建起生产、消费之间的"桥梁"，实施连接、引导、调节等多种社会功能；设计是社会行为，经设计师产生的产品进入社会，必然影响着大众的日常生活，设计师要为其工作负责，所做的设计在获得相应经济利益的同时必须对用户或受众负责。设计是有目的的自觉创造活动，为人类社会的需要服务，受社会道德的限制，设计师必须具备高度的社会道德和社会责任感。

设计师着手设计之前，要对眼前的设计项目有正确的道德判断，即自己将要进行的一系列设计是有利于社会利益，还是有损于社会利益。面对设计任务，设计师的价值观与责任感会支配他们，什么可以做、值得去做，什么不能做；设计师还应抵制社会不良风气对设计的影响，抵制不良设计的出现。毋庸讳言，当今设计界受社会商业因素的影响，存在着"为金钱设计"的现象，导致一些设计师片面追求经济效益而丧失了对社会道德、伦理的考量，设计中充斥着色情、堕落、不健康、不文明的成分，有害于社会公德；此外，一些不负责任的、缺乏道德与伦理约束的设计，以欺骗、盗用、剽窃的方式出现的设计给社会带来了巨大的危害；一些不良设计、不合时宜设计，既不宜使用、又不宜观赏，甚至成为视觉污染、环境垃圾，造成资源的巨大浪费。

3.设计师必须表达设计的文化内涵

设计产生之初就与社会政治、文化、宗教、习俗、艺术风格、地域特征之间存在着明显的联系,是上述意识形态的直接的表述,是文化肌肤的表面呈现方式。设计是文化的表现形式之一,是文化的呈现状态,传统文化、民族文化是设计创意的重要源泉。20 世纪 90 年代,众多现代产品如汽车、冰箱、吸尘器选择放弃对未来的表现,转向传统和过去,实现自己与怀旧文化的融合,如克莱斯勒的 PT 漫游者、迷你宝马、J. 梅斯与弗里曼·托马斯为大众设计的甲壳虫汽车。其后出现的斯麦格制造的冰箱,让人想到流线型时代,戴森吸尘器也融入了一种高水平的时尚装饰,预示一种新的产品设计趋势,即以设计文化沟通现在、过去与未来。设计师必须尊重、传承传统文化,挖掘、善用公司的企业文化,自觉地将传统文化与现代设计理念相结合,把文化内涵融入设计产品之中。

设计伦理的提出和实施是人类文明进步的标志,它推动了设计文化的发展,极大地深化了设计文化思考的层面,是彰显"设计至善"的重要形式。斯丹法诺·马扎诺(Stefano Marzano)在其著述《飞利浦设计思想》中指出:"我们需要的技术已经随手可得。事实上,我们挑战的不是技术本身,而是我们该如何应用技术,我们必须把技术当做'善'的力量加以创造性使用,而非当做'恶'的力量来利用。"[21]P18 综上所述,只有把设计伦理作为设计的可持续理念、至善追求,以认真的态度,以合目的的设计方法、策略,才能杜绝不道德的、不负责任的"恶"的设计,也才有可能设计出"善"的设计,才能使大众生活得健康、美好和幸福。把设计伦理中的文化内涵带入设计之中,让设计伦理内化为每个设计师的素养、意识与职责,才能实现人类的可持续发展。(如图 6-6)

图 6-6　《飞利浦设计思想》

（三）设计师的审美诉求

与纯艺术不同,设计是一门综合性极强的学科,涉及社会、政治、经济、科技、文化等多方面因素,所以,设计师的审美要求及考量标准也由以上多种因素共同决定。纯艺术的审美由创作者来感受、表现,而设计的审美是由设计者、生产者、消费者等多种因素判断并决定。此外,设计师的审美在随社会众多因素变化而变化的同时,也具有培育、引领大众审美的职责和功能,存在于与大众互动的环节。

1. 设计之美在对于自然的学习与展现

黑格尔继承了柏拉图关于"理念"的部分观点,"理念"是真的、永恒的,认为"美"是"理念"。人类生存的现实世界包括自然是从"理念"世界中诞生出来的,现实世界的"美"是理念的感性显现。"理念在自然物中显现的最高形式是生命,有灵气有活力的自然才是理念现实的表现"。[22]P6 设计之美来源于自然,设计最初是以"造物"的方式展开的,通过具体"人造物"的创制和现实应用,体现出人类对于客观世界和自然规律的观察、学习。首先,自然中的物材是人类发展的必需品,满足人类最初的生存需要,自然在人类文明进程中呈现着物用之美。其次,设计之美受自然的启示,设计在其创造过程中借鉴、采纳、模仿、学习自然,发现、应用自然中存在的形式美、功能美、结构美。从身体的纹饰、用具器皿的形态、服饰居所的样式到被秩序与和谐统摄的自然、宇宙,自然界中优美的形式、真实的色彩与设计主体产生视、听等多感官交融,自然之美是设计之美的源泉,即"源文化"。"源文化"与设计如同根与叶的关系,原始先民从自然中获得启发,解决"造物"中"物"的造型概念,解决形态从何而来的现实问题,自然无疑是首要的途径。所以,从某种意义上说,向自然学习在最初并非基于功能的挖掘,而纯粹是满足形态上的现实需要。因此,"造物"语义中的"造",有对自然中各类对象的观察、借鉴、学习和探究的含义,自然中的存在的"物""现象""规律",都属于观察、探究与借鉴的范畴。

设计师对"源文化"的理解、吸收、借鉴,在设计中分解、重构,形成独特、优质的设计创意,如北京"鸟巢""水立方"等建筑设计构思都来源于自然。现代设计正是结合不同对象、内容、要求,依靠对自然中优美的形式、和谐的秩序、真实的色彩的借鉴，创造出设计艺术作品。对设计作品的加工与个性化处理过程，鲜明而集中地显示出审美特征和形式美法则。此类被"定义为'仿生'的概念既表现出一种人与自然的沟通之道，也是设计实践的重要方法，同时还反映出设计产物最为早期的真实样态。"[23]P169 应该说，最初阶段的设计还是从人类自身现实的生存需要出发的，即从自然中获得一些功能性的启发，这些启发和现实生活相对应，基于一些具体的物质形态或形式来呈现，逐渐延伸出物质形态或形式的不同载体。如通过对自然界的学习、模仿，进行结构仿生、形式仿生、功能仿生，产生的系列仿生设计等。这类设计创意不是无根之木、无源之水，是在"源文化"中生发出一条新的、创造性的分枝。人类的实践活动和自然规律和谐统一、理想与现实的完美结合是设计师的至上境界。

图 6-7　北京鸟巢

2. 设计之美在于生活中的合目的性

古希腊哲学家柏拉图在其《理想国》中详细论述物质的功能之美，在他看来，功能是"非它不能做，非它做不好的一种特有能力。"[24]P89 只有在实现功能的前提下，才能呈现它的美的价值，柏拉图的观点是我们研究功能美的源头。此外，在色诺芬整理的《回忆苏格拉底》一书中，有苏格拉底和阿里斯提普斯的一段涉及美的对话，表明苏格拉底从事物的目的出发，指出美是相对的，美是适合的，显示了在物质功能对于人类日常生活至关重要的时代，对功能美的追求与评判是一条伦理标准。

苏格拉底："好是一回事，美是另一回事吗？难道你不知道，对同一事物来说，所有的东西都是既美又好的吗？首先，德行就不是对某一些东西来说是好的，而对另一些东西来说才是美的。同样，对同一事物来说，人也是既美又好的；人的身体，对同一事物来说，也显得既美又好，而且，凡人所有的东西，对他们所适用的事物来说，都是既美又好。"

阿里斯提普斯："那么粪筐也是美的？"

苏格拉底："当然了，而且，即使是金盾牌也是丑的，如果对于其各自的用处来说，前者做得好而后者做得不好的话。"

阿里斯提普斯："难道你是说，同一事物是既美而又丑的吗？"

苏格拉底："因为一件事物，对它所适合的东西来说，都是既美而又好的，而对于它所不适用的东西，则是既丑又不好的。"[25]P113-114

中国古代美学家李渔在其《闲情偶寄》中也对功能与美的关系作了阐释，提出以适合性为美的核心标准。如果"被垢蒙尘，反不若布服之鲜美"，"违时失尚，反不若浅淡之合宜"，"使贵人之妇之面色，不宜文采，而宜缟素，必欲去缟素而就文采，不几与面为仇乎？"[26]P28造物之美不仅仅是实用、易用，给人带来精神上的愉悦、文化上的认同、心理上的慰藉，合目的性的享受也是美的范畴。

设计是艺术与技术的完美结合，当下的现代艺术设计呈现出机械化、合理化和知性化的倾向，"所谓技术美并非合目的性本身，而是合目的性的功能表现，是功能美与形式美的相互协调并与其他各种因素的融合。"[27]P63设计进入大众的生活，其使用过程不是单一的，而是整体的、综合的，其物的功能美被纳入到构建人—社会—环境三者和谐关系体系之中，既发挥经济方面的价值功能，又有审美和教育功能。"随着设计实践的发展，人们对功能以及功能美的认识逐渐扩展开来，提出功能与合目的性的关系，以及合目的性美的问题，"[28]P154这一观点明显更加宽泛。设计存在的目的在于解决人们生活中的各种问题，而解决问题不能脱离人类社会，不能独立于市场之外，符合价值规律的合目的性设计是设计伦理考量的直接指标。现代设计美是一个从内到外，从功效价值追求到审美价值体现的系统工程。

3. 设计之美在于人性表达与人文再现

人性化设计首先满足人类生理和心理层面的需要，必须依托科学和系统的人体工程学，从真实功能的本质出发实现对人类的关怀。在科学的指引和推动下，从人类生理和心理需要层面，关注人类更高层次的需要，如爱与被爱的需要、尊重的需要，甚至自我实现的需要。人性化设计之美体现在对自然、现代人、未来人的关怀,体现出极强的情感性。关注产品的内环境,使产品与使用者之间相互协调,主客体相互和谐。这种相互协调的关系所激发出的情感,既存在于人与物体的接触之中,亦包括在人与物的交流之中。把愉悦、兴奋、激动等情感体验融入设计之中,为人类提供舒适、便利、安全的使用条件和使用环境。众所周知,功能是人性化之美的基本思想,但人本主义才是人性化之美的核心。位于美国的中部城市圣路易(St. Louis)的低收入人群居住的住宅"普鲁蒂·艾戈"(Pruitt Igoe)于1972年7月15日下午被炸毁,这一系列建筑工整有序、功能完全,但缺乏文化的融合、缺乏人情味,如同钢材、玻璃和混凝土建成的监狱。这一事件证明:功能本身并不是设计的唯一目的,设计的出发点和最终归宿都是为了人而展开的,设计的本质目的是"为人的设计",设计必须以"人性化"为核心,设计的人性化之美是道德和伦理考量的重要指标。

图6-8 住宅"普鲁蒂·艾戈"被炸前后

现代文明推崇科学、依赖技术,对科技的追求达到狂热、失控的程度,认为科技是推进人类社会前进的强劲动力因素,科技至上主义、唯科技论在现代设计上体现得非常充分。但从人类学的视角,服装、建筑、工艺品都是人类文化的表现形式,是人类文化的肌肤,人文因素是潜藏在这些肌肤下面的"符码"(codes)或者是"文法"(grammar),是人类精神本质的存在,在相当程度和范围内决定人类精神内涵的深度。从早期的"绘本""画工""制图""样式""图案",到随后的"美工""工艺""装饰""设计",都融合、渗透进人类社会关系形态、宗教信仰、日常生活模式之中,在不同时段决定、改变着人类的生活环境,提升着日常生活的美学质量,这是伦理考量的重要指标。如东方传统美学意识下的造物制器,传统房屋的营建规制,协调、对称中体现出古人对文化思想和环境意识的深刻理解和把握,具有所处时代的文明尺度和审美考量标准。

科技的应用从伦理价值上看是中立的,但其被应用必须受到伦理的限制和约束,而限制、约束科技的有效手段就是艺术和设计。众所周知,艺术和设计对科技有"反作用",是对科技的一种补充、润滑和完善,起到文化平衡的人文效用。以艺术、设计来诠释科技,为科技定义、为科技找寻价值和意义,将科技转变为大众可以接受、理解、认可并能参与互动的物,是设计艺术的本质意义和现实价值。艺术与科技结合,技术性与人性的结合,以人性化的设计改善人与人之间的关系,实现良好的人际和谐。如果说人文主义是人性化之美的灵魂,那么关注全人类命运、担负全人类责任的人文精神则是人性化之美的至上境界。

三、为"大众"设计的伦理反思

早在工艺美术运动时代,约翰·拉斯金(John Ruskin,1819~1900)就强调设计的民主特性,提出设计要为大众服务这一理念。威廉·莫里斯(William Morris,1834~1896)的设计理念和设计实践把力求实现设计为大众服务作为其奋斗的伦理目标。现代主义时期,在"大众文化"的普及、推介下,在"消费社会"的支撑与要求下,设计和大众生活紧密联系,影响、改变了大众的生活方式。设计师站在理想的高度和道德的制高点规划、引导公众的生活方式,坚信他们的设计思想及设计产品能够为大众带来益处,认为自己有权力作为公众生活的指路人。但多元化的当下,"大众"这一普世概念涉及的人群范畴极其庞大,"大众"的设计如何满足各特殊群体的需要、如何展现个性的需求,即处理好大众设计与特殊群体、个人的关系,是设计伦理面对的难题。

(一) 消费社会中"大众文化"的概念

"大众文化"概念出现生于 19 世纪末期 20 世纪初期,有多层含义,其一，"大众文化"（Mass Culture）具有贬义的否定判断，即"大众文化"是随着工业革命的发展，借助先进传播技术和媒介，被文化工业生产出来的标准化的文化产品，其中渗透着"宰制的意识形态"（Dominant Ideology）[29]P23，往往被理解为政治和经济对大众的欺骗，带有明显的贬义。其二，"大众文化"（Popular Culture），即来自民间与大众联系紧密的各种文化形式，如来源于民间世俗文化和为民众所接受、理解、喜爱、运用的通俗文化，词意具中性。尽管近代欧洲的通俗文化已然具备现代大众文化的诸多特征，呈现朴素、自然的气息，但现代大众文化真正开始诞生是建立在通俗文化与商业文化结合的基础之上。

　　现代大众文化摆脱了早期通俗文化的束缚，迎合了中产阶级廉价的物质和肤浅的精神需求，与中产阶级的生活方式、欣赏情趣相契合。正如格罗斯（David Gross）所说：大众文化是中产阶级文化，中产阶级文化亦是大众文化。大众文化发展与商业消费紧密相连，商业文化的典型特征就是消费社会的来临。消费社会首先在美国诞生后传播至欧洲，但其诞生的具体时间很难确定，学者普遍认为 20 世纪 50 年代到 60 年代是现代消费社会形成的关键时期。如以迎合大众审美情趣、追求雅俗共赏为目的的"波普设计（POP Design）"，用艳俗的色彩、个性的形式营造出新锐的视觉效应，直接应对大众需求，尤其是满足年轻人表现自我的需要。其实消费社会不是一个具体时间段形成的，而是几个世纪发展、演变的结果。其主要特征是工业制造、批量化生产方式、市场营销、广告等传播媒体的支撑；零售业的发展、健全的分配制度、邮购及分期付款方式的成熟；可供选择的商品、设备、服务，在数量上和质量上的大量出现。如 19 世纪中晚期出现的大型百货公司是典型的城市商业现象，是消费及生活方式进入现代化的重要标志，如"巴黎邦·马什商场（Bon Marché）和伦敦哈罗兹商场（Harrods）的发展历史诠释了商场提供的服务和商品与中产阶级的生活方式紧密相连，从某种意义上说，商场或商业中心是消费文化发展的引擎。"[30]P26 正是商场和商业中心的出现，有力地推动了商业文化的发展，进而消费产品、商业广告、通俗小说及趣味电影成为大众文化的组成部分。一些理论家认为：消费产品同网络游戏、商业广告、通俗小说及科幻电影一样，都是大众文化生活的组成部分，因此其衡量标准是一致的。可见相同标准和"普世价值"奠定了大众文化的根基。

巴黎 Le Bon Marché 商场　　　　　1982 年的 Harrods 商场

图 6-9　巴黎 Le Bon Marché 商场与 1982 年的 Harrods 商场

（二）设计服务"大众"的概念解读

设计是人类生活中不可或缺的组成部分，生活中每一件物质产品都是根据人类的日常需要而进行设计生产的，所有设计绝不是设计师的独有权利和义务，是设计师与大众结合的精神和价值取向的统一体，也就是说每一项设计都是大众参与下、设计师具体实施的创意项目。设计的大众伦理主要体现在以下几个方面：一是人人都可以、都应该参与设计，人人都有设计的权利和义务；二是设计涉及大众的日常生活，设计的出发点和最终归宿都是为了服务大众；三是设计能够引导大众，改善大众的生活习俗，形成积极、健康的生活方式。

1. 大众参与

大众参与即人人都有参与设计的权利和义务，人人都应该参与设计的整个过程并对其展开全面评估，这包含多方面意思。一是设计作为大众生活的参与者，二是大众作为设计活动的参与者，两者紧密联系。对于普通大众而言，设计就是生活，生活亦是设计，设计可以是小到一张纸、一根针，能切实地解决生活中的问题，仅为发挥功利之用；设计也可以是一个小插曲，融入生活之中，为生活增添情趣，呈现形式之美而满足大众精神的需求。设计需要回归生活，与普通大众产生情感上的共鸣，需要大众在使用中参与设计，只有以普通大众作为设计出发点，才更具有普适性，才能实现设计更广泛的社会价值。故关乎百姓日用设计不是悬于高空的楼阁，而是实实在在扎进生活中，只有生活的土壤可以使设计的种子"发芽""生长"。日常社会生活就是最初孕育设计的那片肥沃之地，它是原点与终点，源于生活，最终回归生活、服务生活、改变生活。大众在社会生活中的复杂性、多样性对设计提出极其敏锐的需求,对设计伦理有更高的期盼,无论在精神需求还是物质需求,都关乎人与人之间的行为方式和思想交流。

　　设计的大众性,还体现在设计必须随大众的功能需要、审美需求和情感需要的改变而改变。设计提供了便捷、舒适、美好的生活方式,满足了大众对物质和精神的需求,引导大众形成正确、合理的思想和观念,即关注人与自然、人与整体社会,人与自然、环境达到协调一致,自然环境和社会环境更为融洽。可见,关注百姓日用、大众与设计的相互参与是设计大众性的最基本体现。20世纪60年代,工业产品摒弃了过去一贯执行的奢华风格,由以装饰和新鲜、刺激为时尚卖点的策略,转向较为理性的单调的严格的标准化和一致性设计。这一设计形式为大众参与设计提供了条件,如家用电器中的电冰箱、洗衣机、面包机等抛弃了先前的球状造型以及流线型风格,以平面直角的外形设计使得产品结构和室内空间更好搭配,适合于家具陈设,房屋布置更合理、有效,应用空间与厨卫空间结合得更加紧凑,便于大众的室内组合和空间应用。相比艺术品,设计与大众生活相互参与的这一特性使得设计和生活发生着密切关系,体现出设计的大众乐趣和社会责任感。

1934年罗维设计的冰箱　　　　流线型火车　　　　美国的流线型设计产品

图6-10　流线型设计

2. 服务大众

　　近代工业革命真正助推了大众设计的产生与发展,机械化大生产的作用力把设计推及日常社会生活当中,设计与普通大众产生了紧密联系。"设计是人类的基本特征之一,对人们的生活质量起着决定性的作用。它从各个细节、各个方面影响着每个人每天所从事的活动。"[31]P2设计首先应该最大限度地发挥"用"的功能,即功用性,苏格拉底曾这样评论过功用的价值和意义:任何一件东西如果它能很好地实现它在功能方面的目的,它就同时是善的又是美的,否则它就同时是恶的又是丑的。只有普遍的功用价值实现了,设计才能彰显其"大美"的崇高性,即责任之美、民生之美。可见,善和美的实现都依托于"用",而满足大众社会生活中的功用即是百姓设计之道,即一切的设计之美首先从使用功能谈起。

设计的大众性还体现出"平民化"社会思潮的盛行和复杂趋势,在"大众化设计"理念的影响下,设计必须围绕"大众生活"这一主题,以人为本、服务大众,设计产品走进大众生活、进入寻常百姓的家庭。早在1851年,英国的"工艺美术运动"之后,以拉斯金和莫里斯为首的一批设计评论家和设计师就提出设计、艺术必须走进生活,力求艺术和技术紧密结合,创造、设计出为大众所能理解、接受的产品。他们反对烦琐的装饰和粗糙的工艺,抵制维多利亚式的骄奢之风,提倡淳朴、注重自然,促使了"新艺术运动"的可贵探索。一战以后,设计师在民主思想的影响下,着手以设计来改良社会,开创"社会工程活动"的设计先河,设计为"大众"服务成为现代设计的宗旨和核心。包豪斯的创始人、第一任校长沃尔特·格罗佩斯(Walter Gropius,1883～1969)曾经说道:"我的设计要让德国公民的每个家庭都能享受六小时的日照",力求对社会生活进行改造,以设计工程服务大众社会。

二战以后,包括沃尔特·格罗佩斯、汉斯·迈耶(Hannes Meyers)、密斯·凡德罗(Ludwig Mies Van der Rohe,1886～1969)在内的大量的欧洲设计师移居美国,他们的设计具有浓重的社会民主气息和强烈的社会意识形态,当这些与美国的市场经济相结合以后,设计思想、观念、意识乃至教学体系充满了活力,现代主义进一步发展,国际主义风格诞生,逐渐波及世界,影响深远而广泛。在物资匮乏的战后时期,大众最感兴趣的不是设计的典雅、个性和华贵,而是"可口可乐殖民主义"的大众物质消费,在这一伦理思想的指导下,批量化的生产、标准化的实施,现代主义设计以极大的力度走上了为大众服务、为大工业化服务之路。

格罗佩斯　　　　迈耶　　　　　　凡德罗

图6-11　格罗佩斯、迈耶与凡德罗

图 6－12 包豪斯旧貌

3. 引导大众

艺术设计与大众生活方式密切相连,首先,艺术设计为人类的日常生活提供了物质基础和保障,是人在自然环境和社会环境中生存的条件;其次,艺术设计是生活方式的具体内容之一,设计造物是"创物""用物"的过程,期间对生活方式产生深刻影响。设计往往将"物"的因素置于设计的中心,从而产生将自然之物改造为"人工之物"的惯性思维,如此理解的"人造物"只能是"物"的局部关照,而非"物"自身体系的关联,忽视了生活世界中"人与物""物与物"的思考。设计对生活世界的问题解决,不仅仅是"人造物"的设计,更是对人类生活方式的引导和构建。设计从根本上改变了整个世界、改变了我们的生活,大众拥有现今的生活方式就基于拥有现今的设计。过去有过去的生活方式,现今有现今的生活方式,未来必然有未来的生活方式,皆有赖于设计的支撑。设计讲述、传授不被人知或不被人熟悉的新概念、新产品、新的社会方式,促使装饰、时尚、工艺随日常生活的变化而变化。从这个角度来看,设计不仅仅关注大众的生活品质,还在于引导、教诲大众的思想方式,约束、规范大众的行为特征,影响、改变大众的文化内容,是大众的社会课堂。

20世纪60年代以后,世界经济发展,大众的物质与精神需求逐渐发生变化,设计伦理对廉价的、共性的国际主义设计风格开始发出抵制、反对的呼声,要求现代设计从国家、地区、民族的不同文化出发,体现出民族性、地方性乃至个性特色,设计要体现民族文化和审美,要根据受众的爱好、情趣进行设计,要体现流行文化的象征性需求。认为同一种消费品能够大规模普及得益于现代工业的大批量生产方式,得益于标准化生产模式的运行。同一款服饰、同一款汽车、同一款产品设计被普罗大众所接受、拥有并使用,就意味着作为个体的个性要求无法实现。当大众中的个体接受同一种产品时,也就被绑架到反对自由主义的时代快车上。以极度理性为审美原则,以完美、功能体现为考量标准,以科技至上为指导思想的现代设计,没有也不可能给我们带来美好的文化生活和良性的社会秩序,人们应该从哲学、伦理学上去重新思考和审视设计的变革、发展和未来。从惟理性主义向人文主义转向,将艺术、设计、审美带入现实生活,倡导大众文化对话,力求为大众平庸的日常生活提供富有创意的选择,即所谓的"日常生活审美化"设计。

4. 不可被遗忘的大众

我们共同居住的这个世界上尚有 75% 的人还生活在贫穷与饥饿之中,对于他们来说,现代设计陌生而昂贵,享受不到设计的产品和服务。"设计的目的是满足大多数人的需要,而不是为小部分人服务,尤其是那些被遗忘的大多数,更应该得到设计师的关注。"[4]P35生活在现代设计所能触及的世界之外,甚至很多人至今仍在使用原始的、极度简陋的物品与住所,为满足基本生存需求而挣扎在贫困边缘。即使在一些发达国家,也有因设计因素导致儿童、老人因为误食(中毒)或食用不当(噎死、窒息)造成意外的伤害。不能苛求设计师能解决社会的贫困、落后及不公平现状,但设计师在进行其业务活动时,应以良知和社会责任感关注现实问题,为社会中更多的人服务,尤其是关注那些被遗忘的群体和个人,如贫困群体、老年人群体、残障群体、第三世界群体、妇女与儿童,以及口吃、色盲、色弱、左撇子等弱势群体及个人。(如图 6-13)

图 6-13 凯文·卡特 "饥饿的苏丹"

(三)大众设计的伦理诉求

设计师应该把现代设计与市场需求和大众的需要紧密联系起来,必须尽自己的智慧与能力,真诚地为满足大众的需要,履行为社会大众设计,为人类利益设计的社会责任和职业责任。

1. 功能性是大众设计的基础

设计价值和意义依赖于功能，而功能取决于人的实际需要。设计的功能即设计物品的使用价值，功能的有效程度是评判设计优劣的重要尺度，这是设计之所以存在的根本属性。西方的设计有功能与形式之争，中国传统造物中也有道器之辨，物品之中的功能和形式是紧密联系而又各自体现的一对组合体，是辩证的关系。东西方传统设计多指装饰、纹样，以及在此基础上形成的不同风格、特色，功能的需求退居其次或被迫游离到舞台的边缘，甚至较少考究或根本不具备使用价值。工业革命之后，从满足大众的实际需要出发，功能性占据了设计的首要位置，现代主义乃至国际风格尤其重视产品的功能性，功能要求和指标成为设计的核心。

美国雕塑家霍拉修·格林诺斯（Horatio Greenough）在 1837 年首次提出："形式追随功能"，这一观念后来成为芝加哥建筑学派代表人物路易斯·沙利文（Louis H Sullivan，1846～1924）设计的标准，创立了自己的建筑设计体系和风格，并逐渐演变成为"功能主义"（Functionalism），要求现代设计适应大工业生产的需要，祛除多余的装饰，以完善的功能为大众日常生活服务，开创了简洁、明快，具有现代美感的新时代风格。密斯·凡德罗（Ludwig Mies Van der Rohe，1886～1969）甚至提出"少就是多"的现代主义设计口号，倡导国际主义设计风格，反对虚伪、造作、矫饰的装饰和曲线，认为与功能无关的装饰会使设计产品与时代脱节，丧失设计的魅力。其思想内核是功能至上的"功能主义"，认为设计产品的美和价值取决于设计的使用目的以及使用目的的适应性。密斯（1946～1951）等一批国际主义设计师，他们终其一生都恪守设计产品的功能性以满足大众的本质需要，以简洁的造型、明快的质地、精细的加工，尝试不同的功能主义模式，使设计产品变得有用、可用和易用，符合大多数人的需要。从伦理的角度看，"少就是多"的"功能主义"设计指导思想虽有很大的片面性，如设计产品的功能性放在了第一位，审美等感性因素往往被忽略，但相对于"为形式而形式""功能追随形式"的形式主义设计思想，少了许多商业色彩，抹去了过分的、多余的装饰，力求为大众服务，彰显了德性伦理的诉求，推动设计伦理迈进了一大步。

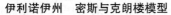

图 6 - 14　密斯及其设计

当然，基于人体工学之上的功能主义所带来的负面效应也必须引起设计师的高度重视和深刻反思，如以理性为依托，以科技为支撑，以严格的几何造型、严谨的务实精神为表现形式，产生了一批形式功能完美统一的优秀设计作品，但为了适应工业化的批量生产，忽略了地域特色、文化多样的共生关系与叠加效应，使得设计冷漠、乏味。人类对设计功能的需求是多层次、全方位的，既要考量其产品的主要功能还要兼顾产品的辅助功能，功能也不仅仅停留在物理层面，还有心理层面、社会层面、环境层面、关系层面，以及各层面的交织、重叠、综合所衍生出的更为复杂、宽泛的意义。正如公益广告、文化宣传等，考虑的不是物质功能，而是力求实现与大众心理沟通、互动、共振等社会影响功能。人体工学、功能主义虽然单调但却培育了十分有益的设计基础和环境，从伦理的角度看，人体工学设计、功能主义设计的内核是不可以抛弃的。在现代设计伦理的约束与规范下，新的工业材料、新的知识经济无疑为基于人体工学的功能主义继续发展开辟了广阔的天地。

功能主义的意义绝不仅仅是应对机器化大生产的需要，绝不仅仅是为人类提供优良、完善的使用价值。随着社会的发展，产品的功能发生转变，不断衍生、扩展以满足个人和社会多样的需要。大众需要的是一种不同于大生产的方式，拥有使人们各具特色的产品，反对统一。制造商与设计师处理此类问题的唯一方法就是基于伦理的角度提升对人体工学设计和功能主义设计的再认识，如设计感知、预见时尚潮流的动向，迎合、引导审美趣味的发展方向，在外形、选材、装饰等方面注重商品内环境、软因素的扩展和深化；功能主义必须考虑到满足个性化需要，使产品向舒适性、亲和性方向发展；在保障功能性需要的基础上，即产品的功能性满足人类的生存、生活需要的同时,功能主义必须做到"人性化设计",使人方便的同时也使人愉悦,这是设计伦理的基本要求。现代主义设计发展的历程中,功能是设计的主导思想,贯穿于设计活动的始终,居于设计的主要地位,至今依然是我们设计中考量最多的问题所在。无论是功能与形式之争还是道器之辩,从伦理的角度看,设计面对阶层的差异和服务对象的不同,设计不可能舍去满足人类功能需要这一第一准则。功能有提升产品附加值的责任,功能是创新、创意,拓展产品发展空间的有力手段,究其原因,无非是力图体现、平衡设计中出现的正直、诚实、真实的伦理本质。

2. 可持续发展是大众设计的途径

功能性是大众设计的基础,但人类的社会结构日益复杂,大众的消费需求也不断变化,功能性不但要合乎人类的目的性,还要应对大众乃至人类社会的多层次需要。伦理约束下的功能性必须强调社会责任感,必须考虑到大多数人的需要,如必须考虑弱势人群的具体需求,使他们也能拥有优良的设计产品和周到的人文关怀;必须与节约成本、控制预算相权衡,必须考虑到可持续性发展,环保、绿色是设计伦理的期盼和要求。

一个具有社会道德的设计还必须确保合理地使用材料和资源,必须考虑其设计对生态平衡和人类的身体健康的影响,对生态环境和人类社会的健康发展给予高度重视。一款大众产品从设计、生产、实用到最终报废,设计师必须考虑每一个环节所要应对的问题,不仅仅停留在设计的美观、设计的实用等表面层次,还应该考虑设计其他阶段出现的深层问题,如产品是否符合人体功效学,设计是否节能环保,设计使用过程中的废物排放问题以及设计产品最终的回收再利用、材料和资源的合理使用问题。大众设计产品在使用的各个阶段,伦理问题都必须纳入设计师的职责范畴,对一些有损自然环境、浪费自然资源的不良设计,必须坚决反对。设计师置身于大众的现实需求,根植于生活的土壤,给人们提供高品质的物质生活和精神生活,在崇尚艺术个性、物欲、消费的商业社会,设计师不可以迷失方向。尊重和遵守社会道德规范和国家有关法律法规,坚持走可持续发展的大众设计之路,是设计师履行社会职责的一个重要方面。

设计不是设计师"自我"表现,是对社会、环境、人际交往负责的活动和行为。所以,设计师应该明确自身的伦理使命,具备正确的道德伦理观和社会责任心,自觉地为人类社会服务、为社会大众造福,这是设计师必须具备的社会责任和职业责任。设计师不仅要面向市场,迎合市场需要而设计，还要面向社会，关注大众在社会环境和自然环境中的生存状态，关注人们持久、真实的需要。自然环境和社会环境是人类赖以生存的基础，关系到子孙后代的生活与发展，在环境日益恶化、人类身体健康受到威胁的今天，设计师必须以未来的名义担负起伦理道德的社会责任。如设计产品的安全性问题，设计产品是否存在潜在的隐患，材料、颜色是否对使用者的身体健康产生不良影响。制造产品的材料是否符合环保指标，产品使用寿命终止后是否可以被回收和再利用。"为人类的利益服务"是社会对设计师的要求与期望，是设计师崇高的社会责任和职业责任所在，只有在这两个目标得以实现之后，基于可持续发展基础之上的为大众的设计才能得以实现。

3. 大众生活是大众设计的归宿

当下，我国处于经济由量向质转变的新阶段，在实现转型的关键时期，我们的设计同样需要转型：首先，设计师在创新设计或者改良设计时，要考虑已有产品在大众生活中的存在状况，顾及已有产品对大众日常生活的影响程度，尊重大众对已有产品的使用习惯。缺乏对已有产品关注的新颖设计必将迫使大众花费大量时间和精力去学习、适应，这种忽视大众的使用习惯或试图生硬地改变大众日常生活方式的设计，很难被大众接受。其次，现代设计不再仅仅迎合消费者趣味，设计师也不再是追随消费潮流的盲目践行者，设计师在服务人类真实需要的同时，还承担着对大众消费进行积极引导的责任，担任时尚潮流开创者的角色。设计师已然从"促销者"的角色向"引领者"的角色转变，向知识型、管理型的层次迈进，成为科技、消费环境乃至整个社会发展的有力助推者。设计在适应工业革命带来的生产方式的同时，还必须担负起推进人类生产方式的发展和生活方式变革的任务，创造和改良人类的不良生活方式和审美惯性。

此外，设计不是短期的服务行为，而关乎大众长期使用的整个过程。勒·柯布西耶（Le Corbusier，1887～1965）曾探索一种体系，希望设计能给穷苦的人和所有诚实的人以美好的生活，柯布西耶于20世纪20年代在波尔多附近的佩萨克（Pessac）住宅设计最初就体现了这一理念。菲利普·布东 Phillips Boudon 在其文献《在建筑中生活》（*Lived-in Architecture*，1972）中对佩萨克（Pessac）这一低成本住宅进行了调研，调研首先叙述了柯布西耶的建筑规划和审美观对当地居民的影响，以及当地居民对这一现代住宅设计表现出来的震惊和反应，其次记录了居民四十年来的居住体验、意见、感受以及生活经历。一旦建筑竣工,大多数建筑就与设计师或建筑师脱离了关系,即建筑寿命以及连续几代人居住状况就被忽略了。其实建筑设计随着居住的持续并没有结束,佩萨克居民在其后的居住过程中不断改变着最初的设计,如更改颜色、添置树木、改造结构、缩小窗户,甚至进行一系列另作他用的后期设计改变。可见,设计对大众生活的影响是长期的、多维的一个动态过程,服务大众生活是大众设计的使命与归宿。

图 6 - 15　佩萨克(Pessac)住宅

四、设计师的"自律"与"他律"

设计伦理研究的主要内容是关于设计师和设计行为的"善",也就是设计师的设计行为在道德上的正当性、合理性,以及通过对设计行为的制约与规范,使之成为符合设计伦理要求的正当的、合理的行为方式。当代社会,受到经济利益的影响,设计师在关爱社会群体,维护人与自然和谐方面还存在诸多问题,对大众的服务意识和社会的责任意识还有待提升,需要设计伦理发挥作用。一方面,需要设计的高效、创新,追求品质而不唯利是图;另一方面,设计回归设计伦理的初心,重视设计是为人的服务,设计的责任是维护人与自然的和谐共生。因此,加强设计师设计伦理"自律"非常必要,而加强设计师的伦理"自律"仅仅靠设计师自己觉悟还是远远不够的,还需要我们进一步加强对设计师的伦理教育、法制约束,即对设计师进行必要的"他律"。对设计师"自律"和"他律"都是引导设计师树立向善的伦理道德观,是一种"应然"的主动行为和"必然"的规范行为。

　　设计师的约束力来源于道德、伦理与法律,它们之间的关系是紧密联系的。放在设计领域,就是设计师的道德水平、伦理认知与相关法律、制度、规约的知识储备。设计师的道德水平是内在的,靠设计师自我约束实现,即设计师的绝对"自律",虽没有强制性,但高尚的道德是每个设计师都应该具有的。设计伦理是系统化的设计道德,是每个设计师开展设计活动的道德规范,这种道德是内化于心,外见于行的,具有自我约束和外部制约的特点。设计伦理具有"自律"和"他律"的双重因素,通过设计师的行业规范和职业素养表现出来。相关设计的法律、制度、规约是外在的约束形式,是绝对的"他律",也是每一个设计师需要时刻铭记、遵守的。对设计师的"他律"包括对设计师严重失范行为的惩罚性措施,如抄袭他人作品的不诚信设计,违反了《知识产权法》《著作权法》,破坏自然环境和社会生态违反了《环保法》《安全生产法》等。法律、制度、规约对每个设计师来说,都具有强制性,谁触犯、违背就要受到处罚和制裁。现代设计应该在法律、法规的许可范围内开展,法律制度与规约是设计失范行为最有效的约束,也是维护设计秩序最后重要的屏障。

　　设计师的"他律"是不应该做什么? 可以被看作是一种禁止性的伦理。如设计师不能通过那些与适用标准不相符的设计方案,设计师在职业判断中不应存有偏见和欺骗。禁止设计师不道德的行为,预防设计中不当事情的发生。"他律"是一种更积极的伦理态度和有效方法。通过预测那些——如果不预测或不关注就可能变得相当严重的——伦理问题,设计师可以阻止其发生或者将其危害程度降至最低。设计师的"自律"聚焦于应该做些什么? 可以被看作是一种更加积极的激励性质的伦理。尤其是设计师应始终努力为公众的利益服务。设计师参与公众事务,致力于促进社会建设的安全、健康和有序,并且坚持可持续发展的原则。通过设计节省劳力的设备来减轻体力劳作的压力与不便,通过提供干净的水和卫生设备来减少或消除疾病和痛苦,通过研发新的医疗设备来拯救生命,研发使用更少的燃料或替代能源的汽车,通过可循环利用的产品减少对环境的破坏。总之,伦理不是强制性的法律,其对设计师的约束力并不依赖于它的强制性。再者,设计师有自己的职业标准和目标,而这些标准和目标却不必被所有设计师共享。我们将这种更加个人层面的设计伦理称为激励性伦理,激励性的伦理有助于改善人类的生活以及人类环境的质量。

但到底是设计伦理重要,还是设计法律重要?即"自律"与"他律"的关系如何?其实两者紧密联系互为补充,法律法规具有强大的威慑力、约束力和执行力,但是滞后的惩罚性力量。伦理具有一定的约束力,发挥预防、警示、监督的重要作用。"法律是针对道德的底线,对技术的保护仅以各种法条来施加会消耗可见的物质、经济资源,也会消耗不可见的人文资源和社会信任,这种消耗越大,资源的净值就越低。反之,社会道德规范越是能够帮助降低这种消耗,社会财富的积累就越多。"[19]P448法律法规是设计伦理的补充,设计伦理发挥的作用越大,相关的法律法规发挥的作用越小,它们是我们设计管理的两种手段,缺一不可。从对设计师的约束和对现代设计的监督来看,设计伦理应该成为现代设计行为的首要因素。社会的发展、稳定与和谐,首先靠的是道德建设和伦理制约。如果只有法律而没有道德,那整个社会是冰冷的,是没有人情味的、可悲的;而如果只有道德而没有法律,那社会必然是无序的、混乱的、可怕的。所以,社会的有序建构离不开法律和道德。在设计领域,就是首先要靠设计伦理的约束和规范,设计师必须重视伦理道德,承担社会责任,树立关爱他人、为他人服务的理念。

制定设计伦理标准、形成设计道德规范,并在实践过程中对设计师和设计活动加以监督和约束,是切实可行的设计伦理应用研究之路。如何制定标准和怎样形成规范?目前国内业已形成较为完备的设计行业教育和培训系统,包括高等设计院系为代表的研究团队,各种性质、类别的设计行业组织、协会、学会等。如果在多方参与、综合评估、统筹兼顾的情况下形成具有一定普适性的基本道德规范,通过考察和修订,达成基本共识,运用现代资讯手段加以推广,再辅之以行业内的奖评方式和宣传推广手段,就能逐步建立符合现代文化道德要求的设计伦理规范体系。当然,如何让设计伦理发挥更大的价值,仅仅靠设计师"自律"和来自社会的"他律"是远远不够的,更多是要靠设计伦理的教育,而这种伦理教育,无论是针对设计师还是针对大众,都应该是系统化的、全面的,深入人们内心的、长远的教育。

参考文献

［1］管东贵,芮逸夫.云五社会科学大辞典(社会学)［M］.台湾:台湾商务印书馆,1971

［2］龙冠海.云五社会科学大辞典(人类学)［M］.台湾:台湾商务印书馆,1971

［3］梁漱溟.中国文化要义(第五章)［M］.香港:香港集成图书公司,1963

［4］尹定邦.设计学概论［M］.长沙:湖南科学技术出版社,2004

［5］陈岸英.艺术概论［M］.北京:高等教育出版社,2019

［6］〔俄〕俄罗斯艺术科学院美术理论与美术史研究所编.文艺复兴欧洲艺术［M］.石家庄:河北教育出版社,2002

［7］黄厚石.现代设计思潮(第一卷,造物主)［M］.南京:东南大学出版社,2016

［8］赵江洪.设计艺术的含义［M］.长沙:湖南大学出版社,2005

［9］Donald A. Norman. *The Design of Everyday Things*［M］. New York: Basic Books，1998

［10］Bushman, R. I. *The Refinement of America: Houses*, Cities. New York: Vintage Book,1993

［11］黄厚石,李海燕.设计原理［M］.南京:东南大学出版社,2005

［12］〔英〕彭妮·斯帕克.设计与文化导论［M］.钱凤根,于晓红译.南京:凤凰出版传媒集团,2012

［13］张长征.设计师的伦理自律性及其建构［J］.设计艺术,2008

［14］周中之.伦理学［M］.北京:人民出版社,2005

［15］弗里德里希·黑格尔.美学(第一卷)［M］.北京:北京商务出版社,1982

［16］赵江洪.设计的生命底线——设计伦理［J］.美术观察,2003

［17］朱彧.设计艺术概论［M］.长沙:湖南大学出版社,2006

［18］朱怡芳.玉山之巅——琢磨世界的真实与想象［M］.南京:江苏凤凰美术出版社,2022

［19］〔英〕约翰·A.沃克,朱迪·阿特菲尔德.设计史与设计的历史［M］.周丹丹,易菲译.南京:江苏凤凰美术出版社,2017

［20］〔意〕斯丹法诺·马扎诺.设计创造价值——飞利浦设计思想［M］.北京:北京理工大学出版社,2002

［21］弗里德里希·黑格尔.美学［M］.重庆:重庆出版社,2021

［22］高兴.设计伦理研究:基于实践、价值、原则和方法的设计伦理思考［M］.合肥:合肥工业大学出版社,2013

［23］〔古希腊〕柏拉图.理想国［M］.庞燨春译.北京:九州出版社,2007

［24］〔古希腊〕色诺芬.回忆苏格拉底［M］.吴永泉译.上海:商务印书馆,2009

［25］〔清〕李渔.闲情偶寄［M］.西安：三秦出版社,1998

［26］赵伟军.伦理与价值——现代设计若干问题的再思考［M］.合肥：合肥工业大学出版社,2010

［27］李砚祖.艺术设计概论［M］.长沙：湖北美术出版社,2020

［28］赵一凡.西方文论关键词［M］.北京：外语教学与研究出版社,2007

［29］丁·阿特菲尔德.无形接触［J］.泰晤士高等教育增刊,1987

［30］〔美〕约翰·赫斯科特.设计,无处不在［M］.丁珏译.南京：译林出版社,2013

［31］Pedro Ramirez Vazquez. The Role of Industrial Designer in the Public Sector. In：P. R. Vazquez A. L. Margain(eds). *Industrial Design and Human Development*. Excerpta Medica：Amsterdam-Oxford Princeton，1980

从人类文明初期的工具制造到手工业时代的造物制器，再到工业化发展时期的现代主义设计，无论是以敬畏的心态面对自然，还是以充满民主和革命精神的设计思想改变整个世界，唯有满足人类不同层面的需要，才是体现设计价值的意义所在。

在人类发展的不同时期、不同文化中，伦理约束下的设计为社会各阶层服务，满足他们功能、审美等物质与精神的多种需求，引导和改变社会成员的现实生活，参与社会关系的和谐构建，推动文明进步。

第七章　设计伦理批判与反思

设计改变着人类生活,推进人类的历史进程。从手工制作的木制、铁制农具的更迭,从人力、畜力到机械化的生产制作,每一次社会生产方式的变革都和人们的生活息息相关,都由设计创新提供动力。设计伴随着人类文明的每一个进程,并推动着社会的不断前行。当今,快节奏的生产和生活,让人们体验速成、便捷的同时,又往往感受着艺术设计本体价值的失落。因此,面对五彩缤纷的设计艺术形态和多元价值取向,我们不得不从多角度、深层面对艺术设计进行剖析,定位艺术设计的本原,以不伤害原则为设计伦理底线,进而推进关爱、情感、人文、至善设计伦理进程;以造物至善的伦理高度,从全面、长远、健康等方面构建环境、社会、人的和谐关系。

一、设计伦理的基础和底线

当我们用人文关怀的目光回顾设计发展历程时不难发现,现代设计观的形成自始至终充满着矛盾:对人的价值、尊严和人格的敬畏与对人的价值、尊严和人格的践踏;对人的原始物欲的节制与对人的本能物欲的放纵。

(一)"人禽之辨"与"灵肉之争"

西方文化中,人是照着上帝的形象而塑造的;中国传统文化中,人是创世神女娲以黄泥仿照自己抟土造出的。无论是上帝还是女娲,都是神圣而美好的,但上帝或女娲只给了人类一幅美好的外表,却没能去除人类的本能。人类拥有的本能,在传统人性观中一直被认为是负面的,传统伦理秉承人性观点的"人禽之别""人禽之辨",力求对人性中动物属性的"本能"进行克制,进而达到"文明"的程度,即希腊哲人柏拉图提倡的:"人是理性的动物"。

传统的人性观着重于"人禽之辨"，如何以精神控制肉体，使天理克服人欲，社会成为人性决战的主要战场。西方的亚里士多德从整体上理解人，指出理性和智慧是人之所以为人而区别于其他一切动物的重要标志。东方的荀子也认为人是"气、生、义"的总和，如物质是有气而无生（水火等），植物则有气有生而无知，动物有气有生有知而无义，"人为万物之灵"（《荀子·王制篇》）；孟子更是把"灵"赋予道德的深层含意，提出"仁义""人伦"的思想观，把人从自然层面上升为尊严的伦理高度，即"人是道德的动物"。传统的人性观一直陷于"灵"与"肉"的二元思想的纠结之中，"灵"指精神，灵魂，心灵，进而"天理""道心"，"肉"指"身体""人欲"，二者在宗教、道德之中的对决，上升为灵肉或天人交战的文化现象。

东方最早有"食色性也"的人性观，"食色"即是人类本能，提出性无善和不善论。奥地利精神病学家弗洛伊德认为"人的生命并非被食、色这两种利己的驱动力所驾驭，而是由热情——爱与破坏——所驾驭，他称其为爱的本能和死亡本能"。他首倡用精神分析方法把人的心理结构（或人格结构）分成三个层次：第一个层次为无意识，即"伊德"（id），是各种本能和欲望的贮存所，没有价值观念，没有伦理道德的准则，遵循享乐原则；第二个层次是前意识或意识人格，即"自我"（ego），是按实际情况调节行为的意识，是现实化了的本能，遵循现实原则；第三个层次是意识

图 7-1　弗洛伊德

或良心，即"超我"（superego），是道德化了的"自我"。弗洛伊德认为人的许多行为是受到"无意识"控制的，隐藏在这种无意识里的是人受到压抑的经历，如精神受到伤害、感情遭到拒绝、欲望得不到满足，特别是性欲（心理学术语称"里比多"——libido，包含在"伊德"中）被压制，这种压抑感来自"超我"的监管和压制[1]P653-654，即以道德、伦理对自我本能的约束和限制，以明辨"人禽之别"、凸显"灵肉之争"。科学家卡里尔（A.Carrel）研究提出："性欲的腺体除了鼓舞着人们从事传宗接代的行为外，还有另外的功能，它们也能够强化生理的、心理的和精神的活动力。没有一个被阉割了的人，

会成为一个大哲学家、大科学家,甚至一个大的犯罪者。"[2]P62 西方基督教认为人生而有罪,即"原罪",需要不断忏悔、一生救赎;东方认为人之初性本善,人生如璞玉,需要磨炼才能升华,亦即明朝哲学家王阳明晚年所述的"无善无恶心之体,有善有恶意之动,知善知恶是良知,为善去恶是格物"。东西方对有罪稍有不同,但过程是一致的,都是生而不完美,需要教化、约束,才能构建高尚的自我德操体系。

(二) 五伦与六伦、共治与善治

日趋公共化是现代社会结构化转型的大趋势,直接导致现代社会的开放性越来越大、透明度越来越高,自由主义思想家天真地以为这会给个人带来极大的自由空间。心理学家葛登纳(John W. Gardner)说:"我们常听到这种空幻不实的说法——人可以做他自己和命运的主人,解除掉困累他的束缚,可以是一只自由翱翔的小鸟。这种观念产生了严重的混淆,完全的个人自主是子虚乌有、不可思议之事。"[3]P112 其实恰恰相反,在大众更加适应、依赖普遍规则和秩序的同时,传统美德赖以存续的文化根基被动摇,个人的尊严、权利受到挑战和突破,诸如微博、微信等网络技术支持下的信息力量日趋强大,自媒体传播越发普及,社会公共化、开放性给舆论控制带来压力是巨大的。"人并不能随心所欲,不但'人欲'不能,'精神'也不能,二者都须受社会的影响,尤其要受生理法则的限制。"[4]P26 正如卢梭所说"人生而自由,却无往不在枷锁之中"。"人们生而自由、终身追求自由,即生活中享受到的不是无边的自由,而是下有法律做底、上有道德引领,还有伦理规范来约束的真实生活,依然不变对自由意志、平等地位的追求。"[5]社会的日趋公共化、开放性要求个体必须遵守相应的各种规则,受相应的约束,规则、约束的背后是责任和负担,规则、约束对大众明面上是责任和负担,深层次就是伦理。

中国是文明古国礼仪之邦,在传统社会中,注重以宗法血缘为组织纽带,伦理与社会相叠映,以父子、君臣、夫妇、长幼、朋友这"五伦"为根基构建社会的亲疏关系,维系相应的社会规范和道德操守。然而个人与陌生社会大众之间关系,能否同处于被善意尊重和关爱的地位,则缺乏适当的道德准绳予以要求和明示,李国鼎先生在 1981 年发表《经济发展与伦理建设——第六伦的倡导与国家现代化》专文中,陈述了第六伦的完整概念:第六伦也就是个人与社会大众的关系,即群己关系。相对于五伦的特殊主义,第六伦具有普适性的一般主义,即大家都适用的伦理准则。

表7-1 五伦与六伦对比

	五伦	六伦
行为准则	特殊性、特殊主义	普遍性、一般主义
文化背景	经济活动、社会结构相对简单	经济活动、社会结构相对复杂
人际关系	亲切、关怀、偏私、脏乱	公正、秩序、冷淡、疏远
道德范畴	私德	公德

　　倡立第六伦的目的:"不是要求人人为圣贤,只是要求人人守本分;不是要求牺牲自身的利益,只是要求不侵犯别人的利益,不论此别人是和我们有特殊关系的对象,抑或是陌生的社会大众。"在现代生活中,应实行的具体做法是:(1)对公共财物应节俭廉洁,以消除浪费与贪污;(2)对公共环境应维护,以消除污染;(3)对公共秩序应遵守,以消除脏乱;(4)对不确定的第三者之权益,亦应善加维护和尊重;(5)对素昧平生的陌生人,亦应给予公正的机会,而不加以歧视。[4]P184"伦理实践不只是个人内省的功夫,也不只是个人道德的境界,它的完善程度是依照个人社会性的行为来衡量的。"[4]P82五伦环绕在我们身边,与我们有直接的利益关联,六伦关系比较疏远,其利益关联相对迂回和间接,但从社会全体的角度去看,六伦适用范围更广,是层次较高的规范。

　　中西方社会形式的构建,经上千年商业、文化和战争等带来的主动或被动的"交往",在工业革命兴起后,先后开启现代化进程,形成现代国家和国家制度。现代国家保持政治权力、领土和人民三要素统一,强调国家主权及其合法性。现代国家的基本职能是:保护本国免受其他国家的侵犯;保护国内每个人免受他人的侵犯与压迫;承担个人或少数人不应或不能完成的事情,如发展国民经济、提供公共服务。当今的东西方国家,具有相近的基本功能、基本要素和基本职能,然而,由于各自自然资源、历史发展和所形成的主流文化思想上存在显著差异,它们在社会价值观和受此影响的公共治理伦理上也各有侧重。应对当今经济、资源、人才流动的社会现象,面对全球化和信息传播网络化的格局,有公共管理学者建议用公共治理代替国家治理概念,并提出现代公共治理理念必须从管制(regulation)走向治理(governance),呼吁共治和善治。以西方近现代价值观为参照,五伦与六伦、共治与善治脱胎于"家国天下"传统社会伦理的中华价值观,突破民主与专制概念的羁绊,凸显良与劣的实质分野,其责任先于自由、义务先于权利、群体高于个人、和谐高于冲突四大特点成为现代设计伦理的指导坐标。[5]共治,强调个人、社团、企业、政府等各方利益主体的平等性、参与性、协调冲突等操作原则;善治,更进一步强调相互尊重、合作、公平、共济、透明等伦理价值。

（三）底线伦理与现代设计

18世纪工业革命后,民主主义推动西方社会率先进入现代工业文明,大量生产工具、机器和生活用品经由设计产生,使人们从繁重的日常劳动中解放出来。及至近代,电子技术的发明,出现了流水线生产方式和机器化生产,大大提高了生产效率;交通工具的进步,人类的活动范围越来越远,越飞越高。IT产业革命体现了"设计创造新生活方式""设计改变人的思维方式"等理念,倡导"用户体验设计"将关爱和情感通过设计的方式传达给世界,力图消解人与机器之间的隔阂,让人类的生活更加自由、更加便利。人类进入现代社会,处在一个文化、思想、意识的变革时期,一方面,推翻了封建等级制度和政教合一的统治模式,建立起现代民主政治,精神和思想得以解放;另一方面,现代科技的发展、新材料的出现,人类的能力越来越大、越来越强。人本意识的觉醒,物质生产方式的变革,使人类的生活方式和价值标准发生极大变化,导致人与人、人与社会、人与自然之间的矛盾紧迫而严峻,旧有的伦理道德体系、日用规范受到冲击和挑战,新的伦理秩序与道德标准尚待构建与完善。

从伦理层面讲,传统手工艺时代,设计动力、工具、手段及组织形式等因素对地球自然的改造相对较弱,资源的摄取小于自然资源再生和修复的时间,人对自然是敬畏、依赖、友善的,地球自然具有较高的尊严。但由于客观上人类自身力量的无限增强,主观物质欲望的不断膨胀,自然成为人类唯一的摄取对象,其尊严和地位受到人类的侵犯,加上人是万物之灵,人是世界的主宰这一人类中心主义观念,自然的地位遭到人类的挑战,生态空间遭到人类的破坏。一系列道德滑坡、底线失守的现象时有发生,许多已经触碰到底线的问题往往被"同情""忽略""回避",变得可以被接受和理解。毋庸讳言,社会道德呈现滑坡、下沉,伦理底线后撤甚至失守已经是当今社会面临的严峻问题。

　　王蒙说在现代社会要"躲避崇高"、守住底线,"底线伦理"概念国内最早由何怀宏教授提出,他认为:"道德底线虽然只是一些基础性的东西,却具有一种逻辑的优先性",即使追求崇高、圣洁,也必须从遵从基本的义务开始,只要你是社会的成员之一,基本的行为准则和规范必须共同遵守,否则有可能导致社会崩溃。"底线伦理"灵感来源于约翰·罗尔斯(John Bordley Rawls,1921~2002),即罗尔斯关键的概念:"最低或最起码的要求(minimal requirement)","最起码的要求"就是底线。"伦理学的活动区域应该在介乎宗教和法律之间的中间地带,所谓底线伦理实际上就是道德与法律的结合部。"[6]什么是我们必须遵守的底线伦理? 我们如何坚守我们的底线伦理? 当下,最迫切的任务就是明确设计伦理底线,有效地实现"道德止跌"。赵江宏先生提出的设计伦理不伤害原则,人不可以"为所欲为",而要"有所不为","毋以善小而不为,勿以恶小而为之","己所不欲,勿施于人"。可以说,底线是一个高度警示性比喻,底线伦理是最后的不可让渡的底线,是维持社会正常秩序所必需的。底线伦理具有普遍性,无一例外地要求所有人接受,是人人都要遵守的规范、法则。规范伦理正是针对此类底线道德缺失的探究,即面对具体事件和现象,解决应该还是不应该的问题。目前设计行业内存在的"失范",即源于缺乏这种底线道德规范的约束和限制。

　　古往今来,一切人类产品都是基于人类欲求的需要,在社会分工原则的左右下,通过生产、流通、交换、消费、再生产等环节而构建出一整套产业链,每一个产业链上都不可避免地需要德性伦理的加入。生产领域有生产领域的职业德性、流通领域有流通领域的职业德性、设计领域有设计领域的职业德性,唯独与生产德性紧密相连的消费者无法涉及职业德性,而作为客体的产品或设计物则是链接职业德性和生活德性的桥梁与纽带,代表和承担着生活德性和职业德性。"即使同样隶属于职业德性的范畴,生产者的职业德性与传播者或流通者的职业德性也未必是重合的、一致的或相同的。好的生产者生产出社会大众需要的好的产品,而好的传播者则需要高效流通的技艺将这一好产品推介给社会大众。这其中隐含着一个限定因素,即这种高效技艺必须是基于好的产品,否则就有可能给社会大众的福祉造成损害,比如对假冒伪劣产品的大量传播和流通,其技艺行动实现的就是德性的反面,即失德或犯罪。"[7]P46人类的设计含有高超的艺术和技术,必然蕴含丰富的职业德性成分,这也是一切人类创作物中所共同具有的德性特征。

二、尊重与关爱，关系伦理的构建

1995 年 10 月，世界室内设计会议在日本的名古屋举行。日本设计师内田繁在会上指出：20 世纪产生的物质主义时代观将向物与物之间相联系的柔性的创造性时代转换，即从"物质"的时代向"关系（心）"的时代转变；今后的设计将更加重视看不见的东西，重视关系的再发现。2016 年，由原研哉发起的理想家设计活动，关注城乡变迁、关注空气质量、关注蚁居、关注人与人之间的天然联系、关注对自然的保护、关注科技与智能模式、关注原初生活形态、关注超老龄社会背景下的人居状态……关注情感以及尊重与关爱在"家"中的意义，不同程度地体现着万物互联社会景观下，大众心理和情感上的伦理需要。

（一）艺术与现代理性设计的融入

以马列维奇（Kazimir Malevich，1878～1935），康丁斯基（Wassily Kandinsky，1866～1944）及佩夫斯纳（Antoine-Pevsner，1886～1962）兄弟为代表的设计师主张"艺术是一种属于精神的活动，其主要目的是将人类对世界的认识秩序化。他们认为如果像工程师一样去实际地组织生活，那么艺术家的地位便被降为工匠的状态。因此，他们认为艺术在本质上必须是非实用性的、精神的，超越工匠的功能设计。如果艺术变成实用之物，艺术也就不存在了。"[8]而塔特林（Vladimir Tatlin，1885～1953）与罗德琴科（Alexander Rodchenko，1891～1956）坚持艺术家必须是一名工程师，艺术家必须学习现代生产工具和生产创造材料，以便为无产阶级大众服务，为社会做贡献，宣扬构成主义艺术家应该遵从把"艺术转变为生活"这一理念。

18 世纪中期，跟随着工业革命的节拍，现代工业设计初见端倪，以机器加工代替手工劳作成为时代的发展趋势，新能源、新材料的出现冲击着传统的设计与制作，一切都对审美提出新的要求和新的考量标准。但早期机器产品的粗陋、简单无法和传统手工艺品相媲美，精致美观的审美标准不可能因为机器产品的出现而改变。人们对传统手工制作的眷念不忘，对手工艺品的品位和追求，对粗陋的机器产品的抵制，使人类的审美陷入尴尬的境地，也使现代设计陷入两难、走到举步维艰的地步。"工艺美术"运动、"新艺术"运动、"装饰艺术"运动都肯定了传统手工艺之美,追求以自然的曲线、华丽的装饰展现形式之美,拒绝点、线、面及无彩色呈现出的理性、机械之美,否定工业化之美,对现代工业文明在设计制造上的尝试和体验抱有怀疑、冷漠的态度,但过度的艺术热情,无疑在适合或引领时代风格这方面不具有积极意义。

现代主义的核心内容是为大众服务,为全社会服务,从其诞生之初就被注入了鲜明的民主主义色彩和社会主义特征。起源于俄国的构成主义追求艺术与技术的融合,借用技术和机器走艺术实用化之路,助推了现代设计的诞生和成形。新艺术运动的领袖凡德·维尔德主张艺术与工业生产相结合,美国著名设计师弗兰克·赖特呼吁发挥利用机器的艺术潜能,改善人的生活水平和生活质量,享受机器给人类带来的物质和精神的愉悦。包豪斯创始人格罗皮乌斯受拉斯金的影响,坚持打破艺术和工艺的界限,拓展艺术的范围和概念,在设计中执行标准化工业生产方式的同时,不忽视设计的人文艺术思考和应用。"他在《包豪斯宣言》中明确提出要致力于创造适应于工业生产的艺术领域。他希望把建筑、雕塑和绘画融为一体,走向应用艺术。格罗佩斯的教学与设计实践已经不再只关注产品的外在形式,而是把设计转变成一种物质性产品的生产,通过这种形式对生活世界的进程进行艺术改造。"[9]P81包豪斯学员,后来的乌尔姆设计学院的校长马克斯·比尔在谈到设计时说道:"我认为发展一种主要基于数学思想的艺术是可能的。"[10]P127可见,现代设计创始之初并没有舍弃人文文化,认为理性主义和现代设计文化两者是互通的、必要的,不存在隔阂。

大工业生产技术是时代的进步,找到与机器大生产方式相适应、与批量化生产相匹配,具有适合或引领时代风格的美学标准成为20世纪之初有识之士面临的课题。于是,引发了对美的思考和探究、诱发了美学革命,推动了既保持物质进步,又符合大工业生产的机器美学(Machine Aesthetics)的出现。宣传大都市生活的工厂、建筑、汽车、飞机等大机器产品之美,讴歌现代生活的节奏、速度、方式,肯定新设计风格对社会发展所起的积极作用,一系列审美考量标准完善了新的审美观念,丰富了现代美学范畴。设计应该合理地使用现代科技知识为每个人服务,正是在这一伦理思想指引下,随着工业化发展、机械化时代来临,批量复制、大生产的工艺制品已然主宰了设计审美的基本面貌。从审美的时代性来看,机器美学肯定工业化、颂扬现代设计,具有正面的伦理考量意义。

受英国雕塑家亨利·摩尔（Henry Spencer Moore）雕塑的影响，一种新视觉特征的设计造型风格于20世纪50年代率先在意大利现代设计中出现。20世纪60年代前后，后现代主义以"反设计"的思维与方式对现代主义、机械主义、控制论等对现代设计发起批判。美国建筑批判学者刘易斯·芒福德（Lewis Mumford, 1895～1990）对机械价值观表现出强烈的不满："机器不能像神庙之于希腊或宫殿之于文艺复兴那样代表我们的时代……在当今时代保持对机器的崇拜显露出在阐明我们这个时代化面临的挑战和危险方面的无能。"[11]P190 美国的圣路易斯住宅区被炸毁，德国乌尔姆设计学院被关闭，喻示着现代主义的失败，后现代主义的崛起，现代主义被迫游离到舞台的边缘。后现代主义的设计师认为产品本身就是生活的一部分，产品和生活互动、共建起新的关系，实现新的活法，这是设计的价值所在，并不是在产品使用后，经过评估，才体现出设计的价值，被功能主义忽略的尊重与关爱等人性化因素在后现代主义里得到了进一步重视与弘扬。

图 7-2　多伦多市区公园中的亨利·摩尔雕塑　　图 7-3　刘易斯·芒福德

（二）生产力的发展，道德、伦理的演进

伦理学的研究对象是人，是关于人的道德问题的探究，但道德不是一个恒定不变的问题，在人类社会历时与共时的文化演变中，道德一直处在不断变化的过程中。由社会群体和社会精英共同形成与时代相适应的社会道德形态，无不是生产力的发展和与之相适应的生产关系进步的产物。中国早期伦理思想基于农耕社会的生产力水平，儒家思想中的仁、礼、信、

善等体现的是社会纽带的血缘关系。道家思想中的"五色令人目盲；五音令人耳聋；五味令人口爽；驰骋畋猎，令人心发狂；难得之货，令人行妨；是以圣人为腹不为目，故去彼取此。""小国寡民。使有什伯之器而不用，使民重死而不远徙。虽有舟舆，无所乘之；虽有甲兵，无所陈之。使民复结绳而用之。甘其食，美其服，安其居，乐其俗。"无疑受制于有限的生产力水平，囿于人与自然关系的制约，换句话说，生产力的发展水平决定了人与人、人与社会关系的相互依存和共同构建。

对人造物与人的道德之间的关系，墨子作了充分论述："义"的缺失是社会不安定的根本原因，"利"的不平衡又导致"义"的失位，如上层社会的奢靡之风、奢侈浪费的生活方式。基于生产力水平低下、百姓生活困苦，墨子提出"非乐""非美"思想，倡导朴实无华的工艺设计，好用、宜用居其首，装饰、美化居其后，这和卢斯的"装饰罪恶"论极为相似。卢斯认为：装饰是牵强的、扭曲的、病态的，不利于人的健康、不利于国家的发展，妨碍文化进步，他的"装饰与罪恶"一文在近现代设计史上占有重要地位。可见，卢斯和墨子的朴素思想、批判观念出自同一个角度。装饰涉及"美"和"道德"的范畴，在特定社会发展阶段呈现出变动的复杂状态，当生产力高度发展，物质丰裕到一定程度，新的观念、新的形式、新的生活方式的出现，对装饰、美和道德的思考也会随之发生变化。

现代设计的目的是为人服务，为个体存在的自然人获得物质和精神上的满足，为人创造和谐幸福的生活。贫困或弱势民众也是人，是大众的组成部分，因此，设计立足于人展开的设计活动，肩负对贫困或弱势民众的责任与使命，是具有伦理色彩的"善行"。现代设计中体现尊重和关爱意味着给大众带来物质生活的满足以及精神生活的享受，包括对贫困或弱势群体的关注、关爱，对民族、文化、身份的尊重、认同。进入20世纪80年代的后现代设计，开始关注今日的设计和未来的设计，提出绿色设计、环保设计、循环设计、模块设计、组合设计、和谐设计等概念，设计作为协调社会—人—自然的基本法则，保证人性化、自由化、趣味化的最终可持续实现，实现人类可持续发展；同时，强调设计的人性化、个性化，提倡以幽默、情趣、游戏的心态来满足人性的本能需求。注重设计物内在的文脉精神和人文内涵，创造性地应用历史语言和符号特征，通过解构、重构、组合、调整，创造丰富、多元的设计产品。

人性化、无障碍、多元化的设计表达了在新时代文化背景下，以情感消解功能的烦琐,以伦理的刻度体现人性的光辉,以设计的包容彰显文化的尊重,引领设计走向和谐、共生的可持续发展。我们回顾设计的发展,人的价值、尊严和人格的实现都在设计伦理的规范下,体现出人性自由发展与有效节制。艺术设计的伦理回归本质上呼唤对心灵的关怀,并以此为出发点,达到个体、群体之间的关怀以及人类对其他生命形式和整个赖以生存的自然环境的关怀。

(三)"物质"时代向"关系"时代转变

进入信息社会后,电脑作为设计工具,虚拟的、数字化的设计成为与物质设计相对的另一类设计形态,即非物质形态。非物质社会的概念来源于历史学家汤因比,他认为人类将无生命的和未加工的物质转化成工具,并给予未加工的物质以从未有的功能和样式,功能和样式是非物质性的。[12]P6自 20 世纪末,非物质文化逐渐受到社会各界普遍的重视,各级非物质文化遗产、技艺、传承等项目的申报、审批、保护有序地开展起来。当今数字化社会、信息社会或服务型社会就是非物质社会。非物质设计时代的来临为设计伦理的发展注入了新的内容,提出了更高的要求。"非物质设计是相对于物质设计而言的,非物质设计是社会非物质化的产物,是以信息设计为主的设计,是基于服务的设计。"[13]P157这种转变不仅扩大了设计的范围,使设计的功能和社会作用大大增强,而且导致了设计本质的变化。设计从讲究良好形式和功能转向非物质服务和多元文化再现,即进入一个以非物质的虚拟设计、数字化设计为主要特征的设计新领域。从物质设计到非物质设计,反映了设计价值,以及社会存在的功能主义的满足需求到商业主义的刺激需求的转变,进而进入到非物质主义的生态需求。产品的功能、样式,设计的设想、规划,这些在过程中出现的语言、思想都是非物质的。进入后现代或者说信息社会以来,非物质设计涉及软件服务、功能拓展、程序编制、人工智能。

从设计的伦理性角度分析,艺术设计进入非物质设计时代,设计对象从"无形"向"有形",从"物"向"非物",设计重点从"产品"向"服务",设计方式从"实物"向"虚拟"等一系列导向的转变,即从"物质"的时代向"关系(心)"的时代转变。未来的设计更关注"责任、思辨、创新、策略",一方面与社会政治、经济、环境、阶层、族群等的关系交织杂糅,超越设计本身范畴,需要政、产、学、研、媒协同应对;另一方面与科技的发展密切相关,表现出敏锐的吸纳和快速的创新,站在改变生活的前沿。面对复杂的生活环境和多元的实用与审美需求,由物质转向非物质,更具精神意义与战略价值。从单一的功能表达转向设计观念的多元化阐释,从产品的理性表达转向感性诉求,从完整、单一、系列的功能出发设计转变到个性的、精神的设计与服务,逐渐实现产品的虚拟化、服务化。以知识信息代替实体物质,主要由单纯的物质追求转化到素质追求,由注重物质享受转变到生活质量,个性、情感、文化被提高到一个新的认识高度,产品的物质特征正逐渐被代替或消失。在非物质社会,设计的核心是提供物质和精神两方面的服务,为的是更容易满足个性的需要。非物质社会已然来临,非物质设计已然站在我们面前。（如图7-4）

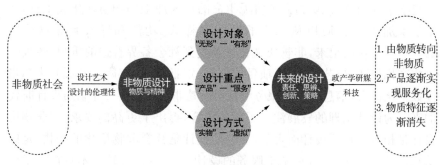

图7-4 非物质设计逻辑

　　人的情感上需要的东西未必就是可用的物质,所以非物质带来的第一个变化就是产品功能升级。非物质社会的设计既有物质产品又有非物质产品,即使是单一的物质产品,其功能和需求层次也是各种各样、各不相同的,大多数的产品已经演化为超级功能的、多功能的,甚至是不具备实际功能的"物"。产品的非物质化使得设计可以把重心放在表达文化修养和个人情感化设计之上。设计与文化艺术、历史传统进行融合、对话、拼贴和交融,设计中的理性正在逐步减弱,感性在逐渐增加。人类的设计已经不像传统设计那样,制造诸如椅子、杯子、家具等单纯的物质产品,而逐渐转化为服务于非物质社会的概念化设计。设计已然发生根本性转变,从刚性设计向柔性设计转变,从实体设计向虚拟设计转变,从量化设计向个性设计转变,从物质设计向非物质设计转变。设计的形式在伦理的要求下,在大众心理需求的召唤下,发生巨大变化,其功能超出单一要求的实现,拓展到多功能、超功能,甚至不具备具体功能。

三、信息时代的伦理问题与挑战

近 200 年来,人类社会生产方式经历了以纺织工业为主导的蒸汽化时代,以铁路、冶金为主导的铁路化时代,以电力、化工、汽车为主导的电气化时代,以石油、电子技术为主导的电子化时代。人类社会实现了从狩猎、农牧、工业到信息化的重要变迁。信息化的到来,颠覆了原先的生产模式、消费形式、思维方式,引发了一系列涉及价值准则、伦理规范等的新问题。

(一) 信息伦理的提出与发展

当下,正处于以网络和数字技术为主导的信息化时代,"从 20 世纪 20 年代开始,伴随着 GDP 总量上升到全球第一,美国的一批科学家工程师致力于将科学原理转为技术发明,并开始人类工程试验。信息技术由此萌生,信息时代逐渐到来。"[14]P246 罗伯特·维纳诺(Norbert Wiener,1894～1964)在 1950 年出版的《人有人的用处》一书中,论及信息化技术对生命、健康、安全、自由等关乎人类核心价值观念的伦理问题,提出"伟大的公正原则",奠定了信息伦理的基石。20 世纪 60 年代,美国计算机学者唐·帕克(Parker)收集分析了大量信息技术人员应用计算机等高科技手段从事违法甚至不道德行为的案例(Computer Crime),为美国计算机学会(ACM)起草制定了从事信息化技术的计算机工程师职业伦理规范。20 世纪 70 年代,美国哲学家、计算机专家瓦尔特·曼纳(Walter Maner)使用"Computer Ethnics"一词指称信息技术领域的一系列应用伦理问题,并出版相关教材开展信息技术伦理教育工作。

20 世纪末,信息技术伦理学发展迅速,如詹姆斯·穆尔发表"何谓计算机伦理学",德博拉·约翰出版《计算机伦理学》教材。相关的学术会议、大学课程、专业期刊等开始深入讨论信息技术伦理问题。进入 21 世纪,信息技术问题层出不穷,受到社会普遍而广泛的关注,出现了监管、甄别的专业组织,定期对信息技术中出现的风险问题发布报告,提供预防、补救措施。在信息技术发展上,中国起步较晚,但发展迅速。当前,在高端设计与制造,如 C919 大型飞机的数字协同设计与生产,高铁及轨道交通装备与制造,大型信息化工程的开展与实施等方面快速赶超,走在世界前列。再如智慧医疗、网格化管理、电子商务等民生服务发展迅速。2023年，中国出台了《数字中国建设整体布局规划》提出到2025年基本建成基于数字技术的基础设施。根据这一宏伟计划，中国将推动数字技术和实体经济的深度融合，加快数字技术的创新应用。[15]如今，全球各国正在以不同速度、不同进度"融入"或"被融入"信息时代之中，呈现出连接性、交互性、渗透性和融合性的信息技术独特性质。

随着移动互联网技术的成熟和基础设施的普及，"互联网＋"或"＋互联网"的信息技术服务模式广泛深入地渗透到大众生活的方方面面。购物、消费、聚会、旅游、出行……电商平台、餐饮服务类平台、出差或旅行网、打车软件、网络分享等，越来越多的人习惯于网上平台查询、订购、交流……众多产品从设计、加工、销售都离不开网络平台和网民的参与，发生在人们身边的"互联网＋"变革传统设计的实例不胜枚举，如宝洁公司曾经希望通过在薯片上印制图案来创新产品、吸引顾客、提高销量，公司设计人员试着在网上"征集"创意，结果一天之内就得到了满意的解决方案。信息化时代的到来，AI技术的横空出世，颠覆了原先的生产模式、消费形式、思维方式，给大众社会带来利好的同时，也引发了一系列涉及社会变革、价值准则、伦理规范等新问题。

（二）信息时代的伦理新问题

信息时代，在网络等现代媒体的裹挟下，不自觉中逐渐呈现出一个自我的"物化"状态。人们在满足自身物质精神需要的同时，也逐渐弱化了使用新技术、新产品、新媒介的道德考量和责任感，面临新的伦理问题。

1. 人际关系问题

微信、微博、脸书、推特等社交类应用软件在大众的日常生活中应用广泛，相关读书、新闻、游戏等非社交类软件经由好友分享、推荐、评价等社交功能刷新着用户体验的同时，也创造着新的人际关系的虚拟模式。有研究表明，我们日常用手机通话的时间远不及在其他移动设备上看电影、刷视频、浏览社交平台各类信息，更不要说面对面的情感互动、深入交流。众所周知，快乐、忧伤等此类情绪的相关内容只有通过人类表情和声音才能有效传递，而文字与图像交流的弊端就是无法直接传递快乐、忧伤等相关情绪；再者，文字与信息取代对话容易导致误解和歪曲，一些具体、深奥的信息只有实时交流，才能有效表达；此外，自动语音电话的泛滥、屏蔽骚扰的客观需要以及避免电话交流的"冒犯"行为使得个人更加封闭。比如,1914年6月18日,美国飞行员劳伦斯·斯佩里使用他新发明的陀螺稳定仪控制寇蒂斯 C-2 双翼飞机,实现了人类史上的第一次无人驾驶,引起世人广泛关注。2013 年,美国联邦航空管理局(FAA)发布通告"致驾驶员的安全警告"(SAFO)鼓励驾驶员在适当的时候采用手控飞行操作。当今,不断提升、完善的无人驾驶技术被越来越多的人接受,但在"这种机械自动化所带来便利的玻璃笼子里,应有的感知和敏锐的反馈都被切断了,这种危险存在于我们的生活里,会切断人和人之间的互动,以及和世界互动,它会使我们的感知、思考和思想受到严重的封锁。"[16]P98 当前,线下面对面的社交让位于线上真假共存的社会交往与互动,线上生活方式改变了面对面的真实、深度的社交。可见,浏览资讯、发布消息甚至无人驾驶等使我们生活自主、轻松,也让我们走向前所未有的孤独。

2. 平等公正问题

互联网的壮大诞生了一个新的虚拟世界,而且这个虚拟世界的丰富程度直接作用于我们的现实世界,人们的交往方式正在发生质的变化。"互联网的非中心思想更加契合现代民主思想,而远离独裁和极权思想。人们开始意识到,互联网正是'德先生'和'赛先生'最完美的结合。在网上,每一个网民是充分自主、充分平等的。这里没有主流意识形态,只有完全独创性的个人。"[17]P646-647 但在这个到处是信息的世界上,人类面临一个极为严峻的问题:信息挤占了人们的头脑,空洞的事实替代了观念,生活的意义被虚无化、真空化,人类在逐步丧失自己的思考。人对机器和网络的过分依赖,其后果必然是灾难性的。"人类通过使用工具解放了自己的手脚,获得了自由,但久而久之产生的对工具的依赖性,却使刚刚获得的自由又在不知不觉中丧失了。这就是黑格尔曾经说过的主奴辩证法在起作用。"[17]P646-647 当前,人工智能技术快速发展,丰富了互联网内容生态,为信息生产和传播带来了更多可能性。但与此同时,人工智能在内容创作领域存在识别难的问题,如依靠人工智能技术自动生成的视频、图像、文本等内容侵犯用户权益、带来了虚假信息,缺乏公平公正。此外,大众的日常生活日益依赖网络,信息技术在给人类大众带来便利的同时,也应考虑到大多数老年人、残障人及经济窘困的弱势群体。他们要么因为个体原因不能有效使用信息技术,要么因为经济问题而缺乏信息基础设施。毋庸置疑,他们是当代的弱势一方,难以享有信息技术带来的社会福利和发展机遇。如果信息技术不加限定地全方位覆盖,那么这些没有获得网上"身份"而又实际存在的社会人将面临巨大困难,衣食住行甚至个人身份问题都将无法保障。社会公平公正被置于重要地位的现代社会,信息技术该如何向"信息困难"人群提供服务? 其平等、公正、共存的伦理责任将如何实施? 我们无法回避。

3. 知识产权争议

1991 年,瑞士日内瓦的欧洲粒子物理实验室的软件工程师伯纳斯·李发明了一种网上交换文本的方式,创建了网上软件平台 World Wide Web(万维网)。1965 年,特德·纳尔逊提出的超文本设想,将文字、声音、图像、电影等一视同仁地视为"文本"。互联网使地球村成为真正的现实,"超文本"成为信息时代的浪潮以及新媒体技术的象征之一。信息时代,获取有用信息是成功的关键因素,数字化信息可以复制、修改、变更和跨界传输。网上多见个人或机构以他人的视频、图文信息加工、改编成自己的视觉艺术作品公开发布。通过网上获取信息进行价值再现,即通过加工、传播、设计等方式获取利益已是普遍存在的社会现象。如果获得相关权力许可,创作者要面对无数的版权所有者,该如何支付产权费? 相关规则如何判定? 这一争议的乱象可能造成知识产权垄断者的不当得利?《互联网信息服务深度合成管理规定》明确要求深度合成服务提供者对使用其服务生成或者编辑的信息内容,应当采取技术措施添加不影响用户使用的标识,对于具有生成或者显著改变信息内容功能服务的,应当在生成或者编辑的信息内容的合理位置、区域进行显著标识,向公众提示信息内容的合成情况,避免公众混淆或者误认。"个人作品或形象被用于人工智能生成必须受到保护,面向创作者,提供了专门的侵权反馈入口;使用虚拟人技术,虚拟人背后的真人使用者必须进行实名注册和认证;使用已注册的虚拟人形象进行直播时,必须由真人驱动进行实时互动,不允许完全由人工智能驱动进行互动。"[18]

信息时代对设计伦理的新挑战表现在无所不在的感知网络,无所不能的云端计算与快速存储,无限时空的智能终端等构成线上线下生活的交织交汇。在网络空间与真实生活中,个人权利、公平公正、诚信交易、自由交往和安全发展等伦理价值受到挑战。这种挑战考验职业良心和职业道德,警示我们守住权力边界的底线。在信息技术被构思、设计、应用到实践时,需提醒公众思考再认识新的社会价值和道德准则。

（三）信息时代的伦理挑战

在当今高度发达的物质文明中，人们对自己所创造的第二自然的依赖程度是空前的，面对身份、隐私、数据权属等伦理挑战，现代人类遭受的精神和物质冲击是巨大的。

1. 信息时代的身份甄别难题

"身份"（identity）具有可识别性、独一性。信息时代，人的身份具有真实的一面，即社会身份，又有虚拟的一面，即网络身份。社会身份担负着相应的社会责任，随着不同的社会场景、生活环境，人的社会身份都和相应的责任与义务交织在一起，无论身份或角色在社会中如何变化，遵纪守法、合乎道德规范是一个社会人的准则与底线。"网络身份"（Digital Identity）是在数字虚拟空间中被界定、使用的有关个人在数字上的信息总和，具有多样性、可变性和匿名性特点。"数字身份是在网络空间领域非常流行的概念，被定义为一组独一无二地描述一个主体（subject）或实体（entity）的数据，是有关一个人的所有在数字上可得的信息总和。"[19] 在流量为王、大数据时代，数字身份具有极大的商业价值，但从技术上看，数字身份易被盗用、易被追溯，时刻触碰、挑战、僭越着社会中人与人的伦理底线。对此，《互联网信息服务深度合成管理规定》规定："深度合成服务提供者应当基于移动电话号码、身份证件号码、统一社会信用代码或者国家网络身份认证公共服务等方式，依法对深度合成服务使用者进行真实身份信息认证，不得向未进行真实身份信息认证的深度合成服务使用者提供信息发布服务。"

2. 信息时代的隐私保护困境

互联网的增长，各数据的非线性网络形成，复制、流传、分享、公开的数据可以准确追溯定位到设备、IP 地址、用户账号，甚至具体到个人。从大量数据的酌取分析定义出个体的情感、需求、偏好和具体活动，再对个体进行推送、包装，实施"蚕房订制"服务。上述虽然提升了客户服务的精准性，实施了个性化，但也不经意间超越了客户的隐私边界，危及客户的财物安全和情感安全，此类与人紧密相连的大数据饱受关注和诟病。个人信息充斥于网络空间，隐私的保护面临技术与非技术的挑战。"信息伦理问题已成为冲击教育、科研乃至国家创新发展的毒瘤，影响着人类的信息行为、社会活动。"[20]《互联网信息服务深度合成管理规定》规定:"深度合成服务提供者和技术支持者应当加强训练数据管理,采取必要措施保障训练数据安全;训练数据包含个人信息的,应当遵守个人信息保护的有关规定。深度合成服务提供者和技术支持者提供人脸、人声等生物识别信息编辑功能的,应当提示深度合成服务使用者依法告知被编辑的个人,并取得其单独同意。"

3. 信息时代的数据权属博弈

大数据价值堪比石油,是新的财富形式,其价值多体现在相关联的价值上,即经过加工、整合产生新价值。与物质性资产不同,数据价值没有消耗性,数据价值不随使用次数增加或减少。其价值与真实性、可信度、完整性、可用度密切关联。相比其他物质性资产,数据权属存在于显而易见的模糊地带。面对数据权属引发的伦理争议,以安全、自由、正义、责任为原则,致力于社会良好秩序的建设,是数据从业者、监管者、使用者共同的责任。首先,数据权属必须秉承尊重原则、诚信原则、公平交易原则。尊重专业人士、权威机构甚至普通个人为数据提供付出的努力;其次,进入数据流的各方数据提供者要为数据真实性负责;此外,在研究、定价数据价值要公开透明,防范数据滥用与垄断。以不伤害他人为边界,保障个人安全及自由权利,需要市场机制、国家制度、社会组织及公民的自觉自律才能明晰权属,实现社会公平公正。随着"葛宇路"路牌被市政当局拆除,应该意识到:信息时代,大众借助媒介参与公共事务的环境显得非常容易,但必须受到威权的控制和伦理的监视。

表7-2 信息时代的数据权属原则

操作阶段	原则1	原则2	原则3	原则4
大数据采集	知情同意原则:用户有权做出Y/N选择	自由选择原则:用户可以决定数据被采集的范围	随时可删原则:用户随时可以彻底删除数据	—
大数据交易	明白交易原则:明确所交易的数据范围,使用规范,定价策略等。	保证用户数据安全:脱敏个人信息并安全存放、传输	再交易通报原则	使用可审计,权力可撤销原则
大数据应用	隐私保护原则	价值维护原则	—	—

（四）信息时代的设计伦理责任

网络社会具有的开放、自由和虚拟等特点,使得数据伦理责任具有时代的一般特征和普遍意义,同时具有自律、广泛和实践的特性。借鉴大数据创新科技人员的伦理责任,相关设计伦理主要体现在以下五个方面。

1. 尊重个人自由、公平待人

在大数据时代,尊重个人自由表现为尊重和保护个人隐私,保守他人个体信息和数据,不泄漏不丢失。众所周知,隐私伦理道德是自觉的、内在的,而非强加的、外部的,即不在现实生活和网络空间中做危害人类的事情,不用错误或恶意的方式侵害他人身体、财产、数据、名誉和聘用关系;不在网上和其他场所传播关于他人的恶意谣言、诽谤、污言秽语和物理伤害,最大程度上遵从隐私伦理道德。

2. 强化技术保护、避免伤害他人

通过不断完善信息系统安全性能,部署防火墙,确保检测系统、防病毒系统、认证系统不被干扰和入侵。采取访问过滤、动态密码保护、登录限制、网络攻击追踪方法等技术手段,强化应用数据的脱敏处理、存取管理、业务审计,确保系统中的用户个人、客户信息得到更加稳妥的安全技术防护。

3. 严格遵守数据操作规程

制定严密的数据管理和追责制度,包括数据获取、清洗、存储、传输、分享、交易、关联分析等环节的权限管理和访问日志,规范所有能接触到数据、算法、设计应用的人员的操作行为。同时对于重要和关键数据,要建立多重访问控制规则,提高信息外泄成本,降低风险。

4. 加强数字设计行业自律

努力培育和强化行业自律机制,发挥行业自律的灵活性和专业化优势,弥补法律法规滞后的缺陷。重点和特殊行业应制定自律规范和自律公约,配合大数据科技创新人员规范大数据的使用方法和标准流程。

5. 承担社会信息伦理责任

共同承担建设安全、可信、平等、可及、惠民的大数据社会的责任,避免发明伤害他人、涉嫌歧视、损害名誉、降低道德水平的大数据设计产品和相关服务,与大数据科技创新人员在企业私利和社会公德之间共同履行好社会责任。[14]P269-270

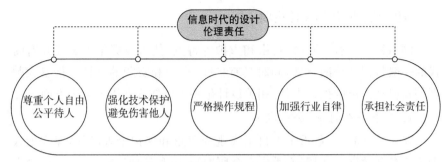

图 7-5 信息时代的设计伦理责任

四、设计至善的伦理诉求

设计满足人最初的、基础的功能需要，这是设计最基本价值的实现，正当履行的责任和义务即是设计之善。设计所实现的功能价值是设计之善的具体、基础表现形式，经由设计，主体对客体实施"人化"的关照，并将关照实存于设计结果之中，实现设计审美价值的构建和对审美价值的认同。如果把实用作为"善"的基础、具体形式，审美作为"善"的欣赏、愉悦阶段，那么艺术设计伦理价值则超越实用和审美价值之上，占据道德的至高层面，成为考量设计之善的道德标准，即"造物至善""设计至善"，"至善"是德性伦理的重要组成部分。

（一）东西方传统"至善"伦理思想

古希腊哲学家苏格拉底伦理思想的核心是"美德即知识"，认为只有受德性知识指导，才可能是善的，如果不受德性知识指导就不可能是善；只要具备相关的道德知识，人们就一定会从事善行。苏格拉底"美德即知识"的命题冲破了道德思考的局限，达到了道德思考的一个更深刻的阶段，即美德不只是人生格言，而且具有普遍的理性基础。苏格拉底之后，他的门徒及后人对"美德即知识"做了不同的解释，围绕至善与幸福形成了三种不同的观点：第一种观点的代表人物是犬儒学派与斯多葛学派，强调禁欲，主张理性与道义，认为能够自制就是善，就是有德；反之便是恶，是无德的人，全面否定人们的情感活动和感官欲望。第二种观点的代表人物是昔勒尼学派、伊壁鸠鲁学派与德模克利特，以追求快乐著称。昔勒尼派认为肉体的快乐比精神的快乐更迫切、更强烈，所以肉体的快乐优于精神的快乐，即极端的快乐主义；"及时行乐""我为快乐而活，快乐为我而存在"。德模克利特和伊壁鸠鲁都认为肉体和精神上的快乐就是善，为了长远的快乐有必要放弃目前的快乐。第三种观点的代表人物是柏拉图与亚里士多德，将和谐的生活视为最有意义的善，以理性为指导的人生观，这一观点在他的《理想国》关于灵魂的学说中得到了集中的体现。他认为：灵魂是理智、意志、欲望三个要素结合而成的。理智的德性是智慧，意志的德性是勇敢，欲望的德性是节制。柏拉图认为：善的生活应该是一种混合的生活，是一种理性与感性、快乐与智慧混合的生活，是"密泉"与"清凉剂"组合的生活。他说：生活中有两道泉在我们身侧涌流着，一道是密泉，即快乐；另一道是清凉剂，即智慧，我们必须设法把快乐和智慧配成可口的合剂，达成一种统一。可见，柏拉图的观点显示出一定意义的"和谐"特征。亚里士多德与柏拉图的人生观有相通的一面，都强调以理性为指导的和谐人生观，但亚里士多德认为柏拉图所说的那种不依赖于具体事物之善的所谓"善本体"并不存在，主张一般的善总是与具体的善相联系而存在。如果"善本体"脱离了诸如智慧、勇敢等具体的善，只是空虚的形式。两人的观点落到现实生活层面，呈现出大相径庭的文化现象。柏拉图从理念世界不依赖于具体的善的观点出发，即"善本体"出发，将理想与现实割裂，认为在世俗生活中达到真善美的境地是不可能的，带有悲观主义的色彩。而亚里士多德从至善不能摆脱具体的善的观点出发，认为至善由各个具体的善积累而成，并且能够通过现实生活实现，即人生在世可以达到一个尽善尽美的圆满境界。可见，亚里士多德是乐观主义。

孔子把外在规范之"礼"内化为体察心悟之"仁"，价值评判之中心转向现实的个体存系；孟子进一步把"仁"感性化、经验化，由孔子的"为仁由己"推进到孟子的"万物皆备于我矣，反身而诚，乐莫大焉"的人文主体程度，认为恻隐、辞让、羞恶、是非是其发端，引出"人皆可以为尧舜""满街都是圣人"的命题。道家关注自然与人工的对立，主张放弃主体、保持现状，"自然者，不为而自然者也……不为而自能，所以为正也。故乘天地之正者，即是顺万物之性也……故有待无待，无所不能齐也；至于各安其性，天机自张，受而不知，则无所不能殊也。"[21]P20"在人性超越与教化进程中，自然欲望始终包含着种种危险的趋向。'人心惟危，道心惟微'，体道正以教化人欲为前提。儒学于入世传统中对此有着深刻的理解与体验:'战战兢兢,如临深渊,如履薄冰',对世俗人欲剔抉防范、教化陶冶,以培育人性。孔子将'克己'与'复礼'关联,朱子说从欲望中悟道如血战,'天理存则人欲亡,人欲胜则天理灭'(《朱子语类》卷十三),显见此种危险之严重。"[22]设计是实现造物价值的重要环节,并有规定造物价值取向的能力和责任,"在设计缔造或预设的价值中,其荦荦大者有三:一为实用价值,二为审美价值,三为伦理价值。伦理价值于其他二者而言,又具相关性,即实用价值和审美价值是伦理价值的基础。"[23]实用价值即物的功能效用价值是设计的最基础、最本质的价值,是设计的基本目的和最初任务,源于人的最初的痛苦、需要和满足;审美价值来源于艺术创造,是设计价值的重要体现和组成,也是"艺术设计"概念得以成立的本质依据。正常思维逻辑下,审美价值是在实用价值得以实现后的价值需求,以实用价值为基础,而伦理价值是构建在实用价值和审美价值之上的层面。

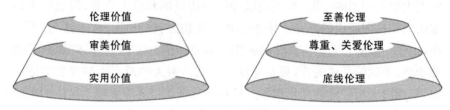

图7-6 伦理价值与伦理思想

亚里士多德认为:"善"有多重含义,即物自身具有的"善"有"内在善"和"外在善",如物本身具有的美和真,即物自身的"内在善";物作为达到善的手段之善,如造福于人的工具,能够满足人的需要、达到人的目的的手段,即物实现"实用功能"的手段的"外在善"。无疑,审美价值具有艺术性,本身能够给人带来愉悦和快乐,属于"内在善",而实用价值是使人的生活便捷、舒适、幸福的手段,属于"外在善"。在儒家文化语境中,"仁"是最高的道德概念,其指涉广泛,见诸道德、伦理层面的精神品质和处世原则,是对各种善念、善行、善举的总结和概括,也是对这一概念的汇集。"仁"是中国传统文化中的一个重要概念,孔子曰"克己复礼为仁""仁者爱人""夫仁者,己欲立而立人,己欲达而达人"。在儒家"仁"这一重要范畴,也包含艺术设计价值之善,设计之"善"即是设计之"仁"。设计之"仁"体现在设计产品的"内在之善"和"外在之善",见显于设计产品符合经济、安全、环保等原则,有益于人的生活的同时还有益于自然生态的维系和可持续发展的进行,使设计活动能够在"仁""善"的伦理指引与约束下前进和发展。

"造物至善"是我国古代设计活动的重要伦理,其要义为:"备物致用,立功成器,以为天下利。"依照现代设计文化的思想审视"造物至善"的理念我们不难发现,其内涵在于:为应对失衡的人类社会现象和人类技术异化的严峻形势,需要我们从可持续发展和人类未来文明发展的角度出发,发起对设计伦理的深度反思和准确定位,超越作为设计伦理最初行为底线——"不伤害"这一基本原则,从设计伦理的理想目标这一高度,实现现代造物至善。《尚书·盘庚上》记载:古之贤人迟任有言曰:"人惟求旧,器非求旧,惟新。""人惟求旧",这几乎成了大家的共识;"器非求旧,惟新","这可以说是大多数人的心理、愿望,通常情况下,新的器物总比旧的器物先进,它是一种更为合理的生存(使用)方式。从某种意义上讲,正是人们对器物有这种惟新的要求,才会有设计;有了设计,新的器物代替旧的器物,新陈代谢、吐故纳新"[24]P114,才能满足人们不断变化与增长的物质与文化的需求,再而推动人类生活方式的变化、视觉审美素质和人文情怀的逐步提升。

人类文明的每一次进步必然促使相应生活方式的全面跟进和相互适应,因此,从当今设计伦理的高度,继承发展造物至善的思想,重视设计成果与设计过程中人的情感交流、个性尊重与文化认同,着重凸显设计的精神依托、社会价值、公共职能,以德性伦理为支撑,改良人类不文明的生活方式,倡导"设计至善"的境界是设计实践与设计教育努力追求的方向。

(二)德性伦理观的发展与现代设计

德性伦理的本质在诸多哲学著述中被反复陈述和论证,是历来哲学领域探究的关键问题,迄今有多种观点。如最早由亚里士多德提出的古典的功利主义德性伦理观,其相关论述见于《尼格马伦理学》,后至18世纪,在莎夫茨伯利的《德性与价值的探讨》和哈奇逊的《道德善恶的探讨》中得以完善;随后休谟在《人性论》和《道德与情感探究》中,亚当·斯密在《道德情感论》,边沁在《道德与立法原理》中都论证了与之相似的德性伦理观。19世纪坚持此观点的是密尔,其相关著述是《功利主义》。其次是直觉主义德性伦理观,持此观点的学者和相关著作较多,如摩尔的《伦理学原理》、罗斯的《正当与善》《伦理学基础》、布兰特的《伦理学概论》以及布莱恩巴里的

《政治的论证》。再有文艺复兴以后，建立在契约论基础上的德性伦理观，如霍布斯的著述《利维坦》、洛克的《政府论》、卢梭的《社会与契约论》、康德的《实践理性批判》，20世纪的格莱斯《道德批判的基础》、罗尔斯《正义论》是现代持有契约伦理观的学者及其著述的代表。

以上三种德性伦理观都各有欠缺，如以功利主义德性伦理观无法解释诸如说谎、剽窃等生活德性的性质；持直觉主义德性伦理观，不可避免地会把德性评判诉诸感官、交付情感，落入机会主义的漩涡；基于契约精神至上的德性伦理观又带有明显的理想主义和主观意识，在解释生活中个体的实践德性时往往显得力不从心。对此，我们有必要借鉴胡塞尔的立足现象，还原本质的认知方法，结合规范伦理与德性伦理探究设计伦理本质的路径。

较之规范伦理，德性伦理一般是讲"美德"和崇高伦理，在具体生活中起主导作用，但不易形成规范。责任感和同情心是德性的原点，利他性是德性得以彰显的过程，德性伦理的建构需要大众媒介、社会舆论的监督和参与。德性伦理行为的本质是利他性，并且根据利他性的大小来衡量德性的价值高低。设计中存在德性，也存在义务，"义务属于权利科学即法学研究的范畴，不属于道德科学，不具有德性价值。这样一来，真正具有德性价值的利他行动只能是单向度的，即这一行动所导致的结果必然是一方受益，一方受损。"[25]P25行动的主体超越义务的范畴，而上升为一种责任感和事业心，即主体的工作、行为产生的利他动机呈现出高度的自觉、自愿、奉献的意识。在德性伦理的作用下，狭隘的利己主义被高度的责任感所压制，甚至超越，责任动机是一切职业德性的基本动机。

排除由利己主义和责任动机所引发的利他主义，同情是唯一具有德性伦理价值的行为动机。"在人的内心种植这一要素，是为了在一定情况下减弱他的自爱的凶猛性，并且在看到一位同胞受苦时便产生一些内在厌恶感，从而缓和他对他自己的安宁幸福所抱的热情。我确定不移地，不怕任何反对把这唯一的自然美德归属于人类，是人类最普遍最有益的一种美德。"[26]P117-118德性与人的幸福密切相关，康德在《纯粹理性批判》中谈"我可以希望什么"时，认为"一切希望都是指向幸福的"[27]P612，那么，怎样获得幸福呢？康德认为，"德性（作为配得幸福的资格），是一切只要在我们看来可能值得期望的东西的、因而也是我们一切谋求幸福的努力的至上条件，因而是至上的善。"[27]P151-177现实中，设计是商人占领市场、获取利润的工具，是设计师生活的本领和技能,甚至是有些人制劣、造假谋求私利的手段。试想,如果没有伦理的制约、"至善"的引导,同情动机无法触启,设计必将是灰暗而没有希望的,设计的最终目标——人类"幸福生活"也无法实现。在这里,德性伦理不仅是幸福的内容,而且还是实现幸福的工具和途径。

人是具有理性自觉的生物,是具有德性的个体,古希腊哲学家亚里士多德很早就强调人的理性特征,"理智的德性"。差不多同时代的孔子也指出"德性"是人的重要品质,"伦理的德性",在孔子的伦理德性里包含内在修养和外在德行两个方面。在中国儒道释文化体系当中,自身的品德修养和精神追求一直高于对物质的追求,力求自我完善。荀子说:"故木受绳则直,金就砺则利,君子博学而日参省乎己,则知明而行无过矣。"(《荀子·劝学》)可见,两千多年前,东西方两位哲人的思想就要求人理性地规划自己的生活、约束自己的行为,对自己行为后果承担责任。

就设计行为方面来看,无论是作为个人任务还是作为团队协作,现代设计要善于在选定的媒介中努力探寻美的成果和形式。无论我们选择怎样的媒介、使用何种材料,都必须意识到,我们不只是为自己而设计。更应该确信,现代设计是一种有价值的、很充实的经历和创造过程,在最后的分析中能有一种创造了有价值的东西的成就感。当我们从一个相对匮乏的社会逐渐迈进丰裕社会,崇尚物质主义的现象不可避免,要控制这种现象的过分发展,必须提升人类的普遍生活素质,从至善伦理的标准提出新的要求,尽管这一方面的努力比提高物质水平要困难得多。只有把德性伦理作为一种设计态度、设计思想、设计理念,并在其制约、规范、指引下,寻求有效的设计策略与方法,设计出"真""善""美"的产品,才有可能杜绝那种不负责任的、不道德的设计,才有可能使人类生活变得健康、美好,也才能实现人类的可持续发展。

(三)"设计至善"的伦理诉求与实施

设计是一种造物的艺术,是科学与艺术结合的产物,科技为设计提供动力支持,是设计的支撑;艺术为设计提供精神与营养,是设计的灵魂。"至善"的设计一定是科技、艺术、设计的完美融合与协调统一。

1. 科技进步是实现"好""善"设计的希望

纵观整个人类历史,每一次科技的进步都推动着生产方式的变革,主导着各社会发展阶段文明的创造。首先,科技的发展促使生产资料的改变，如冶炼技术的改进使铁器替代了青铜器，提高了农业生产效率；其次，科技是第一生产力，科技的进步带来劳动力的解放、社会分工的细化以及劳动对象的转变；此外，科学技术的发展改变了大众的交往方式、消费方式、学习方式、休闲方式以及娱乐方式，推动生活方式的变革；科学技术的进步促进劳动者科学文化素质的提高，改善了社会文化环境，成为现代社会生产及经济发展的主要推动力和增长点。

人类文明的每一次进步都建立在技术革新之上，技术的改进与发明助推着人类文明的每一个进程。从这一角度来看，18 世纪 60 年代发端于英国的以机器大工业和蒸汽动力为标志的工业革命，是科技和社会的一次大变革。机器替代了人工劳作，工厂生产线替代了手工作坊，人类从农业文明向工业文明转变的同时，也实现了由人力、畜力的低能时代向电力、石油等高能时代转向。换个角度看，正是科技的进步推动了社会思想变革的需要，一批科技人才的出现，如凯伊、哈格里夫斯、阿克莱特、克隆普顿、瓦特等，他们改良机器、革新技术、发明专利，推动了工业革命的发生，更助推了西方资产阶级举起"人本主义"和"自由平等"的大旗，科技发展为社会变革提供了基础和保证，最终使社会变革成为可能和必然。现代计算机技术、网络技术、动力技术、光学技术极大地拓展了人类的认知范围和思维空间，人类支配自然、社会的活动能量也越来越大。进入 21 世纪，智能办公、智能家居、智能驾驶等新形式、新思想、新服务，元宇宙、区块链等新概念将全面改变人的生活方式，技术的每一次变革，都丰富了人类文明、改变人类的生活方式，推动社会的发展。

从社会发展的趋势来看，电脑、网络等一系列高科技的应用与发展，深刻改变了我们的社会，改变了我们对于未来的认识与思考，科技显然是现代化进程的重要动力，无论在现代还是在未来世界，科技将依旧是社会发展的动力源泉。"设计本身具有未来性，它本身的存在也同样揭示出未来设计的某些特征"，"未来的发展总是以当下的发展为基础的，当下的现实又揭示出其未来发展的趋势。"[13]P49 科技的发展使设计的媒介趋于多样化，先进的科技能够帮助设计师将设计理念进行实体呈现，而设计则帮助新的科技被人们快速接受。设计师的概念设计通常是超前的，前沿性的设计促进科技向更快更好的方向发展。因此，科学与设计的结合对于设计与科学二者而言不仅揭示了各自发展的新方向，拓展了各自的新领域，给人类科学和设计带来新的发展，会更深刻地影响人类文明的发展与进步，并为我们应对大工业社会出现的诸多问题带来方法和希望。

2."设计至善"关系到人类生活方式的变革

技术与艺术是两个不同的概念。技术是一种手段、方式和过程,艺术既可以是方式,过程和手段,又兼指艺术品、艺术现象,二者紧密相连、互为交集。首先,人类文明的进程中,技术是艺术存在的基础,随着技术的发展而慢慢成熟。世界上现存的艺术杰作,如金字塔体积构建、巴特农神庙的比例关系、拜占庭的圆顶圣殿、哥特式教堂等既是伟大艺术的典范,又是当时最新技术的产物。中国工艺美术史上的彩陶、蛋壳陶、青铜器、瓷器、丝绸等,既是杰出的艺术成就,又都是当时科学技术的结晶和代表。在现代设计中,艺术与技术应是互为应用、支撑的关系。技术是艺术的基础,而艺术是技术存在的最高形态,技术发展到一定阶段时,需要更高层次的艺术观念来引导助力;同时,艺术也可以通过一定技术加以表现,甚至直接表现为一种技术,如现代主义、国际主义、高技派等。设计师没有对现代艺术的深切理解及对技术方式的把握,就不可能使技术融入艺术之中,也就不可能创造出"好"和"善"的设计作品。

其次,工艺的发展、工艺技术的进步与科学发展密切相关,但工艺美术不仅是科学和技术的载体,更需要通过整合的方式,将科学、技术与艺术整合起来,即设计通过艺术的方式将科学技术展示出来。虽然现代社会,科学是第一生产力,但人类在与自然打交道的过程中,最先应用的是技术,而后才有科学可用。从钻木取火技术、制陶技术、冶金技术到近代蒸汽机技术;从以石木技术为支撑的古希腊建筑、古罗马建筑、哥特式建筑、拜占庭式建筑及东方传统建筑,到以玻璃和钢结构技术支撑的水晶宫建筑乃至现代建筑。可见,科学是在技术的基础上发生和发展起来的,科学往往是通过技术尤其是工艺和设计技术的方式与艺术产生关联,即工艺艺术和设计艺术是艺术与科学直接结合的集成产物,其风格的不同、形式的差异,很大程度上是科技在艺术层面上的展示。工业革命后,科学技术成为生产发展的主要动力,伴随机器时代的机器美学推动了全新的艺术设计方式和风格的形成,并进入到以机械为主要工具的人类创物时代,产品的功能以及产品的艺术形式具有强烈的科学技术色彩。艺术与科学技术的结合比以往任何时代都要紧密、具体,一部现代设计史就是一部科学技术与艺术相融合、相支撑的发展史。

人类的工艺设计史表明,科学技术进入大众生活的有效途径就是和艺术结合,以艺术化的存在方式为人服务。工艺设计对于科学技术而言是其艺术化、生活化的存在方式和形式,是科学技术向生活转化的途径。同理,工艺艺术与科学技术结合,也为自身的发展提供了存在的土壤和本质的保证。由于科技与设计的紧密关系,科技的不断进步也助推艺术设计的不断创新,改变着大众的日常生活观念和价值观念,融入社会的各个层面,从精神到物质,从地域到全球。科学范畴的生活方式是指:"在不同的社会和时代中,人们在一定的社会条件制约下及在一定的价值指导下,所形成的满足自身需要的生活活动形式和行为特征的总和。"[28]P2当家用扫地机器人规划清扫路线,清扫任务完成后再自动回到充电座充电,当无人驾驶电车自动计算路面情况,自动调转速度以及方向,日常生活中需要人亲力亲为的工作越来越少,劳动强度也越来越低。无论是东方还是西方,传统还是现代,科技的每一次突破都给设计带来重大的变革,建立在设计基础之上的生活方式和社会规则都会随之改变。随着艺术设计从"物质设计"向"非物质设计"拓展、延伸,相关服务、程序、关系等非物质因素在生活中大量涌现,这不仅仅在"美"的层面上以及形式与功能的关系构建上,加大了对人类生活方式的影响,更多地在伦理道德等其他层面上对生活方式产生深刻影响,设计促进生活方式的转变,也受生活方式的制约,与生活方式相适应。

图7-7 智能驾驶汽车交互界面设计

3.“至善”伦理是设计、科技、艺术的结合

科学技术是在人类实践基础上产生的一种社会活动,是社会先进生产力的重要标志,影响着人类社会的发展。科技被大众所接受、对社会产生影响都必须借助设计这一载体来实现,科技依赖设计而成为一种社会资源,被接纳、被消费、被享用,实现科技的社会财富化,发挥科技的巨大作用。从辩证的角度看,科技的发展对设计的影响即是根本的又是多方面的,科学技术是一把“双刃剑”已成为不争的事实,即科学技术对社会作用具有两面性,既可以产生积极的推动作用也可能发生消极的抑制作用。一方面,科技进步对设计的影响是革命性的:新技术的应用、新材料的开发,更多先进的设备、机器、工具被创造出来,商品的价格和成本被大幅度降低下来,随着科技的发展,设计师必须认识到这一潮流不可能被阻挡,这是科技给广大人类带来的福祉。另一方面,机器化大生产条件下,批量化、标准化和程式化令产品千篇一律、索然无味,流水线上的无数产品无可避免地烙上“速食文化”的印记。眼前产品的粗陋和庸俗,掩盖着因为过度包装而藏在背后的资源、能源的过度消耗。此外,科技产品对人的伤害还表现在亲情的疏远、对生命的无视、隐私的泄漏、文化的缺失,如电子技术带来的低头一族、沉迷一代。科技对人类最大的影响是被用于军事,人类发明科技是用来为人类服务的,而不是用来毁灭人类的。

艺术价值的失落和设计中功利价值的错位,带来的是道德的危机和评鉴标准的异化,解决这一问题不是把艺术设计与伦理剥离,而恰恰是把两者融合起来。艺术是感性的、伦理是理性的,而艺术设计兼有理性与感性的双重身份,艺术设计中伦理的融入并不突兀和矛盾。此外,从终极目标看,艺术的教化功能与伦理道德在社会性审美价值的彰显,以及与真、善、美的追求、完善大众健康人格等方面是相通的。所以,科技与设计是相辅相成,相互促进的关系。科学与艺术需要互相滋养,感性与理性需要和谐统一,在人类科技和文化都在不断创新的时代,以科技为温床孕育充满人文精神的设计是必需的。当代艺术设计必须依靠科技所提供的力量,发挥设计的创造力和想象力,以先进的技术为基础,以设计伦理为准绳,通过科技与艺术的融合创造出真正利人的普惠产品。

现代设计大大超出了传统造物的边界,由物质领域延伸出众多的门类和形态,其范畴涵盖了观念、情感、语言、方式、规划等,并不断在变化的设计形态中寻求重组和整合。这期间设计师、设计行为、设计成果呈现出的

社会问题,自然和生态环境、时间与空间、主流与边缘、物质和非物质等方面的关系问题,推动设计与伦理相碰撞、相融合。现实生活中,艺术设计与伦理的融合体现在:"一方面,针对工具理性的弊端,艺术通过感性化、动情化的表达促进理性向感性渗透,以培养健康完美的个体,克服过于理性导致的刻板化、程序化、机械化的弊端;另一方面,针对生存的网络化、文化大众化所造成的感性沉沦、意义缺失,伦理精神的介入可以促进理性向感性回归,以培养超越的人生境界,克服过于感性造成的心灵的自私性、偏执化、低俗化的弊端。通过艺术感性与伦理理性的交互作用,人的能力得到全面发展,人生境界得到自由超越。"[29]设计是一种造物的艺术,是科学与艺术结合的产物,科技为设计提供动力支持,是设计的支撑;艺术为设计提供精神与营养,是设计的灵魂。合乎伦理的设计一定是科技、艺术、设计的完美融合与协调统一。

参考文献

[1] 赵一凡.西方文论关键词[M].北京:外语教学与研究出版社,2007

[2] 卡里尔.人·未知者[M].刘光炎译.台湾:三民主义研究所,1962

[3]〔美〕葛登纳.自我更新——个人与革新的社会[M].马毅志译.巴黎:三山出版社,1972

[4] 韦政通.伦理理想的突破[M].北京:中国人民大学出版社,2005

[5] 陈来.充分认识中华独特价值观——从中西比较看[P].人民日报,2015-03-04

[6] 万俊人.传统美德伦理的当代境遇与意义[J].南京大学学报(哲学社会科学版),2017(3)

[7] 马李新.数字艺术德性研究[M].北京:社会科学文献出版社,2013

[8] 黄厚石.设计批评[M].南京:东南大学出版社,2009

[9] 杜军虎.设计批评[M].南昌:江西美术出版社 2007

[10]〔美〕梅格斯.二十世纪视觉传达设计史[M].柴常佩译.武汉:湖北美术出版社,1994

[11]〔美〕斯蒂芬·贝斯特,道格拉斯·科尔纳.后现代转向[M].陈刚,等译.南京:南京大学出版社,2002

[12]〔法〕马克·第亚尼.非物质社会——后工业世界的设计·文化与技术[M].滕守尧译.成都:四川人民出版社,1988

[13] 李砚祖.艺术设计概论[M].武汉:湖北美术出版社,2020

[14] 李正风,等.工程伦理[M].北京:清华大学出版社,2017

［15］世界看两会特刊,数字经济成两会热点议题［J］.参考消息,2023－03－06

［16］人类如何避免被科技奴役［J］.凤凰周刊,2015(32)

［17］吴国盛.科学的历程［M］.长沙:湖南科技出版社,2020

［18］互联网信息服务深度合成管理规定.http://www.nopss.gov.cn/

［19］邱仁宗,黄雯,翟晓梅.大数据技术的伦理问题［J］.科学与社会,2014,4(1)

［20］张银.问题解决视角下信息伦理教育的新路径及实证研究［J］.内蒙古师范大学学报(教育科学版),2020(6)

［21］郭庆藩.辑《庄子集释》(第1册)［M］.北京:中华书局,1982

［22］尤西林.百姓日用是否即道?——关于中国世俗主义传统的检讨［J］.台北辅仁大学哲学与文化,1994(9)

［23］李砚祖.设计之仁——对设计伦理观的思考［J］.装饰,2007(9)

［24］郭廉夫,毛延亨.中国设计理论辑要［M］.南京:江苏美术出版社,2008

［25］马李新.数字艺术德性研究［M］.北京:社会科学文献出版社,2013

［26］〔法〕卢梭.论人类不平等的起源和基础［M］.上海:商务印书馆,1996

［27］〔德〕康德.纯粹理性批判［M］.邓晓芒译.杨祖陶校.北京:人民出版社,2004

［28］王雅林.人类生活方式的前景［M］.北京:中国社会科学出版社,1997

［29］黄琴.论艺术与艺术设计在当下的伦理回归［J］.理论观察,2007(2)

在人类社会不断走向成熟的过程中，伦理、道德影响、约束、规范着社会的发展，相关规矩、制度等延伸出的理性因素也制约着每一位社会人的行为。设计具有推动良好道德的形成和社会秩序构建的职能，设计教育绝不可忽视社会职责和伦理力量。

从社会环境的伦理考量出发，就现实中的设计现象进行正确分析和解读；借助设计评论、批判、鉴赏等课程，提升审美眼光、形成批判思维意识；在"设计至善"教育过程中，体现人的观念和行为的主动性和创造性，坚持道德原则、守护伦理底线。

第八章　设计伦理教育与展望

当今,在人类不断追求物质生活极大丰富之时,一种集体无意识"物化"状态下的生活观念充斥于大众生活之中。追根溯源,高度"物化"理念的形成往往不是来自物质的丰富,而是受到设计理念的诱惑,特别是在铺张、炫耀、猎奇等非理性设计思想的导引下,加上网络及现代媒介的裹挟,人们对物质财富的占有欲望有悖于人类本质需求,导致设计本体功能与方式的异化。因此,及时从人类文明发展的角度对当代设计伦理予以准确定位,使传统"造物至善"的伦理价值观回归大众生活,是当前设计教育面临的重要任务。

一、我国艺术设计的定位与发展

艺术设计教育在我国经历了一个由基本概念模糊到清晰、从专业分类笼统到细致的发展过程。20世纪末,国务院对学科目录进行了调整,在颁布实施的学科专业目录中把艺术设计作为二级学科纳入艺术学一级学科门类之中。至2011年,国务院学位委员会颁布实施的学科专业目录将艺术学单独列为第十三个门类学科,设计正式成为艺术学门类学科下的一级学科,命名为"设计学",艺术设计学科的地位得以提升和确认。不可否认,艺术设计发展的二十年也是市场经济飞速发展的二十年,市场经济对设计人才的迫切需求,无论是规模还是速度以及水平上都推动了艺术设计教育的长足进步。在这一时代背景下,不仅传统艺术类院校承袭历史上相关学科开办艺术设计学专业,综合性大学也纷纷创办艺术设计学专业,使得我国当前的设计艺术教育呈现出历史上前所未有的发展盛况。据最新大数据统计显示,截至2018年底,我国共有1 928所大专院校开设设计学专业。但仔细观察、研究，不难发现，当下艺术设计教育注重技术与艺术的结合，强调艺术设计风格的形成和商业价值的获得。换句话说，当前我国的艺术设计教育更强调科技理性对艺术设计的推动以及艺术设计个性的培养，尽可能适应市场获取经济效益，市场竞争、消费、设计利润以及视觉效果等已然成为艺术设计教育的目标，呈现出极强的功利性质。

当今，数字和信息显现出的力量和成就已经超越了人类以往的认知经验，数据库、网络化和智能化推动人类的设计思维逐渐由发散式到科幻式转向。5G 时代的来临，无人驾驶技术的不断完善、AI 技术及智慧城市的出现正在改变世界，艺术设计的发展方向在哪，设计教育向何处去，是我们今天要思考和直面的问题。艺术设计教育有必要转换价值观念，重新回归美学价值、伦理价值和社会价值取向。首先，艺术设计教育要体现人的精神需求，使设计更人性化，特别是针对设计专业学生进行审美需要的美学品质教育，即包括形式、语言、内容、思想等多方面的人文教育。其次，艺术设计教育还要着力于设计专业学生道德、责任、品格的形成，强化设计伦理道德、设计责任教育，使艺术设计朝着人文方向发展的同时，能够接受数智时代人工智能的冲击与挑战。此外，艺术设计教育要注重设计专业学生的人文价值的养成，增强社会责任意识，对设计的人文价值、社会价值进行深入反思，实现设计对人性的关怀、对社会和谐的关注，实现造物至善的伦理使命。

毋庸置疑，艺术设计教育服务对象是人，为满足人的物质和精神需要，是自然科学、社会科学与人文科学的综合体验，人文教育的缺失必将背离艺术设计的初衷，导致艺术设计的异化。现代设计需要摆脱功利性质，从而在设计领域中树立起情感交流、个性尊重、文化认同等现代设计观念，培养更宽的视野与交流领域、更多的跨界与协同创新，才能够应对新时代的需要。当下，国内艺术设计界的伦理教育意识亟待加强，相关的设计伦理教材亟待建设，相关学科理论教育体系亟待构建和完善。

二、设计伦理教育实施现状

当今设计教育面临的挑战：一是设计教育要适应快速变化的时代环境；二是完善设计学科教育体系顶层设计；三是实现专业教师队伍的建设；

四是专业课程结构及时调整;五是课程内容设置创新思维和批判性思维的内容;六是学校的相关实验设备及时保证更新迭代。我们反思今天的设计教育,设计基础和专业课程应该如何建构,技能与意识之间究竟要怎样培训,更要关注设计标准、伦理道德问题,有必要思考、建构一个适应智能时代发展的理论教育体系与实践教育模式。

(一)亟待设计伦理教材建设与研究

目前,高校艺术设计理论教育主要有设计学概论、艺术设计史等基础理论课程,学生对设计伦理的认识琐碎、浅薄。设计伦理教育是设计创造的道德基础、是设计作品人文价值的保证,设计伦理教育的缺失,导致社会存在、责任、温情的缺失,也是设计本质要求的缺失,更使得当下设计文化及其教育背离了现代社会文明秩序的构建。"20世纪末,美国学者托尼·弗莱曾发文批评'设计是文化衰落的帮凶',其所指是,现代设计以来我们更多地注重了学研各种设计方法而忽略了设计的伦理教育。"[1]这一观点并非危言耸听,如今,我国高校设计专业的教学以及学生作业普遍注重视觉效果,在设计的结构、材料、空间、功能、布局等方面缺乏周全的考虑,在大众心理、环境、卫生和安全等方面的教育更是缺乏必要的举措。

从意识层面上看,虽然业界和学界对设计伦理的重要性已经形成共识,很多学者认识到设计伦理教育的必要性,相继发表、出版了一系列学术研究文章和学术研究专著,但相关的设计伦理教材建设还相当缺乏。从理论层面上看,虽然有很多关于"以人为本""天人合一""绿色设计"和"可持续发展"等相关名词的文章,但多是重复宣教、空洞无物,相关设计伦理教育研究也流于形式,无从可依,不能对设计实践产生切合实际的影响。从实践方面看,在各门类、各层次、各级别设计评比中,没能把设计伦理纳入评价指标体系之中,各行业对不良设计缺乏有效的监督和制约,引领、导向意识薄弱。虽然设计伦理观念已经在学界引起重视,但相应的道德指标、伦理约束的相应规范尚未在业界确立,设计伦理教育在高校艺术设计教育教学中也没有具体的课程设置,完整的设计伦理学结构体系也尚未形成。

设计伦理教育走入课堂,首先的问题是相关书籍、教材和教学资料的缺乏。许平先生在他的"设计的伦理"一文中论述了设计伦理教育的必要性和迫切性,提出应该如同设计意识、方法、技能教育一样,设计伦理教育应该成为艺术设计学科中的组成部分。"设计伦理教育不是仅明确几条行业准则或做到职业自律,正如手工艺伦理教育是在传统的道德实践体系中完成那样,设计伦理教育也必须依托与受教育者同时代的教育体系和文化传承体系,它产生于其时的伦理文化体系之中并自觉参与建构。"[1]设计伦理学科建设包括理论研究、探索实践和教育教学三个部分,三位一体、相辅相成,构建设计伦理学科、建设设计伦理课程是设计教育体系的进一步完善。设计的最终目标是功能性、审美性、商业性和伦理性的和谐统一;功能性针对材料、工程、机械、媒介等数学、物理等理性因素进行相关考量;审美性注重心理、美学、色彩、构成、情趣、品位等精神因素的研究;商业性力求获得经济效益,关注市场、消费、营销等经济价值的获取;而伦理则是明确服务对象,厘清人、社会、自然之间的关系,对艺术设计诸方面的考量、对社会容忍尺度的把握,倡导合理的生存方式。

设计伦理教材内容可以从社会学、伦理学、教育学、美学和设计学等多个学科门类厘清艺术设计现象内在的道德、价值和意义,以多种思维角度在教学中引发思考、在实践中寻求价值、在讨论中确认意义。从设计伦理教学的成效看,理论认知、综合评价是促成设计职业伦理的要素,但良好的职业伦理把控能力和评价水平显然离不开艺术设计实践的加入。设计伦理基于行业操守、责任意识、职业技能,践行职业道德诉求,无论是为了改变高校艺术设计教育重技能轻理论的现状,还是为了设计活动回归初心,担负起未来的设计师的伦理责任,我们都必须加强高校艺术设计专业系统而全面的设计伦理教育,这是对未来设计作品的负责,更是对社会的未来发展负责。国家经济的转型升级,大众对设计要求的不断提高,艺术教育的发展离不开设计伦理的加入。

(二)中国传统设计伦理思想的彰显

设计是艺术,从"设计艺术学"这一学科名称来看,艺术这一身份是其与其他学科相区别的重要标准。自古以来,艺术不仅具有美的功能,更有政教和德教功能。中国传统社会推崇礼乐治国,重视艺术的辅政功效,即使这样的教化宣扬的是统治阶级意识,其所借助的艺术形式呈现出强烈的伦理色彩,教化大众、风化社会,以期实现其伦理目标、弘扬统治阶级伦理观。如东汉王延寿认为艺术具有"恶以戒世、善以示后"[2]P10的作用,魏曹植认为:"存于鉴戒者图画也。"[2]P12谢赫在其著述《画品》中也提出:"图绘者,莫不名劝诫,著升沉,千载寂寥,披图可鉴。"[2]P355张彦远在《历代名画记》中更是指出,艺术不仅可以:"成教化、助人伦、穷神变、测幽微"[3]P1,还可"鉴戒贤愚、怡悦情性"[3]P134。设计作为一门艺术,不但要满足大众的物质和精神需要,提高大众的生活品质,也兼具引导、构建大众健康生活方式的功能。中国传统造物"器以载道",就注重设计的道德、教化功能,是宣教、传达道德规范和伦理标准的工具,可以说艺术与设计作为特殊的意识形态,艺术的目标是追求"真、善、美",设计的目标是为大众的日常生活服务,追求社会的和谐发展,两者目标是殊途同归。

加强设计伦理教育,更要加强中国设计伦理思想建设。中国传统造物思想,既反映出设计的伦理性要求,又体现着传统审美理念,比如:"天人合一""道法自然""适用用宜""大道至简""器以载道""器体道用""造物至善"等思想无不深藏着丰富的民族智慧。国内学界如张道一、李砚祖、吕品田、诸葛铠、李立新、许平、奚传绩、夏燕清、赵江红、翟墨、周博等专家学者对传统造物伦理发文并阐明观点,他们的文章或高屋建瓴、抛砖引玉,或探微索隐、发人深思。他们从多个角度出发,以中国传统造物思想丰富了设计理论成果,间接地涉及了造物伦理的研究,唤起造物伦理研究意识,逐渐提升了设计伦理的研究地位,对我们认识中国传统思想有非常重要的帮助。

中国不仅有优秀的造物传统,更有"用物""鉴物"的优良文化内容,其中以"适用""俭朴"为内涵,以"惜物"为核心,以"用"为本的造物、驭物指导思想,归根结底是一种德性伦理观。墨子言:"故圣人为衣服,适身体,和肌肤,而足矣,非荣耳目而观愚民也。"(《墨子·辞过》)管子谓:"百工不失其功。"(《管子·法法》)造物即在功用,不可雕琢刻镂、鬏饰文章。"百工者,以致用为本,以巧饰为末。"(王符《潜夫沦·务本》)宋代欧阳修说:"于物用有宜,不计丑与妍。"(《欧阳文忠公集·古瓦砚》)清代李渔说:"凡人制物,勿使人人可备,家家可用。"(李渔《闲情偶寄》)及至现代提倡实用、经济、美观的设计原则仍以实用为根本宗旨,无论时代变迁,俭朴的"适用用宜"都是社会美德。具体到传统材料中,大料改小、废料再用;传统技术中,箍桶、补锅、锔瓷;传统使用中,棉花翻新、家具补缺、竹篾修理等。即使在物质社会相对丰裕的今天,提倡传统造物、惜物、用物的优良传统,物尽其才、物尽其用、物尽其用的伦理观都有益于资源的保护、可持续发展,是我们设计伦理教育的思想源泉和精神财富。(如图 8-1)

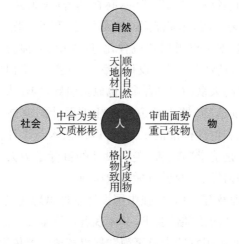

图 8-1　中国优秀传统造物伦理思想体系

　　然而，在西方强势艺术设计思想影响下，我们对自身民族传统造物伦理的认识、分析，却日渐式微与羸弱。此外，从当前研究成果看，国内学者多集中于对中国当代设计学理论的研究，缺乏基于传统造物伦理指导下的现代设计理论和实践研究。迫切需要对中国传统造物思想的挖掘、整理，梳理出中国设计伦理思想发展的脉络，给现代设计和设计伦理的发展予以启示。推出一系列"中国传统造物伦理"或"中国传统造物设计思想史"成果和教材，既可以完善、丰富现代设计伦理学的内涵，探寻当代艺术设计的发展方向，又可以增强文化自信和文化自觉，夯实"中国设计""中国智造"和"中国创造"的践行基础。在现代设计伦理教学中：首先，对传统造物伦理思想的理解不能浮于形式，要清晰、透彻；其次，对传统造物伦理的研究不能仅仅停留在理论的层面，要提升传统造物伦理对现代设计的具体指导和贡献力度。面对非物质社会的来临，面对设计领域的未来发展，在担当设计伦理构建责任的同时，如何使华夏美学传统伦理思想在当今设计伦理建构中重新焕发光彩，让中国古代造物思想得到继承创新、发扬光大，无疑是当下设计伦理研究的重要内容。设计伦理教育是建立在当下文化基础之上，将中国传统文化里的学术滋养转化为艺术设计伦理的教育理论根基，助推"中国设计""中国智造"和"中国创造"的实施进程，从这一角度看，设计伦理研究具有重要的国家发展意义。

（三）设计伦理应为设计专业必修课程

设计师有对自己作品、项目负责的义务,也有对社会、环境负责的责任,设计师的道德规范和伦理约束是设计师的职责所在,良性、合理、有序、规范的伦理约束力对设计师的健康发展具有重要的作用。当今,设计活动中不能缺失伦理性思考,设计产品必须经受伦理考量,设计师的职业操守、道德意识形成也离不开高等设计院校的设计伦理教学。设计伦理要求是一种基于职业技能等之上的职业道德意识,是设计伦理学科教学的成效体现,作为未来的设计师,设计专业学生必须接受设计伦理课程的培训,设计伦理课程的重要性和学科地位与设计概论、设计史等同。设计伦理教育体系的构建基础除了纯理论的思辨教学外,必须由实践及理论为培养根基,并最终能够返回到设计实践中去,接受实践的检验。高校设计专业的设计伦理课程必须依托理论认知,培养、促成设计职业伦理素养的形成,借助实践锻炼,结合自己的专业知识,分析、判断现实中的经典案例,即在实践教学中形成设计的伦理意识和职业品质。(如图 8-2)

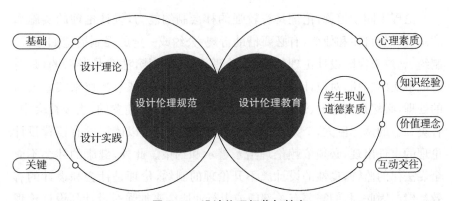

图 8-2　设计伦理规范与教育

建立设计伦理规范是沟通设计理论与设计实践的基础和关键,做一个对社会负责的人,当以德为先,作一个合格的设计专业学生,首先要接受设计伦理教育。毋庸讳言,伦理观念薄弱的设计师不利于社会的良性发展,甚至对社会产生危害,能力越强,危害越大。借力设计伦理教育,可以有效地提升我们学生职业道德素质。其提升领域涉及心理素质,如认识、意志、品质、情感机能;知识经验,如对现当代设计思潮、人文追求的理解;价值理念,在设计中体现出道德观念、目标信念、公共规范、价值取向、思维态度;互动交往,如人与设计物的实践操作、合理应用,借物进行的人际合理交流等多个方面。所以借力于现代设计伦理教育,培养并完善学生自尊的人格和职业操守无疑是一有效途径。(如图8-3)

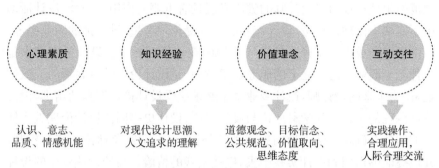

图8-3　设计职业道德素质构成

(四)建立设计伦理约束和监督机制

伦理不同于道德,伦理具有较强的社会制约能力,设计伦理的实施靠的是设计的自律和他律,有必要借助行规、公约或一定的强制措施如监督、制约、惩戒来保障设计伦理的执行;伦理不同于法律,法律是滞后的,是对既成事实的惩罚,对设计中出现的不可逆转的危害,依靠法律来实施最后的处理,必然是可悲的、遗憾的。伦理有预判功能,是前置的,当今社会中,各类利益的诱惑巨大,个人自律和个人意志力,不足以确保没有违背设计伦理的事件出现,必须依赖伦理给予警示和约束。此外,健康的社会不能全靠法律的监管,良性的设计离不开伦理的制约,伦理是社会和设计的有效补偿。因此,我们需要有关部门或者行业协会来加强对设计师设计伦理的监督,建立设计行业普遍认可且有操作性的行业规则。对于遵守规则的设计师给予表彰,对于违背规则的设计师进行处罚,甚至清除出设计行业。对规则的尊重其实就是对设计伦理的尊重,就是设计师的自律和他律,就是实施设计之善的出发点,也是一切设计活动的最终归宿。

彰显设计伦理的方式主要来自三个方面:一是设计师的伦理"自律",即设计师自我的"职业道德"素养,是设计伦理道德的内化尺度;二是社会舆论的监督,即"他律",在多元文化并存、资讯和传媒开放的今天,"他律"

所显示出的实效是巨大的;三是行业机构和专业团体的批评与鉴定,即由专业人员设置的评价系统,具有突出的权威性和可行性。目前,可有效运作的设计伦理专业评价系统在国内业界需要加快建立,这一来自专业背景、具有权威性和可行性的评价系统及其运作过程对构建设计伦理学科体系、完善设计伦理规范有显著的效用。

表 8-1　设计伦理彰显的三方面

设计师	伦理"自律"		设计师自我的"职业道德"素养	内化尺度
社会舆论	"他律"	伦理监督	在多元文化并存、资讯和传媒开放的今天,具有显著的实效	外化标准
行业机构和专业团体		批评与鉴定	由专业人员设置的评价系统,具有突出的权威性和可行性	

三、现代设计伦理教育的时代诉求

设计的行为底线是以"不伤害"为基本原则,而设计伦理的理想目标是:当设计面对人与社会环境、自然生态时,在设计伦理的自律与他律帮助下,体现出的深刻责任感和人文精神,从而实现"造物至善""人际和谐"。

(一)明辨人真正的、本质的需求

设计从研究人类生存方式开始,转向去寻求生活的真谛,以满足人们真正的、本质的需求为主旨。李砚祖先生描述人的根本需求为:"在伦理学的意义上可解析为应该、正当和善"[4],人是第一位的,对物的设计与使用中应关注人的真实需要,在设计造物中直接表现形式就是"人性化设计",人性化设计是未来设计的必然趋势和最终归宿。随着社会的发展、技术的进步、产品更新和生活节奏的不断加快,人类在享受设计物的同时,更加注重设计物的人性化问题。但对人性化设计的理解与把握上,个体乃至社会都存在认识上的偏差。正如吕品田先生所说:现今厂商皆倾情于"人性化设计",并以此为卖点来进行广告宣传,致使"人性"设计的欲望成分被无限放大;环境设计、汽车设计崇尚自我,张扬个性,忽视社会公民人格的养成;时装设计、家具设计注重市场效应,强调纵欲和消费刺激,忽视社会道德风尚的维护;设计实践更少考虑"人文健康",甚至沦为商业主义的附庸。又如一次性商品的应用、产品的过剩生产、传媒无情侵犯等,此类设计中的异化现象举不胜举。"面对炫耀、挥霍、矫饰、浮夸的人与人、人与物、人与自然的社会风气,我们不得不对现代'人性化'设计进行质疑。"[5]P2可见,对人真正的、本质需求的漠视,对设计伦理的忽略,是对"人性化设计"的最大误读。

"人性化设计"的原则把"人的需求"放在首位,满足人的生理、心理等多种需求,但满足人的需求不能缺失伦理道德的约束,不能忽略人与物、人与人、人与自然的和谐关系。我们对"人性化设计"的认识不能仅限于表面和片面,应该站在整体的高度上把握设计方向,综合考量影响人性化设计的各种因素,使设计更加趋于合理和适当,力求建立一种和谐的设计发展观。众所周知,文化的表层可以对应于文化的器物层面或物质文化层面,在设计上多指能够满足人类物质需要的那部分文化产物,包括饮食文化、器物文化、服饰文化、工艺技术文化、居住园林文化等,是文化在物质层面上的体现,它是文化成员在日常生活中显露或明显表现出来的那一文化心理部分,是文化价值和意义的载体……实际上,从某种意义上说,造物设计是一种人类生活的设计行为。文化的表层更要对应于行为层面,设计是科学和艺术、技术与人性结合的人类行为活动,科学技术给设计活动提供坚实的结构和良好的功能,而艺术和人性使设计行为富于美感,充满情趣和活力。在实践教学中,学生对设计的理解万不能放大"人性"的欲望成分,忽略了人与人、人与物、人与社会的相互约束,呈现出追求享乐性、满足个人主义和迁就人类中心主义的不和谐现象。而应该通过对设计行为、设计活动以及设计作品的解读和分析,关注设计是否能真实地适合大众的需要,是否浪费了社会物质资源等现实问题,引导学生在对物的设计与使用上,明辨人真正的、本质的需求。

我们服务的对象不是千篇一律,我们要为各种各样的人服务,必须面对群体与个体,必须处理好个性需要和通用指标这一对矛盾。现代设计是设计师极为充实的经历和创造过程,也是设计师对使用这件设计作品的人真正的负责和移情,至于设计中体现出的社会生活伦理观念更是奉献、牺牲等更高道德境界的基础。具备完善职业道德素质的设计师,往往在功能与情感上与使用者共同分享自己的设计物品,如对材料、工艺的选择,对服饰舒适度的考量,对包装程度的把握和对工业设计中安全性的提示等。这个主旨必须最大地获得学生的认可和关注,对群体与个体负责,是设计道德和职业标准教育的重要目的。对这一伦理要求及设计理念的学习,不仅能使学生在对设计物和设计现象的解读与分析中体会到人真正的、本质的需求,明确人在社会及自然世界中确实的地位;同时,还能使学生认识到设计意义上的自我道德完善,形成自觉地为大众、为社会、为生态发展负责的职业意识和行为准则,进而在现实生活中,关注社会、保护自然,逐渐养成职业道德素质。

（二）强化职业伦理、团队协作意识

现代设计与人的生活方式紧密相连,人对物质和精神的需求越来越高,不仅涉及衣食住行这些直接的生活需求,更涉及人自我概念的体现,生活情趣的追求和大众日常生活中"价值"和"意义"的准确定位。毋庸置疑,至善的、有效的设计成为人们生活上有力的帮手,使生活更简单、更快乐。此类作品的设计离不开现代设计伦理的约束和指导,更离不开现代设计伦理要求下具备敬业精神与职业操守的设计师。众所周知,人所具备的知识属于表层,能力体现在中层,而素质则是在知识和能力的基础上,经过不断内化和升华,逐渐形成稳定的个人品质。素质根植于人的深层心理中,如事业心、责任感、价值观以及审美情趣、创新精神、人格意识、职业道德等。人的素质既是社会发展的前提、社会发展的目标和归宿,又是职业教育的根本要求。（如图 8 - 4）

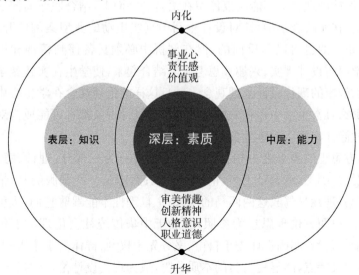

图 8 - 4 人的知识、能力与素质的逐层内化与升华

今日社会，艺术设计对生活的干预和影响，达到前所未有的程度。设计不仅干预、规范了人类的生活，也在很大程度上设计了人类的生活轨迹。现代设计不再是一个人独自能够应对的简单事件，从某种意义上说，它是一系列整体的考察、调研、分析、重复实践的过程，必须有团队的加入。深圳崛起为全球技术中心，验证了团队协作、敬业意识形成过程的重要性，从2007年开始大规模生产iPhone，随后，这座城市经过优化、培育，如今在消费无人机、虚拟现实头戴设备和其他电子产品形成集团性、本土性技术优势群体。当今世界，每一个专业、项目实际上是几门学科的综合，如设计包括心理学、生理学、人机工程学、医学、工业工程学等。每一个事件的合理实施一般都是以集体合作的形式按一定程序完成的，如国际上一些大公司大多建有自己的设计部门，团队协作体现了对技术因素的重视和对消费者的自觉关心。世界上最负盛名的设计公司——飞利浦要求设计不只是设计部的事情，而要深化为公司每个人的DNA，强调团队协作是当下设计伦理的凸出体现形式之一。

形成团队协作和敬业意识的关键是在教学实践中强化设计职业伦理教育，"设计职业伦理是一种基于职业操守、责任意识、职业技能等之上的职业道德要求，是设计伦理学科教学的成效体现。虽然理论认知是促成设计职业伦理的要素，但养成良好的职业伦理习惯却主要形成和显现在实践中。"[6]设计伦理教学不能仅仅停留在语言和字面上，结合职业面向实践是其根本。在实践教学中，针对设计生活中真实生动的典型案例展开剖析，可以是正面的也可以是反面的，但在剖析中必须具备评判精神和思辨意识，将学习与设计现实、兴趣和思考判断结合起来，使学生在实践教学中形成正确、健康的现代设计伦理观念。一旦这样的伦理观念在学生心中生根发芽，那么日常生活中存在的所有设计物或设计现象都有可能成为对学生有益的"隐性案例"，供学生自行剖析和评判。

西方思想的源头之一柏拉图把人的灵魂分为三部分：理性、意志、情欲。理性是国王，意志是士兵，情欲是平民；意志是一匹驯服的马，情欲是一匹劣马，理性是驾驭这两匹马的主人；一旦理性不能驾驭它们，人就会走向堕落。以西方伦理思想为参照，脱胎于中华传统社会伦理的五伦与六伦、共治与善治，明确责任先于自由、义务先于权利、群体高于个人、和谐高于冲突四大特点，凸显良与劣的本质分野，成为现代设计伦理的指导坐标。现代设计伦理呼唤自主、平等，自主是主动把握生命的自觉意识，平等是尊重他人把握生命的权利。自主、平等不是自私自利，置他人、集体于不顾，而是强调团队合作精神和相互协作意识，摆脱单纯追求个人和小集团利益的狭隘格局。现代设计中自由、解放的精神不是放任，而是对人文精神的必然认识和把握，其主体内容和伦理要求渗透并融于职业道德之中，是职业道德的基础。

（三）规范构建良好的社会道德品质

伦理学中有规范伦理与德性伦理之分，较之规范伦理，德性伦理一般是讲"美德"的崇高伦理，在具体生活中起主导作用，但不易形成规范。设计伦理主旨是研究设计者和设计行为的"善"的问题，即设计者的设计行为在道德上的正当性、合理性以及如何通过伦理对设计行为进行规范，构建良好的社会道德品质，使之成为符合设计伦理要求的行为。诚如亚里士多德在《尼各马科伦理学》中所说："一切技术，一切规划以及一切实践和选择，都以某种善为目标。"[7]P8 设计是为秩序进行的计划，是杂乱无章的世界向稳定、舒适、快乐迈出的一步。设计的实施、发展不仅影响和改变着社会成员的生活，更从物质和精神两方面参与到改造社会的活动中来，在一定条件下有力地推动着社会的和谐进步，这是现代社会伦理的必然要求。对于一个全面的人来说，具备两种倾向：一种是占有的生活方式，即拥有的倾向，其根源于人的生存渴望这一生物因素；另一种是存在的生存方式，即分享、奉献和牺牲的倾向，其根源于人类生存的特殊状况和人渴望通过与他人的统一，克服自身孤独感的内在需要。但是，在现代技术生产消费第一的社会里，人只有"占有"的生物性生存方式了，人们已经忘了本身"存在式"的生存。人的许多情感、感性、本能在现代社会理性技术的压抑之下，已经不再是个人的无意识压抑，而是普遍的"社会无意识"压抑了。[8]P96,354 这种无休止的物欲追求、生态圈的恶化和失衡使人们对造物设计背后的人类中心主义世界观产生了不安和忧虑。

设计伦理集中反映了特定时代社会的生活伦理观念，不管在怎样的意识形态之中，社会的生活伦理观念都处于道德规范体系与制度规范中，己所不欲，勿施于人，它是公民的个人基本修养，也是社会文明进步的阶石。文化的中层对应于文化的制度层面，即制度文化。事实上，从制度上考虑到母婴休息与哺乳、考虑到弱势人群出行方便的公共环境设计，考虑到老年群体的身体和心理需要的公共设施，在规范大众意识和行为的同时，人长期处于此类环境中，不知不觉地进行解读与被解读，制度也完善和提升了全民大众的内在修养和道德。"制度文化是文化成员或群体处理个人之间、个人与群体之间、群体与群体之间关系的那一部分文化产物，是文化种群用以约束、规定或制约个体和群体行为的规范或规则等的集合或总称。它是外加于人的，是维持文化群体的正常秩序和组织机制的正常运转，保持文化群体的存在并促进其发展的必要条件……"[9]P221-228地铁、公交无障碍换乘、风雨连廊辅助建筑设计等，在伦理教学中，有必要借鉴此类成功案例，通过分析、比对，逐步培育学生良好的社会公共道德意识，在使用物为自身服务的情况下，正确处理好人与自然、人与人的关系；进而使学生具有符合社会公共要求的伦理道德观，不断提高自身的公民、公德和公益意识的层次，做到个体的伦理"自律"，在实现自身价值的同时对良好社会道德建构起到作用。

图 8-5　新加坡城市中风雨连廊辅助建筑设计

我们知道，"设计师实际上是一个代言者，代大众之言。在这个意义上，设计者在决定自己的设计时，必须将自己的私人利益放在一边，他的设计行为和取向，应以大众的利益需求为基础，并且与自己的意志、选择相融合，即自己的意志与选择是符合大众的利益需求的。"[4]现代设计伦理培养社会责任感，社会责任既是社会、大众对个体提出的必然要求，也是个体实现生命价值所必须采取的生命形式。理解这一点有助于引导学生确定正确的人生观、世界观、价值观，努力超越现实的物欲诱惑，执着于完善品德的社会需要和精神追求。孔子说："人而不仁，如礼何？人而不仁，如乐何?"德之不见,素质低劣,纵然懂得礼乐的知识、技能,又有何用呢? 德国哲学家海德格尔说:"人应该诗意地栖居于大地。"当人们能够自觉地遵守伦理要求,正确地对待物,处理好人与物、人与人的关系时,当物真正为人、为人类社会服务时,大地自然是理想的家园。

　　设计伦理对自然的尊重、对大众的关照,对弱势群体的关注,强调人格自律。当学生意识到这一点,有利于他们规范、节制和净化不合理的个体欲望,塑造超越人生境界的旷达的态度。在其今后的学习、生活中,学会关注他人,关注自然、关注社会,进而与同事能团结协作,自觉地维系团队的和谐、有序,从而规范构建良好社会道德品质。在设计伦理教育中,参与、理解和接受设计道德规范,并在其实践过程中加以考察和体悟是一条可行之路。教学实践中需要学生参与,在综合统筹、教师引导、小组协作的情况下达成共识,再辅之以正确的奖评、积极的宣传和有效的推广,逐步具备普适性的基本道德规范,建立符合现代文化道德要求的设计伦理规范并非难事。

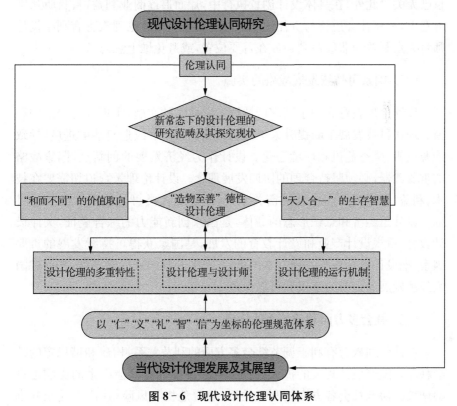

图 8 - 6　现代设计伦理认同体系

四、现代设计伦理教育的战略意义

设计伦理教育对于设计人员的培养和设计实践具有重要意义，它不仅有利于设计师自身伦理素养的提升，社会责任的担当，并且借助设计这一行为，对社会经济发展、与自然和谐共处发挥巨大作用。

（一）设计从业人员社会责任的形成

设计伦理教育关系到设计师伦理素养的提升，有利于设计师或未来设计从业人员的社会责任的形成。众所周知，我们的艺术设计教育偏重于专业知识和技能培养，伦理教育环节相对缺失，使得设计师在设计活动中仅仅考虑技术、创意、效益等问题，以为由设计引发的环境问题、社会问题与自己无关。此外，在具体设计创意执行中，片面追逐商业利益，盲目听从甲方意志，忽视社会道德与责任的现象时有发生。设计伦理教育有利于设计师将大众利益而非经济利益放在首要位置，或避免惟上意志。

（二）国家可持续发展战略的实施

设计伦理教育有利于国家可持续发展战略的实施，实现人与自然的和谐。现代科技发展不断提升人类控制自然的力度和改造自然的进度，导致能源危机、生态危机和环境恶化。设计作为经济发展的创新点，国家战略的重要武器，必须坚持合理的协调发展理念。设计伦理教育迫切需要在技术、利益、环境等方面构建平衡关系，从而实现人类可持续发展的长远目标。设计是经济和意识形态的载体，是国家创新能力的综合表征，关注设计教育，重视设计产业和设计教育的发展，是国家获得可持续发展的重要因素，把设计教育作为一项基本国策，甚至上升到国家战略高度，是促进国家经济发展的强有力手段和可靠保障。

（三）社会多方面利益关系的构建

设计伦理教育有利于调节社会多方面的利益关系，构建和谐稳定的社会秩序。随着设计规模的扩大、高度的提升，设计对社会产生的影响也日益增大。协调社会各方面的利益关系，规避危机与风险，让广大受众共享设计硕果，为大众带来福祉尤为重要。不当的设计导致公众与政府、企业之间产生信任危机，影响社会稳定、和谐共享的发展前景。设计伦理教育有必要在相关实践与执行中解决技术应用中的风险问题，注重保障公众利益，协调好公众、雇主、用户和社会其他利益群体的关系，这是构建良性社会秩序的重要基石。（如图 8 - 7）

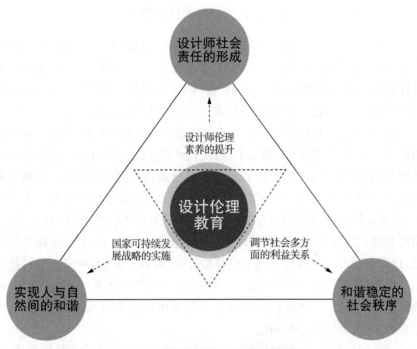

图 8 - 7　现代设计伦理教育的战略意义

五、数智时代设计伦理教育考量指标

　　信息技术的发展、网络环境的营造与架构，打破教学资源的局限，为高速发展的社会所需大量、优秀的设计人才的培养搭建了平台。艺术设计的教育观念、教育方法、学习方式以及师生角色的变化都呈现出多样、丰富、共享、交互、超越时空的诸多特色。互联网以其自身独特、强大的优势，为设计创造了无限可能。设计教育有必要对当下网络环境中设计存在的诸多问题、现象进行分析,给当代设计伦理予以准确定位。有效利用现代信息技术,在设计教育中注重设计合作和情感互动;在设计过程中培养学生视觉审美素养和人文情怀;批判、辩证地应用网络资源,关注网络环境下设计教育的社会和人文考量,从现代设计教育的角度实现社会责任感与伦理自律。

(一)精神考量:培养学生大善情怀的设计教育

无论传统造物或是现代设计,人类都力求借助造物来实现人与人之间快捷、深度而广泛的交流。在西方工业革命以前,人类借助"物"拓展自身机体功能的能力相对有限,人类对"物"的依赖也相对有限。但是,随着时代的发展,"物"的能量被无止境放大,以至于现代社会中,我们在生活、学习等诸多领域都已几乎离不开"物","物"在当今人们的生活中起着决定性的作用。比如,依靠交通、通信工具,人们可以便捷出行,有效交流;借助屏性媒介和信息技术,人们可以观赏文艺节目或接收视听信号;借助网络等现代媒介,我们都可以享有所需要的种种信息、功能与物质服务。人们简单、普遍地依赖着这些高科技、自动化支撑下的现代产品、网络媒介,人与物的互动、联系已超过了人与人之间的交流和沟通。科技万能观念的蔓延,自动化设计现象致使人类对科技的片面、盲目追求,形成当下唯科技观念,以及唯物质价值、经济效益、技术进步至上的价值体系。在这一社会价值体系的主导下,数智时代的社会景观呈现出见物不见人或以物取人,人格被物质化、经济化、网络化。

现代信息技术为网络环境下艺术设计教育教学提供了前提和保障,这是与其他艺术形式相区别的重要标志和首要特征,设计作品的生成、设计活动的发起、设计事件的传播、设计评判的开展都离不开技术装备的支持和应用。但过分依赖技术或网络,必然导致设计思维得不到很好的锻炼,设计能力难以得到有效提高。当前,学生可以利用各类设计软件或网络资源实现作品的高度仿真、情境再造,在现代网络信息技术的支撑下,通过三维立体模拟手段,实现学生设计作业的虚拟性向逼真性的转化;学生也善于利用 HTML 动画技术或 JAVACRIPT 功能制作网页设计中的某些动画效果,借助网络的传播功能获得单纯技术炫耀的认同,甚至借助 ChatGPT 及其强大的插件功能完成具有增强现实特性的各类产品设计。在现实网络环境下,原先通过传统美术形式很难表现的效果,在技术和设备的帮助下,通过一定的程序或命令输入,相对轻易就能达到。不具备较高专业美术设计技能和艺术修养的学生,短期内无法用形象语言来表达自己的创作意图,但在技术软件和网络资源的帮助下,学生猛然发现艺术设计并不是写实与技能的纸面塑造,而是图形、图像、现成品的无限而随意的屏面创作。况且,学生多通过网络查找资料,寻找设计灵感,普遍以一对一的人机互动模式完成设计方案,完成设计的过程变得简单、孤独,缺少人与人的交流、团队的讨论和师生的有效互动。大多数依赖这些高科技、自动化的设计软件完成的设计作品,往往与整体设计风格迥异、缺乏实用性和艺术性,更缺乏情感和个性的表达。

众所周知,设计教育的根本目标并不仅是关于物的形态的单纯建构,一味地实施单纯的物化价值教育,片面或极端的技术依赖不能体现以人为本的设计伦理要求,难以实现设计能力"质"的飞跃。"奈斯比特曾告诫我们:人类社会正向两个方向迈进——高技术与高情感,技术和情感应该相互联系,人们试图给每一种新技术都搭配上情感的补偿,强化情感的作用、反应。"[10]P1-2背离这种关系,常会招致各方的批评。例如,在网络参与下,新兴的现代媒体艺术,由于其高科技的物化语言与众不同,记录物化语言也是冰冷的、高度抽象的"0"和"1",引发人们对这一艺术设计形式外显的技术性的误读。如何在设计中植入情感和趣味互动,还原并构建有艺术生命的意向和形象,常激起相关学界的广泛讨论。"新媒体艺术发展的基础是高技术参与下的屏性媒介,迅猛发展的高技术屏性媒介对艺术与设计的影响越来越深入,致使传统的审美方式与认知标准无法考量高技术媒体文化本身的审美特点和伦理价值。"[11]与传统艺术形式不同,现代媒体艺术把现实中可感、可观的直观素材转化为毫无个性的抽象符号"0"和"1"。其实一切艺术设计表现、品论都依靠声音、动作、形象及艺术设计语言等一系列元素共同进行,现代媒体艺术也同样由一定的线条、色彩、构图在有限的空间下实现有趣味的空间转换,由"0"和"1"模拟、记录电子传播信号,借以还原视听、触觉、味觉、运动以及光热等信息表征。在视听等多媒介、多方面人才的通力合作下,在高技术与高情感这两个方面,这一新兴艺术设计力求情感和个性表达的同时,尤其需要我们团队合作、注重交流,培养学生的"大美""大善"情怀。

后现代主义以来,生活习惯、消费方式、主流意识形态的改变,经济的快速发展、生活水平的不断提高,大众渴望享受到情感的沟通、感性的体现、文化的尊重、精神的满足,人的内心需要更加细腻和丰富。现代设计从形式追随功能上升为形式追随情感、隐喻、个性、趣味等软性文化因素,感性消费在设计中的权重越来越大。从另一个侧面分析,理性消费为感性消费所取代,消费的不仅仅是简单的物品,而要附加上"场景"的存在、"体验"的享受、"文化"的品位,甚至植入"情节"的服务。物质的富裕和技术、信息力量的强大促使人们对精神生活有更高的追求,力求从产品本身和使用过程中感受到关爱、意义和乐趣。随着人们对感性、交互、娱乐、故事性、概念化需求的日益增长,软性设计空间得到了极大的拓展,情感设计、体验设计、互动设计、个性设计、概念设计等设计理念、设计定义、设计手法层出不穷。如果说20世纪,设计教育强调从实用、技术、科学、消费和论证性等物质理性方面去考量设计;那么21世纪,设计产品在改变我们经济生活,影响我们精神需求的过程中,情感和精神考量越来越多,人与物之间的情感交流、感性互动越来越重要,其价值之体现也越来越高,必须就意义、感受、艺术、创造、故事性和概念性等感性方面去评判设计。可见,网络媒介支撑下的21世纪设计教育,受主流意识形态和价值导向的多重影响,情感比重成为区别现代设计与一般设计最为本质的考量因素。在设计教育中对情感的需求、重视和体现不可忽视,在高科技的信息技术应用中必然强化情感交流、团队合作、过程互动,完善设计细节以实现设计外在的附加值。(如图8-8)

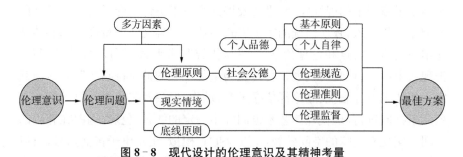

图8-8 现代设计的伦理意识及其精神考量

(二)人文考量:关注学生视觉审美的设计教育

多媒体技术与网络的结合,进行信息存储、采集、处理、显示、传播,科技支撑下的控制技术高度综合构建的网络系统,大大增强了网络的社会服务功能,网络的发展改变了自身也改变了整个社会。网络环境的发展和成熟为艺术设计教育烙上了社会网络文化的属性,"社会网络文化的特征构成是由网络技术的特性决定的,网络文化及其内涵是通过网络技术手段将社会文化运用艺术设计和其他文化传播途径融入网络技术之中,在城市社会生活中的表现形式就是社会网络化……其特征有衍生性、开放性、多变性、及时性、反理性、传播性和民俗性。"[12]网络为艺术设计的发展提供了新的传播途径,创造着无尽的可能,但网络的社会服务功能和网络审美文化自身的局限性也给艺术设计带来了巨大的负面效应,影响着学生视觉审美素养和人文情怀的培养。"大众文化如果不能克服其先天的缺陷,不仅不能成为对公众有益的审美文化,还会变成反审美的文化。"[13]P408-409 例如,网页设计为了提高点击率,精心制作页面,淘宝店家为了促销,刻意美化"宝贝"图片,以及电视、公共电子媒介上播放的诱人的广告、宣传短片,无不左右、捆绑着大众的视觉审美水平。正因为网络是消费社会的重要媒介,感官的愉悦被物化为商业之物,虚有其表的形象也同时成为商品,但审美的孤独感永远如一面透镜折射着这病态、虚拟、单人的视觉审美旅程。

虽然网络媒介的负面影响不至于根本改变我们的设计教育,但在生活中出现的频率甚高,影响着学生审美趣味和审美习惯。由此关注这一负面影响,提升视觉审美素养和人文情怀,比教会学生掌握设计方法更为重要,有必要把它纳入现代设计教育之中。"《2011 - Horizon 报告》关注的教育行业重大挑战之一是数字媒介素养作为一种重要技能在各学科专业中的重要性继续提升,并且许多大学开始将这一技能整合到学生的课程作业中。"[14]在这种情形下,我们有必要把艺术设计教育理念提升到一个新层次、新高度。关注网络环境,利用好数字信息技术为社会大众服务,为城市生活质量服务。即利用创新思维和设计至善的伦理观念来从事艺术设计鉴赏、评判与教育活动,提升艺术设计教育教学水平。在这方面,"视觉文化艺术教育扩大了艺术、设计的教育范畴,将日常生活中的漫画、卡通、电玩、广告等内容以及网络中的视觉形象、视觉文化情境引入教育体系,形成重视民族文化、多元文化、全球性跨文化议题的讨论与学习,建构并实施'视觉与人文'的艺术课程"[15]P186 已经取得了可见成果,值得我们借鉴。

当今网络平台汇聚了国内名校的省级、国家级精品课程资源,以及爱课程、微课、慕课等多种鲜活的网络传播教学形式。不仅提供大量学习资源,还配有教学课件、教学计划、教案、课程教学影像,学生作业和艺术评价,资源丰富、便捷、易于检索,是我们从人文考量出发,提升学生视觉审美的有力阵地。针对名校的网络资源、课程大多是高起点教学水平、高端的学习门槛，难以照顾到起点较低的学习者的需求，初学设计的学生很难跻身其中。对此，教师必须转变角色，由知识的直接传播者变为学习方式的直接指导者，帮助学生明确学习任务，选择合理的学习方法，建立长期自主学习目标，提高自我学习的能力。此外，各类网络教学模式各有特色，不适用于所有的学生，尤其是基于不同学习动机，难以实现同步化的学习。加上广大受众对大量的设计专业信息难以有效地加以选择或取舍，因而造成了学习的系统性缺失，导致网上学习活动难以实现设计教育普及的目标。对此，教师除传授艺术设计技能外尤其需要调动和激发学生学习热情、兴趣，培养学生正确分析、评价、选择、使用网络资源的能力。教师扮演好引导者、组织者的角色，建立平等、和谐、融洽、互动的师生关系，有效培养学生视觉审美素养和人文情怀至关重要。

众所周知，设计是人类文化的肌肤，表征着特定时代人类所掌握的科技水平，对世界、社会乃至自身的认知程度；设计更是人类文明的标杆，标记着人类所具备的艺术素养的高度和文明的进程。"按照赫伯特·西蒙（Herbert A. Simon)的观点，设计具有沟通人内心世界与外部世界的特质，能够通过其强大的物质属性潜移默化地影响人、塑造人，人造物世界恰恰就位于内部与外部环境的界面上。"[16]P109 20世纪活跃在世界影像舞台的韩裔新媒体艺术家白南准立足于人文考量，以东方人的思维和整体观察世界的统筹意识，把电视媒介以及卫星电视技术进行人性化的结合，使机械的数字媒介物化语言成为以人为本、与人互动的"真知灼见"，使急速发展、变化的科技与电子媒介人性化。电视媒介成为他的调色板、控制器，充分发挥了电视技术媒介的功能，检验、评述新媒体艺术的社会价值和文化意义，以极高的视觉审美标准开创全世界不同规模、不同形式、不同类别文化之间寻求沟通、对话、交流的新途径。现今网络环境下，创客理念正试图以个人为中心，以社会实践为舞台，立足于"造物至善"的人文考量，协调好设计、制造、分析、调试及管理等多环节的用户创新制造环境，力求借助信息技术与网络媒介，在设计伦理的约束下，帮助人类解决社会各种矛盾，持续提升大众的生活水平。

当老产品、老设计、纸质媒介被新产品、新设计、屏性媒介所取代，相应新的视觉审美标准和阅读习惯等人文考量也必然被推向前台，它在带动人类生活进步的同时也担任引导、帮助人们摆脱陋习束缚的角色，切实推动简便、合理、科学、实用的设计伦理化进程。现代设计不能只被限制于赋予物的外形、功能的单一需要,应立足于"造物至善"的人文考量,融合人文理性与技术理性于现代产品之中,以满足人与社会真正本质的需要。由此可见,网络环境下的设计是一种生产力,是一种人类生活的设计行为,对视觉审美素养和人文情怀能够起到重要的约束和规范作用,设计的人文力量对人类生活的干预与影响是巨大的。设计教育既是现代生活方式的一部分,又是改良和更新人类物质生活方式、召唤物质美德的教育手段和精神力量,毋庸置疑,设计教育应该担负起伦理的责任。

表8-2　现代设计人文考量的正反面

群体	肯定	否定
用户	合乎法律、道德规范,谨慎地发表网络言论,利于青少年习得良好的社会行为	言论自由受到限制;个人数据泄露后隐私权,名誉权,财产权受到伤害的风险增加;接受不当个性化推送服务的频次增加
网络服务/运营商	更易于管理和运行,如向未成年人拦截不适合的网络游戏,暴力内容;更有利于开展精准网络业务	服务吸引力受影响(如失去用户,失去黏度),进而减损价值;对信息和网络安全的投入要大大增加
政府	更利于提供精准公共服务;更于减少网络不良信息,使得言论空间更加清朗;利于青少年和知识水平不高的网民生存、学习和成长;侦察和惩治网络犯罪更快	便于实施类似"棱镜门"计划,而失去部分公民的信任;"寒蝉效应"使言路闭塞
他人	发生被不当"人肉"时易于找到事主并追责;被有意无意网络侵权的风险降低	盗取、兜售或伪造公民信息的新型网络犯罪可能更加多发
法律/伦理学者	利于发扬他律与自律共治的道德作用;维护正当的合法性和必要性原则	以不信任作为获得信任的前提;以限制自由来保护自由;以正价值信息全面否定负价值信息;以用户个体的潜在风险换取网络空间的安全

(三)社会考量:立足社会现实需要的设计教育

设计作为一种承载文化的媒介,受到形式、功能和伦理的多方要求,传统的造物设计不能确定"功能"与"审美"的关系,现代形式与功能之争也往往使"美与效用"与社会的伦理要求脱节。其实"美与道德并非一对不可调和的矛盾，中国古代元典《易·乾·文言》《易·坤》曾有美与善相通的论述，古希腊哲学家苏格拉底也提出美即善的命题，负责任的设计应该揭示美善同构，审美与伦理合二为一这一主题思想，它既是美的也是有助于道德建设的，更有助于解决当代社会人类面临的各种危机"。[17]人类所有设计活动和设计物的创造、使用，以及对设计的反思、批判和考量，都不同程度地与伦理的内涵相映照，深受伦理的检验与制约。伦理观念影响着每个人社会行为的同时，也左右设计的发展，成为设计教育的重要内容。所以，无论是设计行为、设计过程还是设计评判，既是个人的也是社会的，是共同构建人、自然、社会之间和谐关系的创新活动。对此，现代设计必须立足于社会需要，慎重考量生态因素，在现代科技的支持下、先进观念的引领下，在网络等现代媒介的支撑下，在伦理的约束下为社会中的人服务。

西方思想的源头之一柏拉图哲学把人的灵魂分为三部分：理性、意志、情欲。理性是国王，意志是士兵，情欲是平民。意志是一匹驯服的马，情欲是一匹劣马，理性是驾驭这两匹马的主人。一旦理性不能驾驭它们，人就会走向堕落。当下，"景区城市化"文化现象在网络上屡有报道，成为设计界乃至公众评判的话题。投机取巧的开发商，打着"依山傍水""回归自然"等极具诱惑性的宣传口号，把地产项目引入景区，个别购房的业主的确回归了自然，但更多人的利益被剥夺或侵占，社会和谐、公平被打破，这无疑是至上的功利主义冲击社会道德秩序的直接恶果。再如，网络媒介恶搞现象的出现，自无厘头电影"无极"被黑之后，传承经典的奥运吉祥物福娃设计、舞蹈千手观音等也相继成为恶搞的对象。众所周知，恶搞多带有强烈的个人情趣色彩，具有解构和颠覆的诸多特色，不能一概以是非而论，但对经典设计、形象、传统文化价值取向进行挑战，给社会造成不良后果，不负责任、不道德且媚俗的恶搞必将遭到社会的严厉批评。

如果说提供物质产品帮助和服务体现了设计教育面对人与环境时深刻的责任感和人文思考，那么设计教育要求观察、认识、研究社会物质与精神成果的设计行为和设计过程，从多方面满足各层次消费者对物质产品的多种需要，则是实现设计至善伦理教育的重要手段，是设计教育从物质文化和精神文明两个方面改造社会各项活动的有效途径。网络上曾经报道成都公交交通系统推出一款仅有15厘米宽的公交车站座椅，期望以此能改善城市公交站过于拥挤的现状，也为解决公共设施无法满足多人使用而做的一次尝试。但新颖的座椅设计尝试一开始就落入了尴尬、被动的窘境,一经推出就招来骂声一片,甚至在网络等现代媒介中遭到公众舆论的口诛笔伐。此外,公共场所中的各类办事处、挂号处、签到处、点名处、售票处等,这些服务人们生活,直接而具体面对大众的服务点,大多配备电子信息显示系统,滚动、不间断提示服务内容、服务对象……但仍然淹没在社会焦躁的情绪、沮丧的心情之中,常被公众抱怨,是效率低下之代表,人心离散之所在。此类现象的出现固然有偶然的、执行不力等多种因素,究其深层原因,是设计行为模式背后公共服务意识的缺失,设计对公共系统中伦理约束意识的淡漠。再比如:网络上评论最多的"城市中盲人如何出行"这一议题,正如电影"我是证人"中,盲人女青年路小星在牵着导盲犬的情况下,仍对过马路心有余悸。国际上对盲道有着严谨、具体、良好的设计标准,贯彻、落实、完善得彻底与否,直接拷问着一座城市乃至整个社会的良知。试问如果这些基本的公共设施都处于设计、规划的边缘状态,那么其他诸如民主、保障等社会权利又能进步到何种程度呢?

现代设计教育本着自主、平等意识,力求主动把握生命的自觉意识,尊重他人、社会和自然,不能自私自利,置他人、集体、环境于不顾。马克思主义社会理论告诉我们社会是生产力发展到一定水平下的生产关系的总和,人是社会的细胞、是社会的存在物,人、自然、社会紧密联系、相互影响。设计依托自然条件、结合社会条件发挥其有效作用,大众通过接受和应用设计成果,实现对社会的认识、对世界的感知和适应,进而理解、提升、把握生活的意义,满足人类个体技能和精神方面的诸多需求。"20世纪以来,受各种怀疑主义思潮的影响,价值不仅与个人有关,而且也与社会的机构和文化行为有关,甚至被认为是它们的产物。从哲学上看价值在传统意义上与意志、欲求、目的、善、存在、真理等范畴有关,当价值在于欲求同它的目的与结果的一致,这样的价值就是善。"[18]P127-128 考量一项设计成果之善必须借力社会机构、与文化接轨,从凸显社会多种功能、满足社会多层次需要出发,借助设计对个人进行有效的道德约束、完善良好的社会秩序,通过设计物外在的至善功能,使人处于有序、有理、有度的公共环境之中,在规范行为的同时,也在不断提升着人们的内在修养和道德意识。

设计集社会科学与自然科学于一身,融外在物质文化和内在精神文明为一体,时刻把握着时代发展的节奏和脉搏。以设计三大属性的辩证关系和马斯洛的需求理论为出发点,我们不难归纳出"造物至善"的高境界,即所造之物的形式、功能与精神价值的有机、完美结合。社会文明的不断进步，人在不断满足物质需求的同时，必将追求更高层次的精神享受，也将受到更高层次道德规范的有效约束。当人们能够自觉地遵守伦理要求，正确地对待物，处理好人与物、人与人的关系时，当现实与虚拟世界中的"物"真正为人、为人类社会服务时，人类造物才会促进理想家园的建成。为了实现这样美好的愿望，我们务必整合网络环境下各类有利因素，以设计伦理的角度对人文关怀重新思考、定位，以高标准的设计伦理构建今天乃至未来的和谐社会，实现"造物至善"这一设计伦理的崇高目标和教育价值。

（四）战略考量，树立国家和民族意识的设计教育

提起"中国制造"，曾经给人留下"海量生产""山寨""质量差"的不好印象，印有"Made in China"的物品毁誉参半，似乎是廉价产品的代名词。其实，中国近代设计就是追求优质产品的发展历程，一辈辈人不断努力，从未放弃。当今，"Made in China"的物品遍及全球，使得中国拥有"世界工厂"的称谓，也为我们创造优质产品提供了基础。英国、美国、日本都曾经以其强大的生存制造能力而获得"世界工厂"的地位，19 世纪中期，英国以蒸汽机为动力，开创分工合作与规模生产的近代企业模式，掌握国际分工的主动权，成为全球制造中心和财富集散中心；20 世纪初，美国借助"泰勒制"极大提高了生产力，创立"福特生产流水线"，以一系列的品牌标识自己工业革命的成就，奠定"世界工厂"的现代工业生产基础；二战以后的日本把握有利的国际形势，通过"加工贸易"和"技术立国"实现了企业生产方式及资本组织方式的革命，创立"丰田模式""日本经营模式"而成为新兴的"世界工厂"。至今，昔日的"世界工厂"英、美、

图 8-9　1937 年 2 月 5 日，永利铔厂生产的中国第一包红三角牌硫酸铔肥——肥田粉

日占据国际分工体系的顶端，对崛起的中国设置"贸易壁垒""技术封锁"，同时，印度、墨西哥以及东欧、南亚等地区的成本、人口优势对我们构成很

大威胁,中国必须考虑实现由"中国制造"上升到"中国智造"。

从巴西世界杯的座椅、安全套,到卡塔尔世界杯 LED 产品、地铁、安检设备,短短 4 年,"中国制造"逐步摆脱了产量大、质量差、技术含量低的名声,开始从"中国制造"向"中国智造"升级。产品上标识的"中国制造"并非简单的产地信息标识,而是"国产"的代名词,具有产品品质的象征,代表中国的产品质量,也代表着中国的制造和设计水平,直接反映了国家经济发展、科技创新、生产能力甚至综合国力等方面信息因素。"中国制造"是当代赋予我们的历史使命,在设计伦理教育中,在培养学生协作精神、敬业精神的同时,要树立起国家意识和民族意识,作为学生设计优秀产品的素质和思想保证。"以设计和产品的服务对象为重,以国家和民族的利益为重,从而为'中国制造'而设计才能真正落到实处。"[19]P148

倡导为"中国制造"而设计,为"中国制造"的优良产品而设计,为实现这一理想,必须把优良的品质内化为设计师自觉行为,将为"中国制造"而设计作为学生义不容辞的历史责任,我们的"中国智造""中国质造"才有希望和目标,我们的设计产品在国际竞争中成为公认的优良产品才能获得根本保证。近年来,我们看到"中国制造"逐渐体现出中国实力、赢得国际市场口碑,呈现出令人欣喜的景象:一是国家形象好感度稳中有升;二是,中国高铁中国桥梁等产业在技术的制高点上已经具备了与发达国家展开竞争的能力;三是,互联网应用、新能源汽车等新兴产业领域,已经和发达国家处于同一起跑线上。"据 2018 年 8 月德国咨询机构罗兰·贝格(Roland Berger)和汽车研究机构 fka 从技术、产业和市场等方面开展的全球纯电动汽车竞争力调查中,中国排在首位,其中比亚迪纯电动大客车已经连续多年稳居全球第一。"[20]P209 当今,全球经济一体化进程加快,竞争激烈,变中国制造为中国智造,拥有自己的原创设计和知识产权,才是企业乃至国家提升竞争力的必然趋势。

六、艺术设计教学中的伦理教育途径

新冠肺炎疫情防控期间,各高校努力开展在线教学,建立"互联网+""智能+教学"新形态,深入推进教育观念革命、课堂革命、技术革命、方法革命,促进学习方式变革。通过"互联网+"实现资源共享、共通,提供更多优质视觉艺术课程资源,全面提升大学生艺术修养。但针对互联网语境"公共性"的信息伦理问题如"数字鸿沟""信息茧房""降维打击"等的探讨、辨析、认知程度影响着高校艺术设计教育课程的开展。"信息伦理问题已成为冲击教育、科研乃至国家创新发展的毒瘤,影响着人类的信息行为、社会活动。"[21]面对日益涌现的信息伦理问题,高校视觉艺术教育要快速反应,给出准确而有效的教育教学方法和形式。

(一) 完善艺术实践教育环节,化解视觉艺术本体危机

维特根斯坦(Ludwig Josef Johann Wittgenstein)认为思维的研究领域应当以实际的现状为主,即以事实形成的世界为界限,不涉及相关神秘领域,如神学、美学,甚至伦理学等范畴。"凡是属于事实命题范围内的教育科学研究,必须谨守有一分证据说一分话的原则;凡是属于价值陈述的教育价值论说,则应去除伪装为事实命题的旧弊,客观分析理论中所含的叙述性(descriptiveness)、表意性(emotionality)及规范性(normativeness),并依所含的性质做适当推论,才能成为严谨的学说。"[22]P13人类生活的世界由真命题和非真非假命题构成,即包含科学、自然、历史等事实世界内容,也包含美学、神学等形而上世界内容,且两者紧密联系,相互依存。就教育的本身性质而言,关乎生活的各个方面,对维氏认定的这一分析哲学戒律,教育研究者认为,对事实的追索与对形而上的思考与辨析同样重要。高校教育不囿于取事实命题,重价值叙述,更着重在艺术设计教育中,基于实践分辨、厘清因性质认识不清而造成的争论与困惑等现实问题。

当下,视觉艺术作品的三维本体被降维成可任意缩放、复制的二维视觉图像,传播、欣赏、批评乃至交易都基于二维图像基础之上。在占据主导观看方式的屏性媒介中,作品多以高彩度、亮丽性、观念性呈现,色彩成为主要因素,作品的大小、质感和细节的品位让位于视觉效果的冲击。在"短平快"的互联网节奏中,"夺目""冲击力""抓人眼球"的视觉作品是获得第一眼瞩目的关键,进而影响到艺术的传达和作品的认知。过度鲜艳的色彩及炫酷的动画、视频野蛮地刺激着人类的视觉阈值,有违伦理,此类视觉产品无异于变相的信息污染。"迅猛发展的高技术屏性媒介对艺术与设计的影响越来越深入……经典、权威被消解,艺术设计的合理性、权威性被重新定义。无论是单维度的接受还是多维度的拒绝、抵制……当屏性媒介主导下的视觉压倒其他观感,处于绝对统治地位时,人很容易成为单纯意义上

的'观者',而局限于混合性、整合性、技术性带来的视觉享受,忽略了文化与科技本身的价值建构。"[11]使人兴奋、令人迷茫的互联网生态正逐步深化艺术的本体危机。

凡涉及伦理议题,都会提到"应然"这一概念,"应然"是一种无形的、体现伦理意向的道德顺应,它不仅包含对"实然"的评判,更有在顺应道德基础之意,指明了实践的方向。伦理无疑是"应然"约束下推动实践前行的重要力量,是顺应道德的"自律"和"他律"。"互联网＋"教育能够提供众多艺术理论知识和大量共享资源,但丰富、多元的艺术教育需要相应的感知和体验,离不开艺术实践教育这一环节。通识教育中的人文精神,"互联网＋"艺术教育所需的理论知识和实践技艺,以及完善的知识传递方式都需要线上、线下的实践教育尝试。"在做好课程教学应用的同时,平台建设者要在深入研究基础上,及时根据应用者、学习者的需求变化,结合学科、专业特点,与高校和教师共同为学习者和用户开展课程、资源和教学活动定制,更好地提升课堂教学质量。"[23]信息伦理教育不仅仅依靠理论传授,更在于实践养成,大学生在相关信息伦理教育课程学习中,主动、自觉地参与与发挥的程度是伦理教育的重要检验指标。

网络覆盖、智能产品的扩展及新媒体技术的日益普及,大学生创作信息的门槛越来越低,参与空间越来越大,为大学生信息伦理实践提供了条件。如在视觉艺术教育中组建师生网络信息小组,开展网络信息竞赛,推进媒介技术操作训练,开设伦理素养讲座等实践机会和实践阵地,发挥校园网络媒介的信息伦理教育功能。借助艺术实践,明确视觉艺术不是作为符号的标示与记录,不可以单纯地放置在商业物欲的认知坐标内,而应该建立在对社会文化心理结构和思维方式的透彻把握和理解之上。相应完善的练习和尝试,一方面培养学生艺术素养和艺术实践能力,另一方面消解了维度的打压、减弱了色彩的诱惑,使学生更好地了解艺术、体会艺术、感受艺术。只有完善艺术实践教育环节,基于技术的支持,才能在课程实践中培养学生文化艺术表现、创作、评价能力和文化艺术伦理自律、自信意识。通过实践检验、锻炼,把外在的影响内化为伦理素养和品质,化解互联网生态环境下视觉艺术本体危机。

(二)提振评判性艺术思维,提升视觉、媒介、信息素养

结构主义认为:艺术思维是借助"语言符号"来实现认识功能的转变,

即由"语言符号"的"能指"与"能指"之间的语义转换呈现"所指"的关系实质。"能指"与"所指"共同形成艺术的语义结构乃至艺术的文体结构，决定并左右着艺术思维的呈现。如果"能指"与"所指"偏离了艺术本体，艺术思维得不到合理呈现，就无法在头脑中形成绝对理念所映照的艺术"意境"或"意象"。艺术思维过程中的这一内在原理，被神经认知科学所证实：人类大脑有两种认知功能，系统1和系统2。系统1就是我们平常所说的直觉、感觉、惯性，它有三个特点：(1) 自动化，不需要启动大脑复杂的运转思考；(2) 速度快，大脑可以同时做很多事情；(3) 能耗低。系统2就是我们说的理性，也有三个特点：(1) 默认关闭状态，如想调动理性需要刻意启动。(2) 运算速度慢，只能专心做一件事情，(3) 能耗大。系统1可以轻松、快速、不加思考地做决定，即用直觉得出答案；系统2虽然聪明但有惰性，虽然可以压制系统1，但通常直接接受系统1的答案。互联网信息传播秉承"别让用户思考"原则，这意味着，信息认知应该是不言而喻、一目了然的，信息应用也无须深思。当学生在互联网用户页面上检索他们感兴趣或者大概符合他们寻找目标的链接，不用进行深层次的阅读，更无须思考，而是扫描、点击。互联网信息为人类提供便利，很大程度上释放并纵容了系统1，人变得懒惰的同时，给垃圾广告、新闻吸引、用户点击、骗取流量创造了机会。(如图8-10)

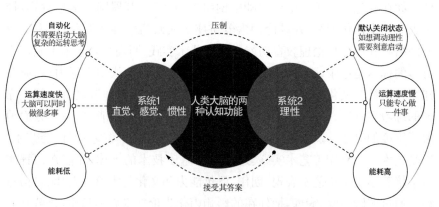

图8-10　人类大脑两种认知系统的比较

当代大学生信息伦理教育尚处于自发状态，多通过个人自觉感悟形成自身的素养与伦理价值观，这种自发状态的直接后果是，虽然能在媒介的接触上快速获得信息，但无法对媒介信息的传播方式及信息本身做出准确分析与评判，无法将自身的信息需要与媒介提供的大量信息内容进行整合和建构。互联网环境中，大学生普遍对信息表征和建构能力缺乏足够的判断能力和较强的警惕、保护意识，在网络信息中，部分学生盲目、被动、沉迷，甚至缺乏必要的自控能力，即素养层次和水平较低。此外，大学生对媒介传播内容了解相对被动，虽意识到自身观念、思维受到媒介信息的影响，但忽视自身在传播中的能动地位，对媒介信息缺乏伦理价值上的深层影响，导致在媒介认知理解上存在"知沟"现象。

传统高校育人模式是基于知识的授予，强调学生对知识与技能的关注与掌握，但知识的组织与传播过程、知识文化与主体精神的相互沟通被忽略，即不可能经由知识的内化与解读形成核心价值与素养。"在时尚、创新因素融入、汇聚的当下，文化形式的市场化、通俗化、快餐化、低俗化以及文化内容的平面性、碎片性、商业性，使得媒介时代的现代文化建构并非是一种'真''实'的镜像反映。毋庸置疑，受众视觉获取的信息并不等同于视觉所见的"本身"，甚至与其"本身"大相径庭，信息获取的质量取决于视觉对象与受众内在的意识状态。"[24]"我们不应该把视觉等知觉看成是发生在有机体边缘的感官经验，而应该看作是大脑和感官配合的经验（recognized serial vision）……我们打开眼睛，看到外面的世界，不仅是自下而上（bottom-up）的信息传输过程（从眼睛到大脑），更是一个自上而下（top-down）的信息构造过程（从大脑到眼睛）。"[25]控制、转换、加工巨量网络信息，需要必需的知识储备，区别、辨析网络信息的真假，更需要提振艺术思维自上而下（top-down）的厘清网络信息的"能指"与"所指"，创造性地强化必备的能力、水平和素养。

借助互联网平台，基于学生自身能力、水平、技术以及人文素养，突破我们认识知识、掌握技能局限的同时，采取合理的评判方式、评价标准，加工、转换、区别使用不同性质的网络信息。即以包容与评判的审美态度构架视觉艺术教育的核心内容，培养评判意识，激活系列2，以理性压制惰性，由惯性思维向艺术思维转向。由传统的技能教育向艺术思维教育转变，领略包括在各种艺术活动中体现出的"能指"与"所指"，提升审美知觉、审美创造和审美体验能力，提升视觉、媒介、信息素养。这一思维转变是受众对网络媒介的认知、评判、辨析、创造的过程，是伦理道德与审美能力辩证统一的必然过程。

(三) 实施"参与式"文化范式,把关伦理道德和价值取向

正确人生观、价值观、世界观的形成与培养有益于学生在复杂的社会文化环境中自觉地区分、辨别美与丑、雅与俗、崇高与卑下、先进与落后,担负起伦理道德教育的职能。习近平总书记在全国高校思想政治工作会议中提出"要坚持把立德树人作为中心环节,把思想政治工作贯穿教育教学全过程,实现全程育人、全方位育人。"[26] 2018 年,习近平总书记在北京大学师生座谈会上指出,随着信息化不断发展,知识获取方式和传授方式等发生了革命性变化,对教师队伍发展提出了新的更高的要求。"'互联网+'时代要求教师具备更加敏锐的信息意识、更加综合的信息知识、更加专业而创新的信息技术应用能力,同时也对教师提出了更加严格的信息道德与法律要求。"[27] 教师不仅需要具备较强的媒介信息素养与能力,善于应用媒介与学生进行互动,利用智能编辑技术,推动媒介传播的健康发展;还必须明确自身的社会责任,承担起"把关人"角色,确保视觉艺术设计课程符合道德标准和伦理规范。即艺术教育首先体现艺术教育的价值观引导,以树立和坚持正确的人生观、世界观,激发学生创新创造能力的释放为重任。

教师、学生以及作为工具存在的媒介,三者关系是一种复杂的双向循环关系。教师不仅仅是知识的拥有者、传播知识的组织者、引导者,更是共同学习知识的构建者、参与者。"信息设计往往高度崇尚'技术理性'。在'技术理性'的框架内,设计师的角色更像是'信息处理器'——定义各种不清晰和非结构化的问题,并不断优化问题的求解过程。"[28] "参与式"文化范式是以网络为基础、以信息为内容、以伦理为准绳,由师生共同演绎着这一优化问题的求解过程。这一范式的主体是师生、客体是信息、载体是网络。以"互联网+"为平台,整合"组织管理""课程构建""师生互动""资源共享"等要素进行深度交互、跨域融合,构建"人—机—物(Human-Cyber-Physical)"三元互联互动的有效关系。学生接受教师的引导,提升对媒介信息的处理、选择、理解、评估、应用、参与能力,并应用媒介充实和发展自己。作为第三者的媒介既是教具又是学具,还是师生互动的通信工具、向外展示自我的传播工具,兼具讨论、展演、传播等多种职能。硬件、软件与人,三要素构成"参与式"艺术设计教育闭环,共同协作、发挥信息系统的最大能量。(如图 8-11)

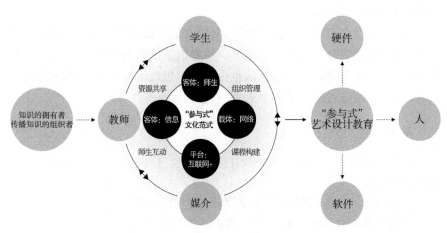

图 8-11　"参与式"文化范式作用路径

　　高校艺术设计教育改革的根本在于精神文化建设,以知识与文化中的
正能量,鼓舞、引导学生在向美向善的过程中自由成长,据此,教师有必要
承担起"把关人"角色,实施"参与式"文化范式。内容上:与传统主流媒介
合作,弘扬主旋律,加强"网德"教育,促进大学生伦理自律意识的形成。抵
制虚假信息,营造正能量信息氛围,促进媒介生态环境的良性循环。对网
络信息进行批评、扬弃,用道德观念和正向的美学心理进行整合,最大限
度、最快速度提取网络信息的有效性。方法上:注重大学生对多类媒介信
息的同时关注和横向对比,传统主流媒介信息与社会平面媒介信息及新媒
介在事件性报告上的不同观点,采用共时对比的方式解构不同媒介所具有
的高度、角度、锐度和持久度,借助"雅俗共赏"的内容与形式拓展大学生的
知识,突破圈域与藩篱,形成正确的审美思维和价值观念。形式上:教育、
文化等相关职能部门建立多种形式的督查、指导、协调机制,确保信息伦理
的健康发展。建立一套完善的大学生信息伦理教育工作机制,建立学生伦
理教育工作指导机构,统一部署、协调、安排相关信息伦理教育工作,强化
"维权意识"维护学生的教育权益,解决相应信息伦理问题。《互联网信息
服务管理办法》《维护互联网安全的决定》等涉及网络信息伦理的法律法规
和条例要在高校大力宣传,引导大学生尊重网络信息伦理、道德伦理规范,
守护伦理底线,将信息伦理道德教育纳入校园文化建设的长远规划。实操
上:信息伦理教育可以纳入形势与政策课程范畴,可以以公选、必修方式作
为教学内容列入学生必修或参与的通识教育课程,结合相应案例正确应用

话语权完成信息伦理教育。

此外,政府应完善相关法规政策,对媒介的传播内容、形式进行监控和约束,保障社会信息环境的良性发展。培养信息伦理师资力量,多渠道、全方位、深层次在教师队伍中强化信息伦理和思想政治教育工作者的培训与培养,提升教师应对信息伦理的素养与能力。

参考文献

[1] 朱怡芳.从手工艺伦理实践到设计伦理的自觉[J].南京艺术学院学报(美术与设计),2018(3)

[2] 俞剑华.中国画论类编[M].北京:人民美术出版社,1986

[3] 张彦远.历代名画记(卷一)[M].北京:人民美术出版社,1963

[4] 李砚祖.设计之仁——对设计伦理观的思考[J].装饰,2008(S1)

[5] 吕品田.必要的张力[M].重庆:重庆大学出版社,2007

[6] 席卫权.设计伦理及教育问题之辨[J].装饰,2007(9)

[7] 亚里士多德.尼各马科伦理学[M].苗力田译.北京:中国社会科学出版社,1990

[8] 〔美〕弗洛姆.爱的艺术[M].陈维纲译.成都:四川人民出版社,1986

[9] 李炳全.文化心理学[M].上海:上海教育出版社,2007

[10] 〔美〕约翰·奈斯比特.大趋势[M].北京:中国社会科学出版社,1985

[11] 王志强.屏性媒介的自身特质及其伦理价值反思[J].现代远距离教育,2013(6)

[12] 刘新祥.城市数字生活设计与社会网络文化[J].华中科技大学学报,2012(5)

[13] 聂振斌,滕守尧,章建刚.艺术化生存——中西审美文化比较[M].成都:四川人民出版社,1997

[14] 闫兴亚.泛艺术类专业大学生学习信息技能类课程的自我效能感研究[J].中国电化教育,2012(6)

[15] 周伟业.网络美育——艺术教育的媒介视觉[M].南京:南京出版社,2009

[16] 〔法〕马克·第亚尼.非物质社会——后工业世界的设计文化与艺术[M].滕守尧译.成都:四川人民出版社,1998

[17] 王志强.现代设计伦理与高校设计专业学生的素质教育[J].南京晓庄学院学报,2015(5)

[18] 汪安明.文化研究关键词[M].南京:江苏人民出版社,2007

[19] 李砚祖.艺术设计概论[M].武汉:湖北美术出版社,2020

[20] 谌飞龙.中国企业品牌国际化路径研究:跨国并购视角[M].北京:企业管理出版社,2021

[21] 张银.问题解决视角下信息伦理教育的新路径及实证研究[J].内蒙古师范大

学学报（教育科学版），2020(6)

　　［22］贾馥茗.杨宗坑教育学方法论［M］.南京：江苏教育出版社，2008

　　［23］叶朗."艺术与审美"系列人文通识网络共享课的追求［J］.中国大学教学，2018(1)

　　［24］王志强."互联网＋"背景下视觉艺术教育通识课程实施反思与探究［J］.中国大学教学，2020(5)

　　［25］朱锐.艺术为什么看起来像艺术?. https：//mp. weixin. qq. com/s/IHcqyE-WA8kNhTIEC6RPlw?

　　［26］光明日报［N］，2016－12－09,01 版

　　［27］吴砥,等."互联网＋"时代教师信息素养评价研究［J］.中国电化教育，2020(1)

　　［28］廖宏勇."自律"与"他律"之辨——"公共性"作为信息设计的伦理意向［J］.湖南大学学报（社会科学版），2017(9)

后 记

古希腊智者学派代表人物普罗泰格拉说:人是万物的尺度,是事物存在的尺度,也是不存在事物不存在的尺度。以人为万物的尺度,这一客观标准给现实一个判断依据,"尺度"捍卫了法律、伦理和美德。我国战国时期法家代表人物韩非在其《有度》一书中论述道:"巧匠目意中绳、然必(先)以规矩为度"。这里的"度"可以是"矩度""尺度"等可确定的"量""数",与制造工艺、工具密切相关,是设计认知中基础的实操因素;也可以是"法度""适度"等难以把握的"理""智",与设计观念、思想紧密联系,体现出对工艺规矩的理解和尊重。

本书以规范伦理学与应用伦理学的方法剖析艺术设计中功能性、审美性和伦理性因素。包括对材料、工程、机械、媒介等数学、物理、经济等功能性因素进行相关考量;包括对心理、美学、色彩、构成、情趣、品味等审美性因素的研究;进而明确民俗、信仰、环境、生存方式诸方面的伦理容忍尺度。健康、有序的社会不能全靠法律的监管,良性、合理的设计离不开伦理的制约,"有度"是设计对社会、环境的有效补偿,"度"是对现代乃至未来设计的约束与羁绊,是设计伦理的要旨所在。

全书分为八章,涵盖四个部分:首先,诠释设计伦理研究的含义,铺陈、梳理设计伦理的研究与发展,从调度与精度分析切入当下设计面临的诸多问题,指出设计所涵括的"围度"越来越广、"程度"越来越深,"适度"也越来越难以界定,导出设计艺术从功利迈向伦理的境界之路。其次,探讨设计服务的对象,分析设计行动涉及的人与人、人与社会、人与自然的关系,从进度与向度梳理设计伦理源流,探究设计服务对象的理智区分界限。进而,反思、批判当代设计行动的主要观念、理论与实践,用伦理解释设计,以设计印证伦理,从尺度与温度发起"造物至善""德性伦理"的构建。最后，从矩度与律度展开设计伦理批判，指出无论是为了开展高校艺术设计教育，还是为了让设计活动回归初心，我们都必须提倡"设计有度"，未来设计师必须担负起伦理责任，开启设计伦理教育与展望。全书基于人文学科的方法去关照人类的造物，以伦理的观念审视设计活动，追求人、社会、环境三者的和谐统一，以及造物至善的德性伦理目标，引导、营造人类良性日常生活方式，构建、完善德性社会秩序。

2017年，受加拿大多伦多大学东亚学系和加拿大皇家博物馆（ROM）的邀请，我以访问学者的身份出任多伦多大学东亚学系艺术、设计与伦理研究教授一职，在此期间，着手准备、撰写本书，2018年回国前完成初稿。回国后多次调整、补充，不断完善书稿。在本书即将付梓出版之际，向对本书提供帮助的专家、学者及我的研究生表示衷心的感谢。本书写作基于大量前人的研究成果，对书中引用的文献资料的原作者致以诚挚的谢意。本书的引用图片，系多年采集于学界的图版资料，难以逐一注明出处，在此一并致谢，如涉及版权事宜请联系作者。

王志强

2024年7月13日于河西青桐居

图书在版编目（CIP）数据

设计有度：理智、反思、教育与设计伦理 / 王志强
著. -- 南京：南京大学出版社，2024.7. -- ISBN 978 -
7 - 305 - 28283 - 6

Ⅰ. TB21；B82 - 057

中国国家版本馆 CIP 数据核字第 2024ZR4842 号

出版发行　南京大学出版社
社　　址　南京市汉口路 22 号　　　　邮　编　210093
书　　名　设计有度：理智、反思、教育与设计伦理
　　　　　SHEJI YOUDU: LIZHI, FANSI, JIAOYU YU SHEJI LUNLI
著　　者　王志强
责任编辑　唐甜甜

照　　排　南京紫藤制版印务中心
印　　刷　江苏凤凰数码印务有限公司
开　　本　718 mm×1000 mm　1/16　印张 20　字数 348 千
版　　次　2024 年 7 月第 1 版　2024 年 7 月第 1 次印刷
ISBN　978 - 7 - 305 - 28283 - 6
定　　价　78.00 元

网　　址　http://www.njupco.com
官方微博　http://weibo.com/njupco
官方微信　njupress
销售热线　025 - 83594756